五年制高职专用教材

建筑设备

主　编　寇红平

副主编　邹义珍　周　靓

参　编　张　仓　莫建俊　张晓红　陈嘉卉

　　　　孙喜玲　朱亚力　高天号

北京理工大学出版社
BEIJING INSTITUTE OF TECHNOLOGY PRESS

内容提要

本书主要介绍了建筑给水排水系统、室内消防给水系统、热水与燃气供应系统、建筑供暖系统、通风空调系统、智能建筑系统、建筑供配电系统及电气照明系统的基础知识和相关技术。本书对建筑设备的基础知识、基本工作原理、相关专业识图以及如何配合土建施工进行综合考虑等方面进行了阐述。

本书可作为高职高专院校建筑工程技术等相关专业的教材或教学参考书，也可供土木工程施工管理及技术人员工作时参考使用。

图书在版编目（CIP）数据

建筑设备 / 寇红平主编.—北京：北京理工大学出版社，2018.1（2024.8重印）
ISBN 978-7-5682-5072-6

Ⅰ.①建…　Ⅱ.①寇…　Ⅲ.①建筑设备—高等学校—教材　Ⅳ.①TU8

中国版本图书馆CIP数据核字（2017）第313673号

责任编辑：李玉昌	文案编辑：李玉昌
责任校对：周瑞红	责任印制：边心超

出版发行 / 北京理工大学出版社有限责任公司

社　　址 / 北京市丰台区四合庄路6号

邮　　编 / 100070

电　　话 / （010）68914026（教材售后服务热线）
　　　　　　（010）68944437（课件资源服务热线）

网　　址 / http://www.bitpress.com.cn

版 印 次 / 2024年8月第1版第6次印刷

印　　刷 / 河北鑫彩博图印刷有限公司

开　　本 / 787 mm×1092 mm　1/16

印　　张 / 20.5

字　　数 / 474千字

定　　价 / 59.00元（含配套图纸）

图书出现印装质量问题，请拨打售后服务热线，负责调换

出版说明

　　五年制高等职业教育（简称五年制高职）是指以初中毕业生为招生对象，融中高职于一体，实施五年贯通培养的专科层次职业教育，是现代职业教育体系的重要组成部分。

　　江苏是最早探索五年制高职教育的省份之一，江苏联合职业技术学院作为江苏五年制高职教育的办学主体，经过20年的探索与实践，在培养大批高素质技术技能人才的同时，在五年制高职教学标准体系建设及教材开发等方面积累了丰富的经验。"十三五"期间，江苏联合职业技术学院组织开发了600多种五年制高职专用教材，覆盖了16个专业大类，其中178种被认定为"十三五"国家规划教材，学院教材工作得到国家教材委员会办公室认可并以"江苏联合职业技术学院探索创新五年制高等职业教育教材建设"为题编发了《教材建设信息通报》（2021年第13期）。

　　"十四五"期间，江苏联合职业技术学院将依据"十四五"教材建设规划进一步提升教材建设与管理的专业化、规范化和科学化水平。一方面将与全国五年制高职发展联盟成员单位共建共享教学资源，另一方面将与高等教育出版社、凤凰职业教育图书有限公司等多家出版社联合共建五年制高职教育教材研发基地，共同开发五年制高职专用教材。

　　本套"五年制高职专用教材"以习近平新时代中国特色社会主义思想为指导，落实立德树人的根本任务，坚持正确的政治方向和价值导向，弘扬社会主义核心价值观。教材依据教育部《职业院校教材管理办法》和江苏省教育厅《江苏省职业院校教材管理实施细则》等要求，注重系统性、科学性和先进性，突出实践性和适用性，体现职业教育类型特色。教材遵循长学制贯通培养的教育教学规律，坚持一体化设计，契合学生知识获得、技能习得的累积效应，结构严谨，内容科学，适合五年制高职学生使用。教材遵循五年制高职学生生理成长、心理成长、思想成长跨度大的特征，体例编排得当，针对性强，是为五年制高职教育量身打造的"五年制高职专用教材"。

江苏联合职业技术学院

教材建设与管理工作领导小组

2022年9月

前言

近几年，随着建筑工程领域新材料的大量应用、新设备的不断涌现，加之国外先进的建筑设备也在不断地进入国内建筑市场，我国建筑设备的发展十分迅速，建筑工程领域对于建筑设备的要求越来越高，同时，对五年制高职学校的建筑类教育也提出了更高的要求。建筑设备基础知识成为建筑类职业岗位的一项必备学识，为了使高职高专院校土木工程类学生适应建筑行业的市场需求，在江苏省联合职业学院的领导下，我们组织编写了《建筑设备》一书，以适用于五年制高职建筑工程技术、工程造价、建筑工程装饰等相关专业使用。

本书的内容以培养职业技能为核心，在内容安排上注重理论联系实际，采用任务引领式展开教学，由识图能力训练，引导学生学习相关的基础知识，再按图纸进行施工工艺训练与学习，巩固识图能力。每一个项目均有自我检测与能力训练供学生使用，注重学生综合能力的培养。本书建议安排70~100学时进行教学，可根据各专业情况灵活安排，具体内容和学时建议安排见下表。

内容		学时分配			内容		学时分配		
		理论	识图实训	小计			理论	识图实训	小计
项目一	建筑给水排水系统	8	6	14	项目五	通风空调系统	8	2	10
项目二	室内消防给水系统	6	4	10	项目六	智能建筑系统	8	4	12
项目三	热水与燃气供应系统	6	2	8	项目七	建筑供配电系统与电气照明系统	12	6	18
项目四	建筑供暖系统	6	2	8	合　计		54	26	80

本书由江苏省联合学院各分院及办学点人员共同编写，由江苏省淮阴商业学校寇红平担任主编，江苏省南京工程高等职业学校邹义珍、江苏省淮阴商业学校周靓担任副主编，盐城建筑工程学校（阜宁高师）张仓、江苏省淮阴商业学校莫建俊、苏州建设交通高等职业技术学校张晓红、无锡汽车工程学校陈嘉卉、江苏省南京工程高等职业学校孙喜玲、江苏省阴商业学校朱亚力、无锡汽车工程学院高天号参与了本书部分章节的编写工作。具体

编写分工为：邹义珍编写项目一，张仓编写项目二，周靓、莫建俊共同编写项目三，陈嘉卉、高天号共同编写项目四，孙喜玲编写项目五，张晓红编写项目六，寇红平、朱亚力共同编写项目七。

　　本书在编写过程中参考了相关的文献、规范和图集等，未在书中一一注明，在此特别向相关作者表示万分歉意和衷心感谢。由于编者水平有限，书中难免存在不足之处，诚恳希望广大读者批评指正。

编　者

目录 CONTENTS

项目一　建筑给水排水系统

教学目标

1. 了解常用给水、排水、热水系统的主要组成部分；
2. 了解常用给水、排水、热水系统工作流程；
3. 掌握给水排水专业施工图图例，掌握给水排水专业施工图识图方法，能看懂给水排水专业施工图图纸；
4. 掌握建筑给水排水工程施工程序和施工工艺；
5. 了解给水排水工程施工验收规范。

任务导入

给水排水工程包括室外给水工程、室外排水工程和建筑给水工程、建筑排水工程四部分。其体系关系如图 1-1 所示。

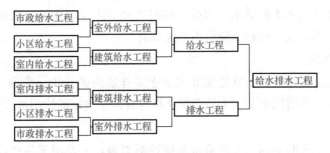

图 1-1　给水排水体系关系

其中，室外给水工程是指利用现代化的自来水厂，从江河湖泊中提取自然水后，经过一系列物理、化学等手段将自然水净化为符合生活、生产用水标准的自来水，然后通过四通八达的城市管网，将其输送到千家万户的工程。室外排水工程是指利用先进的污水处理厂，把人们生活、生产过程中产生的废水、污水集中处理，使其达到排放标准，然后排放到江河湖泊中去的工程。建筑给水工程及建筑排水工程是给水排水工程的一个分支，也是建筑安装工程的一个分支，它利用给水工程输送的自来水满足用户对水质、水量和水压的要求，同时，将用户产生的污、废水送入排水系统。给水排水系统图如图 1-2 所示。

建筑设备是建筑工程专业的拓展课程，作为建筑设备主要研究对象的给水排水工程，我们主要学习建筑给水排水工程部分的知识。建筑给水排水工程主要是研究建筑内部的给水和排水问题，以保证建筑的功能以及用水安全。

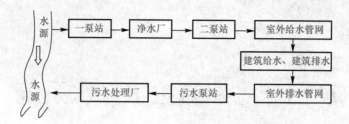

图 1-2　给水排水系统图

任务一　建筑给水系统的分类与组成

任务引领

建筑给水系统常被称作建筑的上水，它是通过怎样的途径将给水工程输送来的自来水由室外送到室内用户的配水点的呢？此次任务我们来学习建筑给水系统的分类与组成。

一、建筑给水系统的分类

建筑给水系统是将符合水质标准的水送至生活、生产和消防给水系统的各用水点，满足用户对水质、水量和水压的要求。因此，按照给水的用途，建筑给水系统基本上可分为生活给水系统、生产给水系统和消防给水系统三类。

1. 生活给水系统

生活给水系统是供民用、公共建筑和工业企业建筑内的饮用、烹调、盥洗、洗涤、沐浴等生活上的用水。生活用水要求水质必须严格符合国家规定的饮用水质标准。

2. 生产给水系统

因为各种生产工艺的不同，生产给水系统种类繁多，主要用于生产设备的冷却、原料洗涤、锅炉用水等。生产用水对水质、水量、水压以及安全方面的要求由于其工艺不同，故差异很大。

3. 消防给水系统

消防给水系统是保证层数较多的民用建筑、大型公共建筑及某些生产车间的消防设备用水。消防用水对水质要求不高，但必须按建筑防火规范保证有足够的水量、水压。

根据具体情况，有时将上述三类基本给水系统或其中两类基本系统合并成生活—生产—消防给水系统，或生活—消防给水系统，或生产—消防给水系统。

二、建筑给水系统的组成

建筑内部给水系统的组成，如图 1-3 所示。

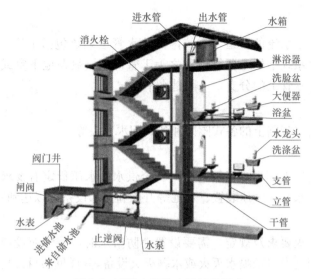

图 1-3　建筑内部给水系统的组成

1. 引入管

引入管是市政给水管网和建筑内部给水管网之间的连接管道。对一幢单独建筑物而言,引入管是将室外给水引入建筑物内的联络管段,也称进户管。对于一个工厂、一个建筑群体、一个学校区,引入管是指总进水管。引入管示意图如图 1-4 所示。

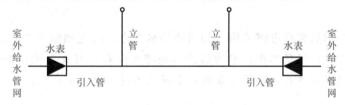

图 1-4　引入管示意图

2. 水表节点

一般情况下,引入管上装设有水表,用于计量建筑物内总的用水量。水表节点是指水表及其前后设置的阀门、泄水装置的总称。阀门用以关闭管网,以便修理和拆换水表;泄水装置用于检修时放空管网、检测水表精度及测定进户点压力值。水表节点示意图如图 1-5 所示。

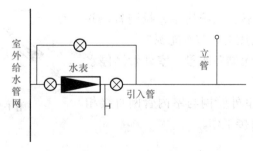

图 1-5　水表节点示意图

3. 管道系统

管道系统是指输送水流的通道，建筑内部给水管道系统包括干管、立管、支管。通常情况下，将给水排水系统中的主要管道称之为干管，它一般在地下室或埋地；竖直方向的管道为立管，支管为立管上的分支，一般是水平管。

4. 给水附件

给水附件是指给水管路上的各式阀门和各式配水龙头等。

5. 升压和储水设备

在室外给水管网压力不足或建筑内部对安全供水、水压稳定有要求时，需要设置各种附属设备，如水箱、水泵、气压装置、水池等升压和储水设备，以达到安全供水的要求。

6. 室内消防

按照建筑物的防火要求及规定，需要设置消防给水时，一般应设消火栓消防设备。有特殊要求时，另专门装设自动喷水灭火或水幕灭火设备等(详见项目二)。

任务二　建筑给水方式

任务引领

地区不同，人们的用水习惯不同，相同的供水压力，到达相似的用户的水压力也不同；同一地区，人们所住的楼层不同，水的沿途水头损失和局部损失不同，供水点的水压力也不同。我们应采取何种方式来输送自来水，来满足不同用户的需求呢？

给水方式即给水方案，取决于室内给水系统的需求和市政管网提供的水压、水量。典型的给水方式主要有以下几种。

1. 直接给水方式

直接给水方式如图 1-6 所示。

(1)适用条件：当室外管网的水压、水量能经常满足用水要求，建筑内部给水无特殊要求时，宜采用此种方式。

(2)优点：供水较可靠、系统简单、投资省，并可以充分利用室外管网的压力，节约能源。

(3)缺点：系统内部无储备水量，室外管网停水时，室内立即断水。

这种给水方式是将室外管网与室内管网直接相连，利用室外管网水压直接工作。

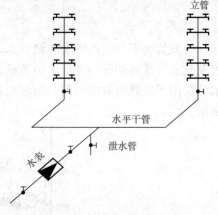

图 1-6　直接给水方式

2. 设水箱给水方式

设水箱给水方式如图 1-7 所示。

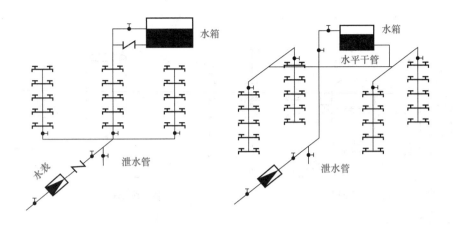

图 1-7　设水箱给水方式

(1)适用条件：室外管网水压周期性不足，当一天内室外管网大部分时间能满足建筑内用水要求，仅在用水高峰且室外管网压力降低而不能保证建筑物上层用水时，可采用此种方式。

(2)优点：系统简单、投资省，可以充分利用室外管网的压力，减轻市政管网高峰负荷（众多屋顶水箱，总容量很大，起到调节作用），节省能源；供水可靠性比直接供水方式好；无须设管理人员。

(3)缺点：设置水箱会增加结构负荷；影响屋顶造型，不美观，水箱水质易受到污染。

这种给水方式是将建筑内部给水系统与室外给水管网直接相连，并利用室外管网压力供水，同时设高位水箱调节流量和压力。

3. 设水池、水泵和水箱给水方式

设水池、水泵和水箱给水方式如图 1-8 所示。

(1)适用条件：当室外管网中的水压经常或周期性地低于建筑内部给水系统所需压力，建筑内部用水量较大且不均匀时，宜采用设置水池、水泵和水箱联合给水方式。

(2)优点：①供水可靠，供水压力比较稳定；②水泵可及时向水箱内充水，使水箱的容积大为减小；③在水箱中采用水位继电器等装置，可以使水泵启闭自动化；④可以使水泵在高效率下工作。

(3)缺点：系统复杂，管理烦琐；投资较大。

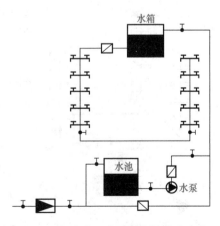

图 1-8　设水池、水泵和水箱给水方式

4. 设气压罐给水方式

设气压罐给水方式如图 1-9 所示。

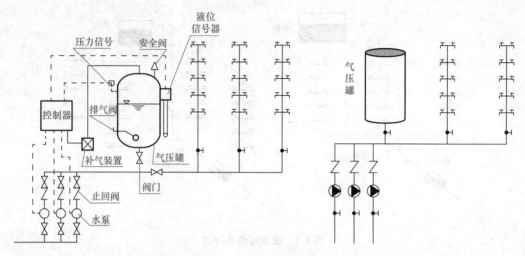

图 1-9　设气压罐给水方式

（1）适用条件：当遇到设有储水池、水泵和水箱的给水方式的适用条件，且建筑物不宜设置高位水箱时，可采用设气压罐给水方式。

（2）优点：设置气压罐的位置灵活性大，便于隐蔽；装置、拆开都很方便；占地面积小，工期短；气压罐可以实现自动化操作，便于保护管理；气压罐为密闭性，水质不易受污染。

（3）缺点：通常气压罐的调节水量仅占总容积的 20％～30％，调理容积小，储水量少；变压式气压供水设备的供水压力改变较大，对给水附件的寿命有一定影响；水泵在最大作业压力和最小作业压力之间作业，水泵启动频繁，运行功率低。

5. 设水泵给水方式

设水泵给水方式如图 1-10 所示。

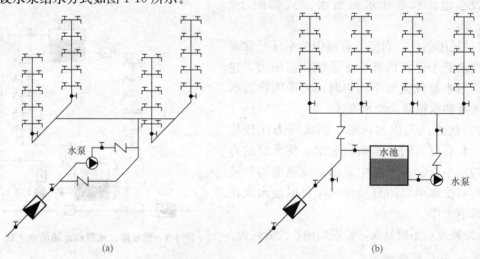

（a）　　　　　　　　　　　　　　　（b）

图 1-10　设水泵给水方式
（a）恒速水泵给水方式；（b）变频调速水泵给水方式

(1)恒速水泵给水方式。

适用条件：当室外管网压力经常不满足要求，室内用水量大且均匀时，可采用恒速泵给水方式，多用于生产给水。

(2)变频调速水泵给水方式。

1)适用条件：当建筑物内用水量大且用水不均匀时，可采用变频调速水泵给水方式。

2)优点：变负荷运行，减少能量浪费，不需设调节水箱。

3)缺点：价格昂贵；对环境要求高；停电即停水，需有备用电源。

6. 分区给水方式

高层建筑常采用竖向分区给水方式。若不分区，配水点的水压过高，会给建筑带来许多不利之处，具体内容如下：

(1)龙头开启，水流喷溅，影响使用；

(2)管网须用耐高压管材、零件及配水附件；

(3)由于压力过高，水嘴、阀门、浮球阀等器材磨损迅速，寿命缩短，漏水增加，检修频繁；

(4)低层龙头流出水头过大，产生噪声；

(5)水压过大，易产生水锤及水锤噪声；

(6)维修管理费和运行电费增高。

为消除上述弊端，高层建筑高度达到某一程度时，其给水系统必须做竖向分区，每个分区负担的层数一般为 10~12 层。其主要的分区方式有串联式、并联式和减压式，如图 1-11 所示。

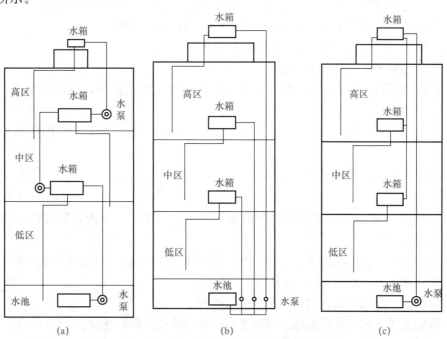

图 1-11 分区给水三种方式

(a)串联式；(b)并联式；(c)减压式

任务三　建筑给水管材、管件及其附属配件

任务引领

有了可靠的输送自来水的路径，下一步就是选择何种管材输送的问题。

一、管材

建筑给水常用的管材可分为金属管和非金属管。

1. 金属管

常用的金属管有钢管、铸铁管、铜管、不锈钢钢管等。

(1)钢管。钢管有焊接钢管和无缝钢管两种。同时，每种钢管又分为镀锌(白管)钢管和不镀锌(黑管)钢管两种。

钢管的连接方式包括螺纹连接(丝扣)、焊接连接和法兰连接。

民用建筑和公共建筑生活用水可采用镀锌钢管，消防喷淋、雨淋系统报警阀必须使用热浸镀锌钢管，消火栓系统可使用钢管。

由于镀锌给水钢管经过一段时间的使用后，会产生锈蚀污染水质，影响人身健康；如果靠近海边，建筑材料对镀锌钢管腐蚀较严重，尤其在安装时影响管材寿命。所以，现在生活中的给水管道不再采用镀锌钢管，而是逐渐用塑料管代替镀锌钢管。

(2)铸铁管。铸铁管分为灰口铸铁和球墨铸铁。

铸铁管的连接方式主要为承插连接。

(3)铜管。铜管一般用于输送酸类、盐类等具有腐蚀性的流体，也可用于冷、热水配水管。

铜管的优点：质量轻、经久耐用、节能节流、水质卫生，常用于高档建筑的冷、热水管。

铜管的连接方式：焊接或螺纹连接。

2. 非金属管

(1)塑料管。目前应用较多的塑料管有聚氯乙烯管(PVC)、聚丙烯管(PP)、聚乙烯管(PE)、聚丁烯管等。

塑料管的优点：化学稳定性好，耐腐蚀，物理机械性能好，不燃烧、无不良气味、质轻而坚，相对密度仅为钢的1/5、壁光滑、易切割。

塑料管的缺点：强度低，耐久性和耐高温性差。

塑料管的连接方式：承插连接、螺纹连接、热熔连接、法兰连接。

(2)复合管。常用的复合管有铝塑复合管和钢塑复合管。其中，铝塑复合管内、外壁式塑料层，中间夹以铝合金为骨架。

复合管的优点：质量轻，耐压强度好，阻力小，耐腐蚀性强，可曲挠、接口少，安装方便。

复合管的连接方式：铜管件以卡箍、卡套式连接(螺纹挤压)。

3. 管材选用的一般要求

给水排水管材的选择应根据管路压力、给水排水性质、外部荷载土壤性质、施工维护和材料自身性质等条件确定。同时要满足以下要求：

(1)管材、管件应符合国家现行产品标准，并宜采用同一生产厂家的相应配套产品；

(2)管材、管件公称压力(包括管道接口耐压)应与管道工作压力匹配，管道内工作压力不得大于产品标准标定的公称压力或标称的允许工作压力；

(3)生活给水管材、管件所涉材料必须符合现行生活饮用水卫生标准；

(4)管内、外壁的防腐材料应符合现行的国家有关卫生标准的要求；

(5)符合《建筑给水排水设计规范(2009 年版)》(GB 50015—2003)的相关要求。

■ 二、管件 ···

管道螺纹连接时，在延长、转弯、分支、变径等处，都要使用相应的管件来连接。其连接方式如图 1-12 所示。

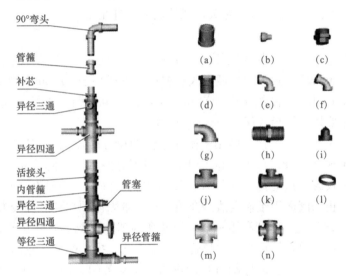

图 1-12　钢管螺纹连接配件及连接方式

(a)管箍；(b)异径管箍；(c)活接头；(d)补芯；

(e)90°弯头；(f)45°弯头；(g)异径弯头；(h)内管箍；(i)管塞；

(j)等径三通；(k)异径三通；(l)根母；(m)等径四通；(n)异径四通

给水工程施工过程中，除敷设给水立管外，各层还需要敷设给水支管，而这些给水支管在连接各用水设备时需要分支、转弯和变径，因此，就需要各种管子配件和管道配合使用。

给水常用的管路连接配件按照用途可分为以下五类：

(1)管路延长连接用配件：管箍、异径管箍、活接头。

(2)管路分支连接用配件：三通、四通。

(3)管路转弯用配件：45°弯头、90°弯头。

(4)管路变径用配件：大小头、异径三通、异径四通、补芯。

(5)管路堵口用配件：丝堵、管堵。

■ 三、附件

附件是安装在管道及设备上启闭和调节装置的总称。一般分为配水附件和控制附件两大类。

配水附件用来调节和分配水流，如各式水龙头。控制附件用来调节水量、水压、关断水流、改变水流方向，如球形阀、闸阀、截止阀、止回阀、浮球阀、安全阀等。

1. 配水附件

(1)球形阀配水龙头。球形阀配水龙头用于洗涤盆、污水盆、盥洗槽等处。

(2)旋塞式配水龙头。旋塞式配水龙头阻力小，启闭灵活，用于浴池、洗衣房、开水间等处。

(3)盥洗龙头。盥洗龙头设在洗脸盆上，有鸭嘴式、角式、长脖式等。

(4)混合龙头。混合龙头可调节冷、热水比例，可供淋浴洗涤用，样式很多。

(5)其他。脚踏龙头、延时自闭龙头、红外线电子自控龙头等。

2. 控制附件

(1)截止阀[图 1-13(a)]。截止阀用于开启和关断水流，不能调节流量。其关闭严密，但水流阻力大，安装时应注意方向。截止阀主要用于管径小于 50 mm 的管道上。

(2)闸阀[图 1-13(b)]。闸阀用于开启和关闭水流，也可调节流量。水流阻力小，但关闭不严密。闸阀主要用于管径大于 50 mm 的管道上。

(3)止回阀[图 1-13(c)]。止回阀用来阻止水流的反方向流动。安装时注意方向性，不可装反。主要用于水泵出口、水表出口等处。止回阀有两种：升降式止回阀——装于水平管道上，水头损失较大，只适用于小管径；旋启式止回阀——一般直径较大，水平、垂直管道上均可安装。止回阀适用于输送清洁介质，对于带固体颗粒和黏性较大的介质不适用。

(4)球阀[图 1-13(d)]。球阀利用一个中间开孔的球体做阀芯，靠旋转球体来控制阀的开启。其优点是结构简单，体积小，质量轻，开关迅速，操作方便，流体阻力小。

(5)浮球阀[图 1-13(e)]。浮球阀可自动进水、自动关闭。多安装于水池或水箱上用来控制水位。其口径为 15～100 mm。

(6)电动阀[图 1-13(f)]、电磁阀。在自动要求高的供水系统中采用电动阀或电磁阀。电动阀调节流量，电磁阀起启闭作用。

(7)安全阀[图 1-13(g)]。为使管网和其他设备中压力不超过规定范围，须装设安全阀。安全阀有弹簧式和杠杆式两大类。

(8)减压阀[图 1-13(h)]。减压阀用来调节管段的压力。常用于高层建筑生活给水和消防给水系统中。

(9)蝶阀[图 1-13(i)]。蝶阀结构简单，外形尺寸小，适合做大口径的阀门。其适用于输送水、空气、煤气等介质。

(10)疏水阀(疏水器)[图 1-13(j)]。疏水阀的作用是排除加热设备或蒸汽管网中的凝结水，同时阻止蒸汽的泄露。

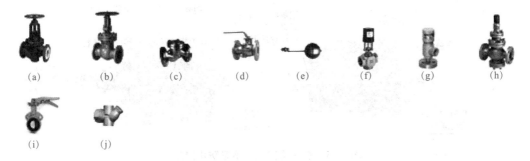

图 1-13 控制附件

(a)截止阀；(b)闸阀；(c)止回阀；(d)球阀；(e)浮球阀；(f)电动阀；(g)安全阀；
(h)减压阀；(i)蝶阀；(j)疏水阀

任务四 给水管道的布置和敷设

任务引领

有了供水方式和供水管材，下一步应该考点如何布置和敷设这些管线。

一、给水管道布置

1. 基本原则

(1)水力条件好、安全、可靠、经济合理。

1)管道尽可能与墙、梁、柱平行布置，短而直，降低造价。

2)引入管宜从建筑物用水量最大处引入。当建筑用水量比较均匀时，可以从建筑物中央部分引入，引入管穿过带形基础如图 1-14 所示。一般情况下，引入管可设置一条。如建筑物不允许间断供水，则应设成两条引入管，且由城市管网不同侧引入，如只能由建筑物同侧引入，则两引入管间距不得小于 10 m，并应在接点处设阀门。引入管穿越地下室外墙或地下构筑物墙壁时，应加刚性防水套管或在基础上预留洞口，其措施如图 1-15 所示。

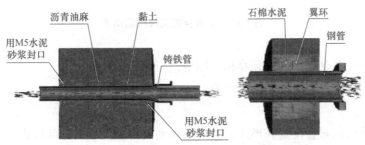

图 1-14 引入管穿过带形基础

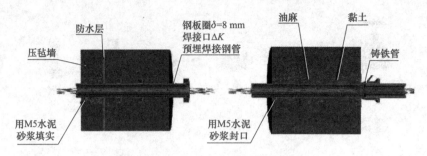

图 1-15　引入管穿过地下室防水措施

3)室内给水干管宜靠近用水量最大处。

(2)便于安装、维修。

1)留有空间,便于维修更换附件。

2)引入管应有 0.003 的坡度,坡向阀门井、水表井,以便于放水检修。

(3)不影响生产安全和建筑物的使用。

1)不得妨碍生产操作、交通运输和建筑物的使用。

2)不得布置在遇水引起爆炸、燃烧或损坏的原料、产品和设备上面。

3)不得穿越配电间。

4)不得穿越橱窗、壁橱及木装修。

5)如管道有可能结露,则应采取防结露措施。

(4)保护管道不受损坏、防止水质污染。

1)不得敷设在烟道、风道内;不得敷设在排水沟内,不得穿越大、小便池。

2)不宜穿过伸缩缝、沉降缝和抗震缝,如必须穿过,则应采取相应的处理措施,如图 1-16 所示。

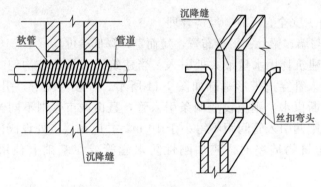

图 1-16　管道穿越沉降缝的措施

3)不得穿越设备基础,如必须穿越,则应进行相应的处理。

4)给水管道宜敷设在不冻结的房间内。

2.布置形式

按照水平干管的布置位置和形式,室内给水系统可分为以下三种形式:

(1)下行上给式。水平干管布置在底层地下或地沟内,自下而上供水。下行上给式给水系统用于直接给水方式。

(2)上行下给式。水平配水干管常明设在屋顶下面或暗设在吊顶内或直接敷设在屋面上，自上而下通过立管供水。上行下给式给水系统用于有屋顶水箱的给水方式。

(3)中分式。水平干管敷设在中间技术层内或某中间层吊顶内，向上、下两个方向供水。一般顶层用作露天茶座、舞厅或设有中间技术层的高层建筑多采用这种方式。

■ 二、给水管道敷设

1. 敷设形式

根据建筑物性质及对美观要求的不同，给水管道敷设可分为明装或暗装。

(1)明装。明装是指管道沿墙、梁、柱、楼板下敷设。明装的优点是管道施工方便，出现问题易于查找；其缺点是不美观。此种方式适用于要求不高的公共及民用建筑、工业建筑。

(2)暗装。暗装是指把管道布置在管道井、技术层、地下室、吊顶内、墙上预留槽内、楼板预留槽内。暗装的优点是非常美观；其缺点是维修不便，一旦漏水，维护工作量大。此种方式适用于要求高的公共建筑。

2. 敷设要求

(1)给水管可单独敷设，也可与其他管道共同敷设。

(2)与其他管道共同敷设时，给水管宜敷设在排水管、冷冻管的上面，或热水管、蒸汽管的下面。给水管不宜与易燃、可燃或有害液体、气体共同敷设。

(3)给水引入管与排水管的水平距离不宜小于 1.0 m。引入管埋设深度主要根据当地气候、地质条件和地面荷载而定。管顶覆土厚度不宜小于 0.7 m，并应敷设在冰冻线以下 200 mm 处。

(4)引入管穿越地下室外墙或地下构筑物墙壁时，应加刚性防水套管或在基础上预留洞口。

■ 三、管道及设备的防腐、防冻、防结露及防噪声

1. 防腐

明设黑铁管时需做防腐处理，最简单的防腐过程是将管道和设备表面除锈，刷红丹防锈漆两道，再刷银粉 1～2 遍。

钢管埋地时，无论黑铁管、白铁管都应做防腐层。要求不高时，可刷沥青漆两遍。

2. 防冻

给水管线的敷设部位如气温可能低于零度，则应采取防冻措施，常用做法是在管道外包岩棉管壳，管壳外再做保护层，如缠塑料、缠玻璃布、刷调和漆等。

3. 防结露

给水管线如明装敷设在吊顶或建筑物其他部位，则气候炎热、湿度较大的季节会产生结露。这时应采取防结露措施以防止结露水破坏吊顶装修和室内物品等。具体做法可参照防冻措施。

4. 防噪声

给水管道或设备工作时产生噪声的原因有很多，如由于流速过高产生噪声、水泵运转产生噪声等。

防止噪声措施：要求建筑物给水系统设计时，要把流速控制在允许范围内。建筑设计时，水泵房、卫生间不靠近卧室及其他需要安静的房间。为防止水泵或设备运转产生噪声，可在设备进出口设挠性接头，泵基础采取减振措施，必要时可在泵房内贴附吸声材料。

任务五　给水升压和储水设备

任务引领

为了节约土地，现在的建筑向高层发展，对于住在高层上的用户，为了满足用户的水压要求，可以借助给水升压设备和储水设备来提升水压。

给水系统中如果某一配水点的水压被满足，则系统中其他用水点的水压均能满足，则称该点为给水系统中的最不利点。一个给水系统中只有一个最不利点。满足给水系统中最不利配水点额定流量时的压力而需的水压称为给水系统所需水压。要满足建筑内给水系统各配水点单位时间内使用时所需的水量，给水系统的水压就应保证最不利点配水具有足够的出口压力。建筑内给水系统所需压力由下式计算：

$$H = H_1 + H_2 + H_3 + H_4$$

式中　H——室内给水系统所需水压(kPa)；

H_1——最不利配水点与室外引入管起点间静压差(kPa)；

H_2——计算管路(最不利配水点至引入管起点间管路，也称最不利管路)压力损失(kPa)；

H_3——水流通过水表压力损失(kPa)；

H_4——最不利配水点所需流出压力(kPa)。

流出压力是指各种卫生器具配水龙头或用水设备处，为获得规定出水量需要的最小压力，一般可取 15～20 kPa。

在未进行建筑给水系统设计时，可按建筑的层数来粗估给水系统所需压力，即：

一层：0.1 MPa；

二层：0.12 MPa；

三层及三层以上每增加一层，则增加一个 0.04 MPa。

注：上述为按建筑物自室外地面算起所需的最小压力保证值，对于引入管或室内管道较长或层高超过 3.5 m 时，其值应适当增加。

为了获得室内给水系统所需水压，我们要借助给水升压设备来提升水压。

一、离心水泵

1. 离心水泵的工作原理

在建筑给水系统中，水泵起着水的输送、提升及加压作用。常用的多为离心水泵。

(1)离心水泵的工作原理：电动机启动前先向泵腔注满水，启动后旋转的叶轮带动泵里的水高速旋转，水作离心运动，向外甩出并被压入出水管。水被甩出后，叶轮附近的压强减小，在转轴附近形成一个低压区。这里的压强比大气压低得多，外面的水在大气压的作用下，冲开底阀从进水管进入泵内。冲进来的水随叶轮高速旋转中又被甩出，并压入出水管。叶轮在动力机带动下不断高速旋转，水就源源不断地从低处被抽到高处。叶轮高速旋转时产生的离心力使水获得能量，即水通过叶轮后，压能和动能都得到提高。

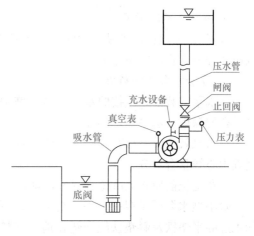

图 1-17 离心水泵的附件

（2）离心水泵的附件：充水设备、底阀、吸水管、真空表、压力表、止回阀、闸阀和压水管等，如图 1-17 所示。

2. 离心水泵的基本参数

（1）流量（Q）。水泵在单位时间内输送水的体积，称为水泵的流量，单位为 m³/h 或 L/s。

（2）扬程（H）。单位质量的水在通过水泵以后获得的能量，称为水泵扬程，单位为 m。

（3）轴功率（N）。水泵从电机处所获得的全部功率，称为轴功率，单位为 kW。

（4）有效功率（N_u）。单位时间内通过水泵的水获得的能量，称为有效功率。

（5）效率（η）。水泵的有效功率与轴功率的比值称为效率。

（6）转速（n）。水泵转速是指叶轮每分钟的转数，单位为 r/min。

（7）吸程（H_s）。吸程也称允许吸上真空高度，也就是水泵运转时吸水口前允许产生真空度的数值，单位为 mH₂O。

上述参数中，以流量和扬程最为重要，是选择水泵的主要依据。水泵铭牌上的型号意义可参照水泵样本。

3. 建筑给水系统水泵的选择

（1）水泵性能试验中的 Q-H 特性曲线（图 1-18）是指水泵的流量 Q 与扬程 H 的对应关系。每台水泵都有其特定的特性曲线，水泵的 Q-H 特性曲线反映了该水泵本身的潜在工作能力。

根据水泵的 Q-H 特性曲线，一般情况下应选择随着流量的增大，扬程逐渐下降的曲线。对于 Q-H 特性曲线存在有上升段的水泵，应分析在运行工况中不会出现不稳定工作时方可采用。

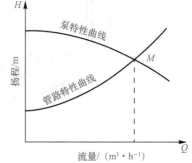

图 1-18 Q-H 特性曲线示意

（2）应根据管网水力计算进行选泵，水泵应在其高效区内运行。水泵的高效区是指工作水泵处在设计工况下运行的区域，也就是水泵的吸程、扬程、电压、电机转速、水泵抽取的液体都符合水泵厂家设计时的设计参数，或者在它的设计范围内。

（3）生活加压给水系统的水泵机组应设置备用泵，备用泵的供水能力不应小于最大一台运行水泵的供水能力。水泵宜自动切换交替运行。

4. 离心水泵的安装

(1)工艺流程：设备基础验收→设备开箱检查→设备就位→干管安装→支管安装→管道试压冲洗→支管与设备碰头。

(2)安装水泵的注意事项。

1)水泵安装前，应按照水泵样本和施工图纸复核水泵基础尺寸、地脚螺栓预留孔的位置及孔的深度、水泵的基础面标高、多台水泵的相对位置等，发现有误应及时纠正。

2)水泵就位前，应在基础面上弹出纵向中心线，水泵就位时，水泵纵向中心轴线应与基础中心线重合对齐。

3)在定位前应将地脚螺栓穿好，就位后开始横向调整定位。

4)小型水泵可做粗找水平，找水平时可采用水平尺、钢板尺互相配合使用，并应采用加工过的平垫铁及斜垫铁配合垫在地脚螺栓的两侧。对大型水泵安装，粗找水平后还应做精水平与同心度的测试和调整。

5)水泵找平后，可进行地脚螺栓孔二次灌浆，灌浆应采用豆石混凝土并捣实，直至返浆后抹平。

6)拧紧地脚螺栓和底座上的全部螺栓。

7)当水泵安装完全符合规范要求后，还要清理或更换润滑油和水泵填料涵内的填料，合格后待运。

■ 二、水箱

水箱是建筑给水系统中的储水设备，其示意图如图 1-19 所示。

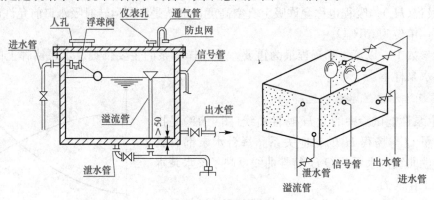

图 1-19　水箱示意图

水箱主要的作用：调节用水量的变化；用于火灾初期 10 min 的灭火；稳定供水水压；减压。

1. 水箱的构成

(1)水箱的形状。水箱可选择矩形、圆柱形、球形或其他形状。

(2)水箱材质。水箱材质可用钢筋混凝土、普通钢板、搪瓷钢板、不锈钢钢板、镀锌钢板、复合钢板、玻璃钢板等。

2. 水箱的配管

(1)进水管。水由进水管进入水箱，进水管上通常加装浮球阀来控制水箱内水位。浮球阀前加装闸阀或其他种类阀门，当检修浮球阀时关闭。

（2）出水管。出水管管口下缘应高出水箱底 50 mm，以防污物进入配水管网。

（3）溢流管。溢流管口应高于设计最高水位 50 mm，管径应比进水管大 1～2 号。溢流管上不得装设阀门。

（4）排污管（泄水管）。排污管为放空水箱和冲洗箱底积存污物而设置，管口由水箱最底部接出，管径为 40～50 mm，在排污管上应加装阀门。

（5）水位信号管。安装在水箱壁溢流管口以下，管径为 15 mm，信号管另一端通到经常有值班人员房间的污水池上，以便随时发现水箱浮球阀失灵而及时修理。

（6）通气阀。供生活饮用水的水箱应设密封箱盖，箱盖上设检修人孔和通气管，通气管上不得加装阀门，通气管管径一般不小于 50 mm。

3. 水箱的设置要求

水箱的设置高度应满足建筑物内最不利配水点所需的流出水头，并通过管道水力计算确定。水箱一般放置于净高不低于 2.2 m 的房间内。水箱间应有良好的采光、通风，室温不得低于 5 ℃。

■ 三、气压给水设备

压力罐有补气式和隔膜式两种类型。补气式压力罐中空气与水直接接触，经过一段时间后，空气因漏失和溶解于水而减少，使调节水量逐渐减少。水泵启动渐趋频繁，因此需定期补气。隔膜式压力罐气水分开，水在橡胶囊内部，外部与罐体之间的间隙预充惰性气体，一般可充氮气。这种压力罐没有气溶于水的损失问题，可一次充气，长期使用，不必设置空气压缩机。因此，节省投资，简化系统，扩大了使用范围。

1. 补气式气压罐工作原理

补气方法有空气压缩机补气、水射器补气和定期泄空补气等。当压力罐内没有水时，电脑控制器启动水泵往压力罐内注水，水位上升，罐内的空气被压缩，压力升高，当水位升高到设定值时，电脑控制器随即控制水泵停机。当用户用水时，罐内净水在压缩空气的作用下向用户供水，随着罐内水量减少，压力下降，当水位下降到最低设定值时，电脑控制器启动水泵向罐内和用户供水，这样反复动作达到了自动向用户加压供水的目的，补气式气压罐工作原理示意图如图 1-20 所示。

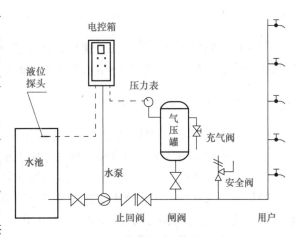

图 1-20 补气式气压罐工作原理示意图

2. 补气泵的运行过程

当检测发现需要补气时，补气泵自动启动，将补气筒中的水抽出并排向气压罐，而空气则经滤清器、进气止回阀进入补气筒，待补气筒进满空气，补气泵自停，压力水返回灌入补气筒，靠水力平衡作用将空气压入气压罐，完成一次补气运行。

3. 气压罐安装的注意事项

(1)气压罐的安装应该选择通风良好、灰尘少、不潮湿的场地，环境温度为－10 ℃～40 ℃。在室外应设防雨、防雷等设施。

(2)为方便设备安装与保养，设备四周应留 70 cm 空间，人孔处应保留 1.5 m 空间，四周地面应设排水沟。

(3)选定场地后，要处理好地基，再用混凝土浇筑或用砖石砌筑罐体支承座(参照设备地基图)。待基座初凝后，再吊装罐体并放稳，随后安装附件，接通电源。

(4)在试车前，应先关闭供水阀，检查各密封阀情况，不允许有泄露现象，开车后，应注意机泵转向。当压力表指针到上限时，机泵自动停止。打开供水阀，即可正常供水。如果需要定时供水，可把选择开关扳到手动位置。

(5)气压罐配套的泵机组应经常检查，定期保养并加注润滑油。

任务六　室内给水系统安装施工

任务引领

室内给水系统的安装过程决定着给水系统工作的安全性。因此，给水系统的施工必须遵循给水排水施工规范的要求，严格控制施工质量，确保验收符合规定。

■ 一、室内给水管道工艺流程

引入管→底层(隐蔽)横、立干管与支管安装→埋地给水管道水压试验及验收→楼板洞口找正→给水横管、支管安装→给水系统水压试验及验收→冲水消毒达标。

■ 二、施工过程质量控制

(1)土建施工阶段，根据图纸设计，做好预埋工作。

1)配合土建室内埋地管道安装至外墙外应不小于 1 m，管口应及时封堵。

2)管道穿过楼板、屋面应预留孔洞或预埋套管，预留孔洞尺寸应为管道外径加 40 mm。

3)给水引入管与排水管排出管的水平净距不得小于 1 m。室内给水管与排水管道平行敷设时，两管之间的最小水平净距不得小于 0.5 m；交叉敷设时，垂直净距不得小于 0.15 m。给水管应敷设在排水管上面，若给水管必须敷设在排水管下面时，给水管应加套管，其长度不得小于排水管管径的 3 倍。

(2)管道安装阶段，注意相关细节工作。

1)给水管道必须采用与管材相适应的管件，生活给水系统所涉及的材料必须达到饮用水卫生标准。对安装所需要的管材、配件和阀门等应该核对产品合格证、质量保证书、规格型号、品种和数量，并进行外观检查。

2)给水水平管道应有 2‰～5‰的坡度坡向泄水装置。

3)给水立管和装有 3 个以上配水点的支管始端，均应安装可拆卸的连接件。

4)冷、热水管上、下平行安装时，热水管应在冷水管上方，冷、热水管垂直平行安装时，热水管应在冷水管左侧。

■ 三、验收阶段

验收阶段应做好管道的水压试验和冲洗消毒。

1. 管道的水压试验

管道水压试验必须符合设计要求。当设计未注明时，各种管道系统试验压力均为工作压力的 1.5 倍，但不小于 0.6 MPa。一般分两次进行，地下管道在隐蔽前要进行水压试验，管道系统安装完毕后再进行水压试验。管道系统试压操作接管示意图如图 1-21 所示。

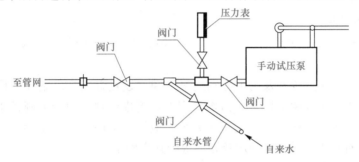

图 1-21 管道系统试压操作接管示意图

水压试验时，金属及复合管给水管道系统在试验压力下观察 10 min，压力降不大于 0.02 MPa，然后降到工作压力进行检查，应不漏、不渗；塑料管给水管道系统在试验压力下稳压 1 h，压力降不得超过 0.05 MPa，然后在工作压力的 1.15 倍状态下稳压 2 h，压力降不得超过 0.03 MPa，同时检查各连接处不得渗漏，并做好试验记录。

2. 管道的冲洗消毒

生活给水系统管道在交付使用时，必须进行冲洗和消毒。消毒时应用含 20～30 mg/L 游离氯的水灌满管道，含氯消毒水在管道中停留 24 h 以上，消毒后，再用饮用水冲洗，并经检验达到《生活饮用水卫生标准》(GB 5749—2006)规定方可使用。验收时，应有卫生防疫部门出具的检验报告。

任务七   建筑排水系统的分类与组成

任务引领

建筑排水系统俗称建筑的下水，建筑内的给水最终通过建筑排水系统排出室外。

■ 一、建筑排水系统的分类 ·····································

建筑排水系统根据接纳污、废水的性质，可分为以下三类。

1. 生活排水系统

生活排水系统的任务是将建筑内的生活废水（即人们日常生活中排泄的污水等）和生活污水（主要指粪便污水）排至室外。目前，我国建筑排污分流设计中是将生活污水单独排入化粪池，而生活废水则直接排入市政下水道。

2. 工业废水排水系统

工业废水排水系统用来排除工业生产过程中的生产废水和生产污水。生产废水污染程度较轻，如循环冷却水等。生产污水污染程度较重，一般需要经过处理后才能排放，如造纸企业排出的水等。

3. 建筑雨水管道

建筑雨水管道用来排除屋面的雨、雪水，一般用于大屋面的厂房及一些高层建筑雨、雪水的排除。

将生活污废水、工业废水及雨水分别通过不同的设置管道排出室外的排水方式称为分流制排水，将其中两类及两类以上的污水、废水合流排出则称为合流制排水。建筑排水系统是选择分流制排水系统还是合流制排水系统，应综合考虑污水污染性质、污染程度、室外排水体制是否有利于水质综合利用及处理等因素来确定。

建筑排水系统的分类如图 1-22 所示。

图 1-22　建筑排水系统的分类

■ 二、建筑排水系统的选择 ·····································

根据污、废水在排放过程中的关系，又分为合流制排水系统和分流制排水系统。

(1)合流制排水系统是将城市生活污水、工业废水和降水全部送往污水处理厂进行处理，较好的控制了水体污染，但污水处理厂的容量增加很多，建设费用相应增高。晴天时污水在合流制管道内只是不分流，雨天时才接近满管流，因而晴天时合流制管内流速较低，易产生沉淀。晴天和雨天流入污水处理厂的水量变化很大，增加了合流制排水系统污水处理厂运行管理的复杂性。

(2)分流制排水系统是将城市污水送往污水处理厂进行处理，减小了污水处理厂的规模和建设费用，但初雨径流未加处理就直接排入水体，对城市水体会造成污染。但分流制排水系统可以保持管内的流速，不致发生沉淀，同时，流入污水处理厂的水量和水质比合流制变化小很多，污水处理厂的运行易于控制。排水的分流制是城市发展进步的标志。

■ 三、建筑内部排水系统的组成 ···

建筑物内部排水系统的组成，如图 1-23 所示。

1. 卫生器具或生产设备受水器

卫生器具或生产设备受水器包括坐式大便器、污水盆、洗脸盆、洗涤盆等。

2. 排水管道

排水管道是用以输送污、废水的通道，分为排出管、立管和支管。

3. 通气管道

通气管道的作用是保证排水管路和大气相通，稳定管系中的气压波动，使水流畅通。这样既可以排出管路中的臭气，也可以维持管路中气压的平衡，阻止排水设备下的存水弯水封被破坏。

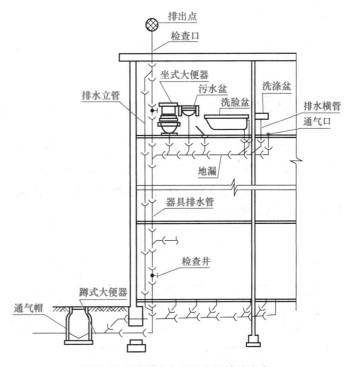

图 1-23　建筑物内部排水系统的组成

4. 清通设备

一般排出管后面设置检查井，它主要起连接、清理检查管道的作用，还具有改变水流方向(弯头)、汇流(三通)及变径的特殊作用；排水立管上设检查口，供立管与横支管连接处有异物堵塞时清掏用，多层或高层建筑的排水立管上每隔一层就应装设一个，检查口间距不大于 10 m。但在最底层和设有卫生器具的两层以上坡顶建筑物的最高层必须设置检查口，平顶建筑可用通气口代替检查口；排水横支管末端设清扫口，而弯头或三通等设备带有清通门，作为疏通排水横支管之用。

5. 抽升设备

民用建筑中的地下室、人防建筑物、高层建筑的地下技术层、某些工业企业车间或半地下室、地下铁道等地下建筑物内的污、废水不能通过自流排至室外时，必须设置污水抽升设备以达到抽升排放的目的，如水泵、气压扬液器、喷射器等。

6. 污水局部处理构筑物

当建筑污水达不到排放标准时，不允许直接排入城市下水道或水体，需要在建筑物内或附近设置局部处理构筑物予以处理。常用的有化粪池、隔油池、降温池和酸碱中和池等。

任务引领

建筑排水系统有别于建筑给水系统，它有着自身特有的设备和附件。

■ 一、卫生器具

卫生器具是用来收集和排放生活及生产中产生的污水、废水的设备，是建筑排水系统的重要组成部分。

卫生器具一般要求表面光滑，易于清洗，坚固耐用，不透水，耐腐蚀和耐冷热。常用的制造材料有陶瓷、水磨石、塑料、不锈钢和铸铁搪瓷等。

卫生器具按用途分为便溺用卫生器具，盥洗、淋浴用卫生器具，洗涤用卫生器具和专用卫生器具等，如图 1-24 所示。

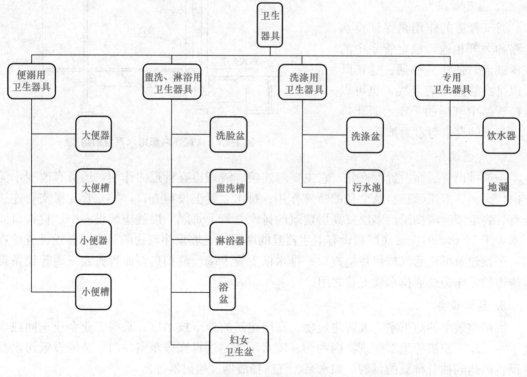

图 1-24　卫生器具分类

1. 便溺用卫生器具

便溺用卫生器具的主要作用是收集排除粪便污水，通常包括以下器具：

（1）大便器。我国常用的大便器有坐式大便器和蹲式大便器两种。

1）坐式大便器：本身带有存水弯，直接安装在卫生地面上，不需设台阶。

2）蹲式大便器：蹲式大便器分为高水箱冲洗、低水箱冲洗和自闭式冲洗三种，广泛应用在集体宿舍、公共卫生间或公共厕所等场所。

（2）大便槽。大便槽现在使用的相对较少。

（3）小便器。小便器多设于公共建筑的男厕所内，有挂式和立式两种。挂式小便器悬挂在墙上，小便斗均装设存水弯，其冲洗方式可选用自动冲洗水箱或冲洗阀冲洗；立式小便器安装在对卫生设备要求较高的公共建筑内，如写字楼、宾馆、大剧院等，多为成组装置，采用自动冲洗方式。

（4）小便槽。小便槽是用瓷砖沿墙砌的浅槽，槽宽为 300～400 mm，起端槽深不小于 100 mm，槽底坡度不小于 0.01，槽外侧有 400 mm 踏步平台，平台做成 0.01 的坡度坡向槽内。

2. 盥洗、淋浴卫生器具

（1）洗脸盆。洗脸盆安装在盥洗间、浴室或卫生间，供洗漱用。使用者可根据实际情况具体选用。

（2）盥洗槽。盥洗槽表面为瓷砖或水磨石建造，价格低，使用灵活，可供多人同时使用，如火车站、学校的集体宿舍等。

（3）浴盆。浴盆用于住宅、宾馆等的卫生间及公共浴室内。

（4）淋浴器。淋浴器具有占地面积小、投资少、耗水量低和卫生条件好等优点，其多用于集体宿舍、体育场馆和公共浴室中。淋浴器可购买成品，也可现场组装。

3. 洗涤用卫生用具

（1）洗涤盆。洗涤盆是供洗涤碗碟、餐具和蔬菜瓜果等用的卫生用具，安装在住宅或公共食堂内。其安装方式有墙架式、柱脚式和台式三种。

（2）污水池。污水池是指设在公共建筑的厕所、盥洗室内，供清扫厕所、洗涤拖布或倾倒污水之用。

4. 专用卫生器具

（1）饮水器。

（2）地漏。地漏是一种特殊的排水装置，主要设置在厕所、浴室、盥洗室、卫生间及其他需要从地面排水的房间内，用以排除地面积水。地漏应布置在易溅水的卫生器具附近的最低处，地漏箅子顶面比地面低 5～10 mm，地漏带水封的深度不小于 50 mm，其周围地面应有不少于 0.01 的坡度坡向地漏。

■ 二、排水管材、管件及其连接方式 ···

1. 排水系统常用管材及连接方式

（1）排水铸铁管。排水铸铁管是目前较常用的管材，其管壁较给水铸铁管薄，不能承受高压，常用于生活污水管道和雨水管道等，也可用作工业废水管道，常用承插连接。

（2）硬聚氯乙烯排水管。硬聚氯乙烯（PVC－U）排水管是以聚氯乙烯树脂为主要原料，加入必需的助剂，经挤压成型，常用胶粘剂承插连接。

（3）钢管。钢管主要用于洗脸盆、浴盆和小便器等卫生器具的器具排水管，在振动较大的地方也可以用钢管代替铸铁管。

（4）耐酸陶瓷管和钢筋混凝土管。耐酸陶瓷管适用于排除酸性废水，而钢筋混凝土管常用于建造大型排水渠道。

2. 排水管件

管道的连接是通过管件来实现的，以铸铁管为例，铸铁管配件连接如图1-25所示。

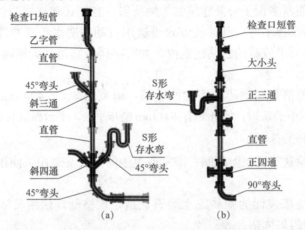

图1-25 铸铁管配件连接及承插连接和法兰连接方式
(a)承插连接；(b)法兰连接

（1）弯头。弯头用在管道转弯处，使管道改变方向。弯头的角度有45°、90°等。

（2）乙字管。排水立管在室内距墙比较近，但基础比墙要宽，为了使排水管绕过基础伸到墙中，需设乙字管。

（3）管箍。管箍也叫作套轴，其作用是将两段排水铸铁管连在一起。

（4）三通或四通。可分为正三通、斜三通、正四通、斜四通，如图1-25所示。

（5）存水弯。存水弯又叫作水封，是设置在卫生器具排水管上和生产污、废水受水器泄水口下方的排水附件。在弯曲段内形成一定高度的水封，通常为50～100 mm，其作用是隔绝和防止排水管道内所产生的臭气、有害气体、可燃气体和小虫等通过卫生器具进入室内，污染环境。

存水弯的类型主要有S形和P形两种。S形存水弯用于与排水横管垂直连接的场所，多用于小便器、洗手盆、洗脸盆等对水封效果要求比较高且安装方便的洁具；P形存水弯用于与排水横管或排水立管水平直角连接的场所，如下水管在墙面上(90°转角)，就用P形存水弯。

（6）通气管。建筑内部排水系统是水气两相流动，当卫生器具排水时，需向排水管内补给空气，以减小气压变化，防止卫生器具水封被破坏，使水流通畅。同时，也需要将排水管道内的有毒有害气体排放到大气中，补充新鲜空气，减缓金属管道的腐蚀。通气管就起到这样的作用。

通气管的设置方法有以下几种：

1)立管伸出屋顶作通气管。伸顶通气是利用排水立管向上延伸，穿出屋顶与大气连通。这种通气方式适用于一般多层建筑。伸顶通气管出屋面的高度：不上人屋面为0.3～0.5 m；上人屋面为2 m。

2)设专用通气立管。专用通气系统由一根排水立管和一根通气立管组成。其适用于污、废水合流的各类多层和高层建筑。

3)设环形通气管。环形通气由一根排水立管、一根通气立管和环形通气管组成。其适用于生活污水和生活废水需分别排出室外的各类多层、高层建筑。

4)器具通气管。器具通气形式较为复杂,每一个排水用具均带有一个专用的通气管。其适用于标准高,有安静防噪要求时。

几种典型的通气方式如图 1-26 所示。

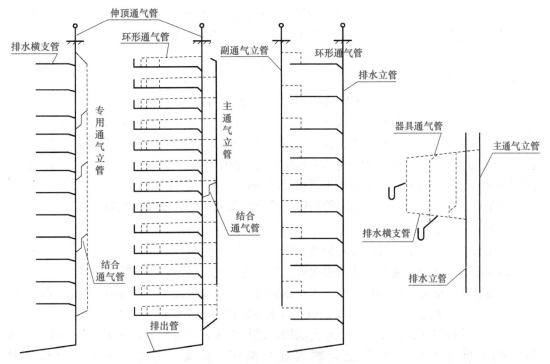

图 1-26　几种典型的通气方式

任务九　建筑排水系统安装

任务引领

建筑排水系统的安装也有别于建筑给水系统,那它又是如何安装的呢?

一、施工工艺流程

排出管→底层横干管与支管→埋地排水管道灌水试验及验收→楼板洞修正和埋设立管支架→排水立管→排水横管和支管→隐蔽横支管灌水试验及验收→管道通球试验及验收。

■ 二、施工过程质量控制

管道安装应按施工图要求的位置、标高及敷设坡度进行施工。排水横管管径不小于排水支管管径，排水立管管径不小于排水横管管径，排出管管径不小于立管管径。

材料、成品、半成品、构配件进场验收时，必须具有质量证明文件，其规格、型号及性能检测报告应符合国家技术标准或设计要求。

1. 排出管安装

排出管是室内排水的总管，是指由底层排水管到室外第一个排水检查井之间的管道。排出管与立管连接处宜采用两个45°弯头或弯曲半径不小于4倍管径的90°弯头，也可采用带清通口的弯头。

2. 排水立管安装

(1)如设计无要求，立管三通距楼板200～300 mm为宜。

(2)为了便于安装和维修，排水立管不得半明半暗，立管中心距净墙面的距离：管径为50～75 mm时，立管中心距净墙面的距离为90～100 mm；管径为100 mm时，立管中心距净墙面的距离为110～120 mm；管径为150 mm时，立管中心距净墙面的距离为140～150 mm。立管管件承口外侧与净墙面最大距离不得超过50 mm。

(3)立管安装到屋顶后，出屋面的高度应符合有关要求，并安装透气帽。

3. 排水横管与支管

(1)排水立管安装结束后，可安装横支管。

(2)待横管与立管三通接口达到强度后，安装支、托、吊架，再安装支立管。

(3)支管安装应考虑出楼板高度，大便器管口宜高出净地面10～20 mm，地漏宜低于净地面5～10 mm，面盆、菜盆、浴盆管口宜高出净地面50～100 mm。

(4)支立管接口达到强度后，应对孔洞周边进行清理，支设模板，灌洞前应将孔洞浇水湿润，用不低于C20的混凝土分两次进行浇灌、捣实，浇灌后的孔洞宜低于楼板10～20 mm。

4. 支架安装

支架应固定在承重结构上，横管管卡间距不超过2 m，立管管卡间距不超过3 m，当楼层高度不超过4 m时，立管上可设一个管卡，管卡距地面或楼面为1.5～1.8 m。管卡应设在承口上面，同一房间的支架应设置在同一高度。

■ 三、验收阶段

验收阶段应做好管道的灌水试验和通球试验。

1. 管道灌水试验及验收

对敷设于吊顶内、暗敷在卫生间地面内的管道和埋地排水管道都应做灌水试验，其试验原理图如图1-27所示。

(1)管道经24 h养护后，可做灌水试验。先用橡皮胶囊放入排出管口，用气筒向胶囊内打压至0.3 MPa，然后可往管道内充水。

(2)充满水后可用检验锤均匀轻击管道外壁，进行外观检查。15 min后，确认无渗漏，

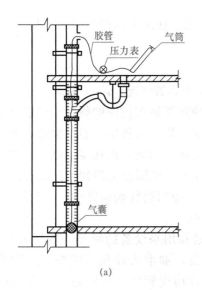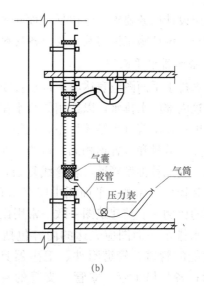

图 1-27 管道灌水试验原理图

(a)对下层楼层灌水示意图；(b)对上层楼层灌水示意图

可二次充满水，5 min 内液面不下降为合格。

(3)隐蔽管道验收合格后，各方应在"隐蔽工程验收记录"和"管道灌水试验记录"上签字认可，方可进行隐蔽。

(4)验收完毕，取出胶囊把管道的水排出。

(5)回填土应分层夯实，每层不大于 0.3 m，土质中不应含有乱石、杂物等。塑料管道周围应填 10 cm 厚的中砂，第一层土应掌握夯力，以免损坏管道。

2. 管道通球试验及验收

(1)管道系统安装完毕后，可对立管、横干管进行通球试验。

(2)球可从立管顶部或立管检查口处放入(球径为管内径的 2/3)，从顶层支管用水管或水桶往管内注入一定量的水，球从排出管顺利 100% 流出为合格。

任务十 建筑给水排水施工图识读

任务引领

本任务主要是如何识读建筑给水排水施工图。

一、建筑给水排水图纸基本内容

建筑给水排水施工图是工程项目中单项工程的组成部分之一，它是确定工程造价和组织施工的主要依据，也是国家确定和控制基本建设投资的重要依据材料。建筑给水排水施工图按照设计任务要求，应包括平面布置图（总平面图、建筑平面图）、系统图、施工详图（大样图）、设计施工说明及主要设备材料表等。

1. 给水排水平面图

给水排水平面图应表达给水排水管线和设备的平面布置情况。

建筑内部给水排水，以选用的给水排水方式来确定平面布置图的数量。底层及地下室必需绘出；顶层若有水箱等设备，也须单独绘出；建筑物中间各层，如卫生设备或用水设备的种类、数量和位置均相同，可绘一张标准层平面图，否则，应逐层绘制。一张平面图上可以绘制几种类型管道，若管线复杂，也可分别绘制，以图纸能清楚表达设计意图而图纸数量又较少为原则。平面图中应突出管线和设备，即用粗线表示管线，其余均为细线。平面图的比例一般与建筑图一致，常用比例为1∶100。

给水排水平面图应表达的内容包括：用水房间和用水设备的种类、数量、位置等；各种功能的管道、管道附件、卫生器具、用水设备，如消火栓箱、喷头等，均应用图例表示；各种横干管、立管、支管的管径、坡度等均应标出；各管道、立管均应编号标明。

2. 给水排水系统图

给水排水系统图也称"给水排水轴测图"，应表达出给水排水管道和设备在建筑中的空间布置关系。系统图一般应按给水、排水、热水供应、消防等各系统单独绘制，以便于安装施工和造价计算使用。其绘制比例应与平面图一致。

给水排水系统图应表达的内容包括：各种管道的管径、坡度；支管与立管的连接处、管道各种附件的安装标高；各立管的编号应与平面图一致。

系统图中对用水设备及卫生器具的种类、数量和位置完全相同的支管、立管，可不重复完全绘出，但应用文字标明。当系统图中立管、支管在轴测方向重复交叉影响视图时，可标号断开，移至空白处绘制。

建筑居住小区的给水排水管道，一般不绘制系统图，但应绘制管道纵断面图。

3. 施工详图

在建筑给水排水施工图中，凡平面图、系统图中局部构造因受图面比例影响而表达不完善或无法表达时，必须绘制施工详图。详图中应尽量详细注明尺寸，不应以比例代尺寸。施工详图应首先采用标准图、通用施工详图，如卫生器具安装、排水检查井、阀门井、水表井、雨水检查井、局部污水处理构筑物等，均有各种施工标准图。

4. 设计施工说明及主要设备材料表

凡是图纸中无法表达或表达不清的而又必须为施工技术人员所了解的内容，均应用文字说明。文字说明应力求简洁。

设计施工说明应表达以下内容：设计概况、设计内容、引用规范、施工方法等。例如，给水排水管材以及防腐、防冻、防结露的做法；管道的连接、固定、竣工验收的要求；施工中特殊情况的技术处理措施；施工方法要求必须严格遵循的技术规程、规定等。工程中选用的主要材料及设备应列表注明。表中应列出材料的类别、规格、数量，设备的品种、规格和主要尺寸。另外，施工图还应绘制出图中所用的图例；所有的图纸及说明应编排有序，写出图纸目录。

■ 二、建筑给水排水常用图例 ··

建筑给水排水常用图例见表1-1。

表 1-1　建筑给水排水常用图例

名称	图例	名称	图例
生活给水管	—— J ——	闸阀	
热水给水管	—— RJ ——	角阀	
中水给水管	—— ZJ ——	截止阀	
圆形地漏	平面　系统	室内消火栓（单口）	平面　系统
方形地漏	平面　系统	室内消火栓（双口）	平面　系统
清扫口	平面　系统	压力表	
S形存水弯		自动喷头（开式）	平面　系统
P形存水弯		自动喷头（闭式）	平面　系统
检查口		检查井	j—×× W—×× Y—×× ／ J—×× W—×× Y—××
通气帽	成品　蘑菇形	蹲式大便池	
洗槽		污水池	

■ 三、建筑施工图的识读 ···

阅读主要图纸之前，应首先看设计施工说明和设备材料表，然后以系统图为线索深入阅读平面图、系统图及详图。阅读时，应将三种图相互对照来看。先对系统图有大致的了解，看给水系统图时，可以从建筑的给水引入管开始，沿水流方向经干管、立管、支管看到用水设备；看排水系统图时，可以从排水设备开始，沿排水方向经支管、横管、立管、干管看到排出管。

1. 平面图的识读

室内给水排水平面图是施工图纸中最基本和最重要的图纸，它主要表明建筑物内给水排水管道及设备的平面布置。

图纸上的线条都是示意性的，同时管材配件如活接头、补芯、管箍等也无法画出，因此，在识读图纸时还必须熟悉给水排水管道的施工工艺。在识读平面图时，应掌握的主要内容和注意事项如下：

（1）查明卫生器具、用水设备和升压设备的类型、数量、安装位置及定位尺寸。卫生器具和各种设备通常是用图例画出来的，它只能说明器具和设备的类型，而不能具体表示各部分的尺寸及构造，因此，在识读时必须结合有关的详图和技术资料，弄清楚这些器具和设备的构造、接管方式及尺寸。

（2）弄清楚给水引入管和污水排出管的平面位置、走向、定位尺寸、与室外给水排水管网的连接形式、管径及坡度。给水引入管上一般都装有阀门，通常设于室外阀门井内。污水排出管与室外排水总管的连接是通过检查井来实现的。

（3）查明给水排水干管、立管、支管的平面位置与走向、管径尺寸及立管的编号。从平面图上可清楚地查明管道是明装还是暗装，以确定施工方法。

（4）在给水管道上设置水表时，必须查明水表的型号、安装位置、水表前后阀门的设置情况。

（5）对于室内排水管道，还要查明清通设备的布置情况、清扫口的型号和位置，弄清楚室内检查井的进出管连接方式。对于雨水管道，要查明雨水斗的型号及布置情况，并结合详图弄清楚雨水斗与天沟的连接方式。

2. 系统图的识读

给水排水管道系统图主要表明管道系统的立体走向。在给水系统图上，卫生器具无须画出，只需画出水龙头、冲洗水箱等符号；用水设备如锅炉、热交换器、水箱等，则画出示意性立体图，并以文字说明。在排水系统图上，也只画出相应的卫生器具的存水弯或器具排水管。在识读系统图时，应掌握的主要内容和注意事项如下：

（1）查明给水管道的走向，干管的布置方式，管径尺寸及其变化情况，阀门的设置，引入管、干管及各支管的标高。

（2）查明排水管的走向、管路分支情况、管径尺寸与横管坡度、管道各部标高、存水弯的形式、清通设备的设置情况、弯头及三通的选用等。

（3）系统图上对各楼层标高都有注明，看图时可据此分清各层管路。管道支架在图中一般不表示，由施工人员按有关规程和习惯做法自行决定。

识读管道系统图时，应结合平面图及说明，了解和确定管材及配件。

3. 详图的识读

室内给水排水详图包括节点图、大样图和标准图，主要是管道节点、水表、消火栓、水加热器、卫生器具、套管、开水炉、排水设备、管道支架的安装图及卫生间大样图等。图中注明了详细尺寸，可供安装时直接使用。

■ 四、案例 ···

见配套图纸附图 1。

一、判断题

1. 化粪池是生活废水局部处理的构筑物。　　　　　　　（　　）

2. 清扫口设置在立管上，每隔一层设一个。　　　　　　（　　）

3. 城市给水管网引入建筑的水，如果与水接触的管道材料选择不当，将直接污染水质。　　　　　　　　　　　　　　　　（　　）

4. 建筑内部合流排水是指建筑中两种或两种以上的污、废水合用一套排水管道系统排除。　　　　　　　　　　　　　　（　　）

5. 室内排水管道均应设伸顶通气管。　　　　　　　　　（　　）

6. 雨水内排水系统都宜按重力流排水系统设计。　　　　（　　）

7. 室内给水横干管宜有 0.002～0.005 的坡度坡向给水立管。（　　）

8. 水表节点是安装在引入管上的水表及其前后设置的阀门和泄水装置的总称。（　　）

9. 检查口可设在排水横管上。　　　　　　　　　　　　（　　）

10. 设伸缩节的排水立管，立管穿越楼板处固定支撑时，伸缩节不得固定。（　　）

项目一　参考答案

二、选择题

1. 对平屋顶可上人屋面，伸顶通气管应伸出屋面（　　）m。
　A. 2.0　　　　　B. 1.5　　　　　C. 0.6　　　　　D. 1.0

2. 凡连接有大便器的排水管管径不得小于（　　）mm。
　A. 50　　　　　B. 75　　　　　C. 100　　　　　D. 150

3. 检查口的设置高度规定离地面为（　　）m，并应高出该层卫生器具上边缘 0.15 m。
　A. 1.0　　　　　B. 1.2　　　　　C. 1.5　　　　　D. 2.0

4. 在连接（　　）大便器的塑料排水横管上宜设置清扫口。
　A. 一个及一个以上　　　　　　　B. 二个及二个以上
　C. 三个及三个以上　　　　　　　D. 四个及四个以上

5. 公称直径为 50 mm 的镀锌钢管书写形式为（　　）。
　A. $De50$　　　　　B. $DN50$　　　　　C. 50　　　　　D. $d50$

6. 立管在穿过楼板时需设置套管，安装在卫生间和厨房内的套管，顶部应高出装饰面（　　）mm。
　A. 50　　　　　B. 30　　　　　C. 20　　　　　D. 10

7. 除坐式大便器处，连接卫生器具的排水支管上应装设（　　）。
　A. 检查口　　B. 闸阀　　　C. 存水弯　　　D. 通气管

8. 闸阀适用于管径（　　）mm 的管道上。
　A. ≤50　　　　B. ≥70　　　　C. ≥100　　　　D. ≥110

9. 水箱或水池的进水管上应装设（　　），起自动进水、自动关闭水流的作用。
　A. 止回阀　　B. 安全阀　　　C. 浮球阀　　　D. 节流阀

10. 排水立管在底层和楼层转弯时，应设置（　　）。
　A. 检查口　　B. 检查井　　　C. 闸阀　　　D. 伸缩节

11. 高层建筑(　　)因静水压力大，所以要分区。
    A. 给水　　　　　B. 排水　　　　　C. 给水和排水　　　D. 以上均不对

12. 建筑给水硬聚氯乙烯管道系统的水压试验必须在粘接连接安装(　　)h 后进行。
    A. 24　　　　　　B. 36　　　　　　C. 48　　　　　　D. 以上均不对

13. 当要阻止水流反向流动时，应在管道上装(　　)。
    A. 闸阀　　　　　B. 截止阀　　　　C. 止回阀　　　　D. 以上均正确

14. 管道的埋设深度，应根据(　　)等因素确定。
    A. 冰冻情况　　　B. 外部荷载　　　C. 管材强度　　　D. 以上均正确

15. 排水立管与排出管宜采用(　　)连接。
    A. 两个 45°弯头　B. 90°弯头　　　C. 乙字管　　　　D. 以上均不对

三、简答题

1. 建筑给水系统的组成及各部分的作用是什么？
2. 简述四种给水方式的基本形式及其优缺点。
3. 简述建筑内部给水管道的布置要求。
4. 给水系统的组成及各工程设施的作用是什么？
5. 管网布置有哪两种基本形式？各适用于何种情况及其优缺点是什么？
6. 给水管网布置应满足哪些基本要求？
7. 一个完整的建筑排水系统由哪几部分组成？
8. 简述排水管道布置的原则。
9. 通气管有哪些作用？
10. 存水弯的作用是什么？
11. 室内给水排水工程设计应完成哪些图纸？各图纸分别反映哪些内容？

项目二　室内消防给水系统

任务一　消防施工图

任务引领

通过某工程消防施工图的学习，掌握各消防图例、消防平面图及系统图的识读，为日后工作打下扎实的基础。

一、消防施工图纸的基本内容

消防施工图应按规定选择正确、合理的图幅、标题栏、图线、图例、比例、定位轴线及编号、尺寸标注、索引符号和详图符号进行绘制，具体要求参见《建筑给水排水制图标准》(GB/T 50106—2010)，常见的消防施工图图例见表 2-1。

表 2-1　常见的消防施工图图例

名称	图例	名称	图例
单出口系统消火栓	◕	手提式清水灭火器	⚠
双出口系统消火栓	✛	手提式 ABC 干粉灭火器	⚠
单出口消火栓	◣	手提式二氧化碳灭火器	⚠

名称	图例	名称	图例
双出口消火栓	◄►◄	推车式 BC 类干粉灭火器	⬯
喷淋头	▽	水力警铃	⌐
消防水泵接合器	⤙	手提式灭火器	△
消防水炮	⤙	推车式灭火器	△

消防施工图由平面图、系统图、详图、设计说明、设备材料表等图纸组成。

(1)平面图。表示建筑物各层的消防管道及设备的屏幕位置，应分层按正投影法绘制。

平面图包括建筑物轮廓，标注轴线及房间的主要尺寸；消防设备的类型及位置；各层消防干管、立管、支管的位置，消防进水管位置。

(2)系统图。按45°正面斜轴测绘制，表明消防系统各楼层的空间关系。标注所有管道的管径、标高。管道的编号应与平面图一致。

(3)详图。平面图和系统图无法表达清楚且无法用文字说明时，应将其局部放大比例画成详图，可引用标准图集。

(4)设计说明。主要阐述设计的依据、施工原则和要求、建筑特点、安装标准和方法、工程等级、工艺要求及有关设计的补充说明。

(5)设备材料表。将主要设备、附件及仪表等单独制表并逐项列出，称为设备材料表。设备材料中应反映出系统编号、名称、型号、规格、单位、数量及备注。

■ 二、施工图识读要点

识读施工图时，应先了解专业制图标准，如《建筑给水排水制图标准》(GB/T 50106—2010)。

成套的专业施工图宜先看图纸目录、设计说明，对工程情况和施工要求有一个概括的了解后，再看具体图样，并应注意以下几点：

(1)在识读图样前应查阅并掌握相关图例，了解图例代表的内容。

(2)注意将系统图和平面图对照起来看，以全面了解系统。

(3)施工图的识读顺序应顺水流方向识读，即进水管→干管→立管→横管→消防设备。

(4)识读时应综合平面图、系统图及说明，并参考标准图集，弄清系统的详细构造及施工的具体要求。

(5)识读图样时应注意预留孔洞、预埋件、管沟的位置及对土建的要求，还须对照有关土建施工图，便于在施工中加以配合。

■ 三、某工程消防施工图实例

工程背景：某市一栋商业混合楼，地上12层，地下1层，建筑高度为49.90 m，地上1～3层为商业部分，4～12层为酒店，地下部分为设备机房、机动车库。框架-剪力墙结构，耐火等级为一级，总建筑面积为 24 716 m²。已按我国现行有关工程建设消防技术标准配置了室内外消火栓给水系统、自动喷水灭火系统和火灾自动报警系统等消防设施及器材。

(1)设计说明部分：内容涉及工程概况、设计范围及依据、系统简述、材料选用及施工安装要求(见配套图纸附图2中设计说明)。其中,系统简述中详尽介绍了该工程的供水方式、消防系统分区情况、消火栓系统设置情况、喷淋系统设置情况以及局部位置单体灭火器的配置要求。

(2)消防平面图、消火栓系统图:选用一层消防平面图,以消火栓系统为主,内容涉及消火栓箱体布置情况、消火栓系统水平干管、立管管径尺寸及布置情况。学习消防平面图内容时需与消火栓系统图配合进行。在平面图中,主要阅读消防设施的平面布置情况;在系统图中,主要阅读整个消防系统的构成情况(见配套图纸附图2中一层消防及给水排水平面图和消火栓系统图)。

(3)喷淋平面图、喷淋系统图:该部分图纸所需阅读的信息与消火栓系统大致相同,区别主要在于消防设施不一样,需要注意喷头的布置情况,尤其是喷头保护半径,原则上喷头布置要求保证保护区域内任何部位发生火灾都能得到一定的水量(见配套图纸附图2中一层喷淋平面和喷淋系统图)。

(4)喷淋系统图(见配套图纸附图2)。

任务二　消防系统设备及组件

任务引领

掌握消防系统各设备及组件的作用,了解其设置的要求。

一、消防水泵

1.消防水泵的设置

消防水泵是通过叶轮的旋转将能量传递给水,从而增加了水的动能、压能,并将其输送到灭火设备处,以满足各种灭火设备的水量、水压要求,它是消防给水系统的心脏。目前,消防给水系统中使用的水泵多为离心泵,因为该类水泵具有适应范围广、型号多、供水连续、可随意调节流量等优点。消防水泵应按设置要求设置备用泵(图2-1),备用量的工作能力不应小于最大一台消防工作泵,可按照一备一用或两备一用的比例设置备用泵。

图2-1　备用泵

2.消防泵的选用

所选消防泵的产品应符合国家标准《消防泵》(GB 6245—2006)的规定,并通过国家消防装备质量监督检验中心的检测。选择消防泵的主要依据是流量、扬程及其变化规律。通常可按以下要求选定:

(1)水泵的出水量应满足消防水量的要求。

(2)水泵的扬程应在满足消防流量的条件下,保证最不利点消火栓的水压要求。

(3)尽可能选用 Q-H 特性曲线平缓的水泵。

(4)消防泵一般均不应少于两台,一台工作,其余备用。单台泵的流量应按消防流量选择,同一建筑物尽量选用同型号水泵,以便于管理。

■ 二、室内消防给水管道

室内消防给水管道是室内消火栓系统的重要组成部分,为确保供水安全、可靠,其布置时应满足一定的要求。

(1)单层、多层建筑消防用水与其他用水合用的室内管道,当其他用水达到最大小时流量时,应仍能保证供应全部消防用水量;高层民用建筑室内消防给水系统管道应与生活、生产给水系统分开,独立设置。

(2)除有特殊规定外,建筑物的室内消防给水管道应布置成环状,且至少应有两条进水管与室外环状管网相连接,当其中一条进水管发生故障时,其余进水管应仍能供应全部消防用水量。

(3)室内消防给水管道应采用阀门分成若干独立段。单层厂房(仓库)和公共建筑内阀门的布置应保证检修停止使用的消火栓不应超过5个;多层民用建筑和其他厂房(仓库)内阀门的布置应保证管道检修时关闭的消防竖管不超过一根,但设置的竖管超过三根时,可关闭两根。高层建筑内阀门的布置,应保证管道检修时关闭停用的消防给水竖管不超过一根;当高层民用建筑内消防给水竖管超过四根时,可关闭不相邻的两根。阀门应保持常开,并有明显的启闭标志和信号。

(4)一般情况下,消防给水竖管的布置应保证同层相邻两个消火栓的水枪充实水柱,同时到达被保护范围内的任何部位,每根竖管的直径应根据通过的流量经计算确定,高层民用建筑内每根消防给水竖管的直径不应小于100 mm。

(5)室内消火栓给水管网与自动喷水灭火系统(局部应用系统除外)的管网应分开设置。如有困难,应在报警阀前分开设置。

(6)室内消火栓给水管材通常采用热镀锌钢管,根据工作压力的情况,可以是有缝钢管,也可是无缝钢管。

■ 三、消防水泵接合器

消防水泵接合器是供消防车向消防给水管网输送消防用水的预留接口。它既可用以补充消防水量,也可用于提高消防给水管网的水压。

在火灾情况下,当建筑物内消防水泵发生故障或室内消防用水不足时,消防车从室外取水通过水泵接合器将水送到室内消防给水管网,供灭火使用。通常设置要求如下:

(1)高层建筑、设置室内消火栓且层数超过四层的厂房(仓库)、最高层楼板超过20 m的厂房(仓库)、设置室内消火栓且层数超过五层的公共建筑、四层以上多层汽车库和地下汽车库、地下建筑和平站结合的人防工程、城市市政隧道,其室内消火栓给水系统应设置消防水泵接合器,自动喷水灭火系统也应设水泵接合器。

(2)水泵接合器的数量应根据室内消防用水量和每个水泵接合器的流量经计算确定;高层建筑采用竖向分区供水时,在消防车供水压力范围内的分区,应分别设置水泵接合器。

(3)水泵接合器有地上式、地下式和墙壁式三种,以适应各种建筑物的需要。其设置应方便连接消防车水泵;距水泵接合器15~40 m范围内,应设置有室外消火栓或消防水池。

■ 四、消防水池、消防水箱 ···

在市政给水管道、进水管道或天然水源不能满足消防用水量，以及当市政给水管道为枝状或只有一条进水管的情况下，室内外消防用水量之和大于 25 L/s 的建（构）筑物应设消防水池。

采用临时高压给水系统的建筑物，应设置高位消防水箱。设置消防水箱的目的：一是提供系统启动初期的消防用水量和水压，在消防泵出现故障的紧急情况下应急供水，确保喷头开放后立即喷水，及时控制初期火灾，并为外援灭火争取时间；二是利用高位差为系统提供准工作状态下所需的水压，以达到管道内充水并保持一定压力的目的。

■ 五、室内消火栓及消火栓箱 ···

室内消火栓是扑救建筑内火灾的主要设施，通常安装在消火栓箱内，与消防水带和水枪等器材配套使用，是使用最普遍的消防设施之一，在消防灭火的使用中因性能可靠、成本低廉而被广泛采用。

(一)室内消火栓

(1)按出水口形式可分为单出口室内消火栓和双出口室内消火栓。

(2)按栓阀数量可分为单阀室内消火栓和双阀室内消火栓。单阀双出口室内消火栓和双阀双出口室内消火栓分别如图 2-2(a)、(b)所示。

(3)按结构形式可分为直角出口型室内消火栓、45°出口型室内消火栓、旋转型室内消火栓、减压型室内消火栓、旋转减压型室内消火栓、减压稳压型室内消火栓[图 2-8(c)]、旋转减压稳压型室内消火栓等。

(a)   (b)   (c)

图 2-2　室内消火栓

(a)单阀双出口室内消火栓；(b)双阀双出口室内消火栓；(c)减压稳压型室内消火栓

(二)消火栓箱

(1)按安装方式可分为明装式、暗装式和半暗装式。

(2)按箱门形式可分为左开门式、右开门式、双开门式和前后开门式。

(3)按箱门材料可分为全钢、钢框镶玻璃、铝合金框镶玻璃及其他材料型。

(4)按水带的安置方式可分为挂置式、卷盘式、卷置式和托架式(图2-3)。

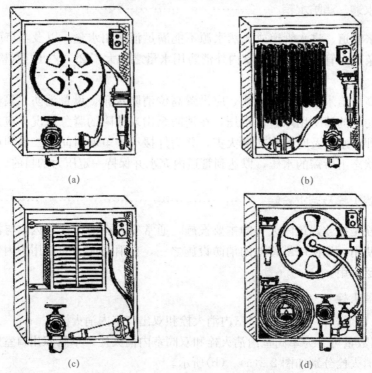

图 2-3　消火栓箱按水带的安置方式分类
(a)挂置式消火栓箱；(b)卷盘式消火栓箱；(c)卷置式消火栓箱；(d)托架式消火栓箱

(三)消防水带

1. 水带的分类

(1)按衬里材料可分为橡胶衬里消防水带、乳胶衬里消防水带、聚氨酯(TPU)衬里消防水带、PVC衬里消防水带、消防软管。

(2)按承受工作压力可分为0.8 MPa、1.0 MPa、1.3 MPa、1.6 MPa、2.0 MPa、2.5 MPa工作压力的消防水带。

(3)按内口径可分为内径为25 mm、50 mm、65 mm、80 mm、100 mm、125 mm、150 mm、300 mm的消防水带。

(4)按使用功能可分为通用消防水带、消防湿水带、抗静电消防水带、A类泡沫专用水带、水幕水带。

(5)按结构可分为单层编织消防水带、双层编织消防水带、内外涂层消防水带。

(6)按编织层编织方式可分为平纹消防水带和斜纹消防水带。

2. 水带的要求

(1)产品标识。水带的产品名称、型号、规格应与3C认证型式检验报告一致。

每根水带应以有色线作带身中心线，在端部附近中心线两侧须用不易脱落的油墨清晰地印上以下标志：产品名称、设计工作压力、规格(公称内径及长度)、经线、纬线及衬里的材质、生产厂名、注册商标、生产日期。合格的水带应标注产品名称、设计工作压力、规格(公称内径及长度)、经线、纬线及衬里的材质、生产厂名、注册商标、生产日期(图2-4)。

图 2-4　产品标识

(2)织物层外观质量。合格水带的织物层应编织均匀，表面整洁，无跳双经、断双经、跳纬及划伤。

(3)水带长度。将整卷水带打开，用卷尺测量其总长度，测量时应不包括水带的接口，将测得的数据与有衬里消防水带的标称长度进行对比，如水带长度小于水带长度规格 1 m 以上的，则判定该产品为不合格。

(4)压力试验。截取 1.2 m 长的水带，使用手动试压泵或电动试压泵平稳加压至试验压力，保压 5 min，检查是否有渗漏现象，有渗漏则为不合格。在试验压力状态下，继续加压，升压至试样爆破，其爆破时压力不应小于水带工作压力的 3 倍。水带压力测试即是测试水带是否在试验压力状态下有渗漏或未达到爆破压力时爆破。

(四)消防水枪

水枪是灭火的重要工具，它的作用在于产生灭火需要的充实水柱。室内一般采用直流式水枪，常用喷嘴口径规格有 13 mm、16 mm、19 mm 三种。喷嘴口径为 13 mm 的水枪配有50 mm 的接口；喷嘴口径为 16 mm 的水枪配有 50 mm 或 65 mm 的接口；喷嘴口径为19 mm 的水枪配有 65 mm 的接口。消防水枪示意图如图 2-5 所示。

图 2-5　消防水枪示意图

任务三　消火栓灭火系统

任务引领

熟悉并了解消火栓灭火系统的组成、工作原理、系统类型及设置要求。

室内消火栓给水系统是建筑物中应用最广泛的一种消防设施。其既可以供火灾现场人员使用消火栓箱内的消防水喉、水枪扑救初期火灾，也可供消防人员扑救建筑物的大火。室内消火栓实际上是室内消防给水管网向火场供水的带有专用接口的阀门。其进水端与消防管道相连，出水端与水带相连。

■ 一、系统组成

室内消火栓给水系统是由消防给水基础设施、消防给水管网、室内消火栓设备、报警控制设备及系统附件等组成，如图 2-6 所示。

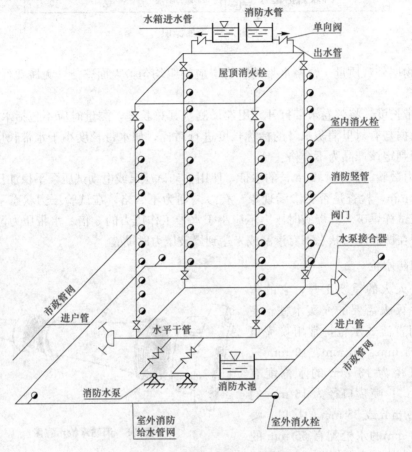

图 2-6 室内消火栓给水系统

其中，消防给水基础设施包括市政管网、室外消防给水管网、室外消火栓、消防水池、消防水泵、消防水箱、增压稳压设备、水泵接合器等。该设施的主要任务是为系统储存并提供灭火用水。给水管网包括进户管、水平干管、消防竖管等，其任务是向室内消火栓设备输送灭火用水。室内消火栓设备包括水带、水枪、水喉等，是供人员灭火使用的主要工具。系统附件包括各种阀门、屋顶消火栓等。报警控制设备用于启动消防水泵。

■ 二、系统工作原理

室内消火栓给水系统的工作原理与系统的给水方式有关。通常针对建筑消防给水系统采用的是临时高压消防给水系统。

在临时高压消防给水系统中，系统设有消防泵和高位消防水箱。当火灾发生后，现场的人员可打开消火栓箱，将水带与消火栓栓口连接，打开消火栓的阀门，按下消火栓箱内的启动按钮，从而消火栓可投入使用。消火栓箱内的按钮直接启动消火栓泵，并向消防控制中心报警。在供水初期，由于消火栓泵的启动有一定的时间，其初期供水由高位消防水箱来供水(储存 10 min 的消防水量)。对于消火栓泵的启动，还可由消防泵现场、消防控制中心启动，消火栓泵一旦启动后不得自动停泵，其停泵只能由现场手动控制。

■ 三、系统设置场所

(1)建筑占地面积大于 300 m² 的厂房(仓库)。

(2)体积大于 5 000 m³ 的车站、码头、机场的候车(船、机)楼以及展览建筑、商店、旅馆、病房楼、门诊楼、图书馆等。

(3)特等、甲等剧场，超过 800 个座位的其他等级的剧场和电影院等，超过 1 200 个座位的礼堂、体育馆等。

(4)建筑高度大于 15 m 或体积大于 10 000 m³ 的办公楼、教学楼、非住宅类居住建筑等其他民用建筑。

(5)建筑高度大于 21 m 的住宅应设置室内消火栓系统，建筑高度不大于 27 m 的住宅建筑，当确有困难时，可只设置干式消防竖管和不带消火栓箱的 DN65 的室内消火栓。消防竖管的直径不应小于 DN65。

(6)国家级文物保护单位的重点砖木或木结构的古建筑。

■ 四、系统类型和设置要求

(一)系统类型

室内消火栓系统按建筑类型不同可分为低层建筑消火栓给水系统和高层建筑消火栓给水系统。同时，根据低层建筑和高层建筑给水方式不同，又可再进行细分。给水方式是指建筑物消火栓给水系统的供水方案。

1. 低层建筑消火栓给水系统及给水方式

低层建筑消火栓给水系统是指设置在低层建筑物内的消火栓给水系统。低层建筑发生火灾，既可利用其室内消火栓设备，接出水带、水枪灭火，又可利用消防车从室外水源抽水直接灭火，使其得到有效外援。

低层建筑室内消火栓给水系统的给水方式分为以下三种类型：

(1)直接给水方式。直接给水方式无加压水泵和水箱，室内消防用水直接由室外消防给水管网提供(图 2-7)，其构造简单，投资少，可充分利用外网水压，节省能源。但由于内部无储存水量，外网一旦停水，则内部立即断水，可靠性差。当室外给水管网所供水量和水压在全天任何时候均能满足系统最不利点消火栓设备所需水量和水压时，可采用这种供水方式。

采用这种给水方式，当生产、生活、消防合用管网时，其进水管上设置的水表应考虑消防流量，当只有一条进水管时，可在水表节点处设置旁通管。

(2)设有消防水箱给水方式。如图 2-8 所示，该室内给水管网与室外管网直接相接，利用外网压力供水，同时设高位消防水箱调节流量和压力，其供水较可靠，投资节省，可充分利用外网压力，但须设置高位水箱，增加了建筑的荷载。当全天内大部分时间室外管网的压力能够满足要求，在用水高峰时室外管网的压力较低，无法满足室内消火栓的压力要求时，可采用此种给水方式。

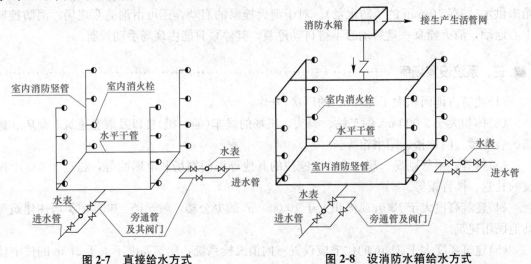

图 2-7　直接给水方式　　　　　图 2-8　设消防水箱给水方式

（3）设水泵和消防水箱给水方式。同时设有消防水箱和水泵的给水方式，这是最常用的给水方式(图 2-9)。系统中的消防用水平时由屋顶水箱提供，生活水泵定时向水箱补水，火灾时可启动消防水泵向系统供水。当室外消防给水管网的水压经常不能满足室内消火栓给水系统所需水压时，宜采用这种给水方式。当室外管网不允许消防水泵直接吸水时，应设消防水池。

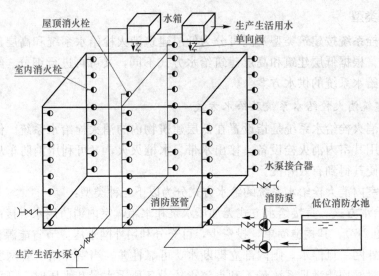

图 2-9　设水泵和水箱给水方式

屋顶水箱应储存 10 min 的消防用水量，其设置高度应满足室内最不利点消火栓的水压，水泵启动后，消防用水不应进入消防水箱。

2. 高层建筑消火栓给水系统及给水方式

设置在高层建筑物内的消火栓给水系统，称为高层建筑消火栓给水系统。高层建筑一且发生火灾，火势猛，蔓延快，救援及疏散困难，极易造成人员伤亡和重大经济损失。因此，高层建筑必须依靠建筑物内设置的消防设施进行自救。高层建筑的室内消火栓给水系统应采用独立的消防给水系统。

(1)不分区消防给水方式。整栋大楼采用一个区供水，系统简单，设备少。当高层建筑最低消火栓栓口处的静水压力不大于 1.0 MPa 时，可采用这种给水方式。

(2)分区消防给水方式。在消防给水系统中，由于配水管道的工作压力要求，系统可有不同的给水方式。系统给水方式划分的原则可根据管材、设备等确定。我国消防规范规定，当高层建筑最低消火栓栓口处的静水压力大于 1.0 MPa 时，应采取分区给水方式。

(二)设置要求

1. 室内消火栓的布置

室内消火栓应均匀布置，对室内消火栓的最大间距经计算确定，另外，充实水柱同时到达的水枪支数和最大间距的要求也需同时满足。

室内消火栓的设置应符合下列要求：

(1)设有消防给水的建筑物，其各层(无可燃物的设备层除外)均应设置消火栓。

(2)室内消火栓的布置应保证有两支水枪的充实水柱同时到达室内任何部位，其消火栓的布置不强调是同层的消火栓到达。

(3)室内消火栓应设在明显、易于取用的地点。栓口距离地面的高度为 1.1 m，其出水方向宜向下或与设置消火栓的墙面成 90°角。

(4)建筑高度小于或等于 24 m 时，且体积小于或等于 5 000 m³ 的库房，可采用 1 支水枪的充实水柱到达室内任何部位。

(5)冷库的室内消火栓应设在常温穿堂或楼梯间内。

(6)设有室内消火栓的建筑，如为平屋顶时，宜在平屋顶上设置试验和检查用的消火栓。

(7)消防电梯前室应设室内消火栓。

(8)室内消火栓的间距应由计算确定。

(9)单层和多层建筑室内消火栓的间距不应超过 50 m。高层厂房(仓库)、高架仓库和甲、乙类厂房中室内消火栓的间距不应大于 30 m。同一建筑物内应采用统一规格的消火栓、水枪和水带。每根水带的长度不应超过 25 m。

(10)当高位消防水箱不能满足最不利点消火栓水压要求的建筑，应在每个室内消火栓处设置直接启动消防水泵的按钮，并应有保护设施。

(11)消火栓应采用同一型号规格。消火栓的栓口直径应为 65 mm，水带长度不应超过 25 m，水枪喷嘴口径不应小于 19 mm。

(12)高层建筑的屋顶应设有一个装有压力显示装置检查用的消火栓，采暖地区可设在顶层出口处或水箱间内。

(13)屋顶直升机停机坪和超高层建筑避难层、避难区应设置室内消火栓。

2. 消防软管卷盘设置

消防软管卷盘由小口径消火栓、输水缠绕软管、小口径水枪等组成。与室内消火栓相比，其具有操作简便、机动灵活等优点。

消防软管卷盘的设置应符合下列要求：

（1）栓口直径应为 25 mm，配备的胶带内径不应小于 19 mm，长度不应超过 40 m，水喉喷嘴口径不应小于 6 mm。

（2）旅馆、办公楼、商业楼、综合楼内等的消防软管卷盘应设在走道内，且布置时应保证有一股水柱能达到室内任何部位。

（3）剧院、会堂闷顶内的消防软管卷盘应设在通道入口处，以方便工作人员使用。

任务四　自动喷水灭火系统

任务引领

了解自动喷水灭火系统的分类及工作原理。

自动喷水灭火系统是由洒水喷头、报警阀组、水流报警装置（水流指示器或压力开关）等组件，以及管道、供水设施组成，并能在发生火灾时喷水的自动灭火系统。自动喷水灭火系统在保护人身和财产安全方面具有安全可靠、经济实用、灭火成功率高等优点，广泛应用于工业建筑和民用建筑。

自动喷水灭火系统根据所使用喷头的形式，分为闭式自动喷水灭火系统和开式自动喷水灭火系统两大类；根据系统的用途和配置状况，自动喷水灭火系统又分为湿式系统、干式系统、雨淋系统、水幕系统、自动喷水-泡沫联用系统等（图 2-10）。

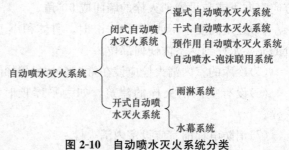

图 2-10　自动喷水灭火系统分类

一、湿式自动喷水灭火系统

湿式自动喷水灭火系统（以下简称湿式系统）由闭式喷头、湿式报警阀组、水流指示器或压力开关、供水与配水管道以及供水设施等组成。在准工作状态时，管道内充满用于启动系统的有压水。湿式系统的组成如图 2-11 所示。

工作原理：湿式系统在准工作状态时，由消防水箱或稳压泵、气压给水设备等稳压设施维持管道内充水的压力。发生火灾时，在火灾温度的作用下，闭式喷头的热敏元件动作，喷头开启并开始喷水。此时，管网中的水由静止变为流动，水流指示器动作送出电信号，在报警控制器上显示某一区域喷水的信息。由于持续喷水泄压造成湿式报警阀的上部水压低于下部水压，在压力差的作用下，原来处于关闭状态的湿式报警阀自动开启。此时，压力水通过湿式报警阀流向管网，同时打开通向水力警铃的通道，延迟器充满水后，水力警铃发出声响警报，压力开关动作并输出启动供水泵的信号。供水泵投入运行后，完成系统的启动过程。其工作原理如图 2-12 所示。

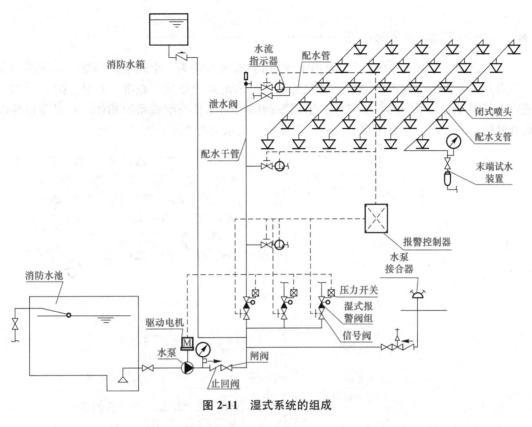

图 2-11 湿式系统的组成

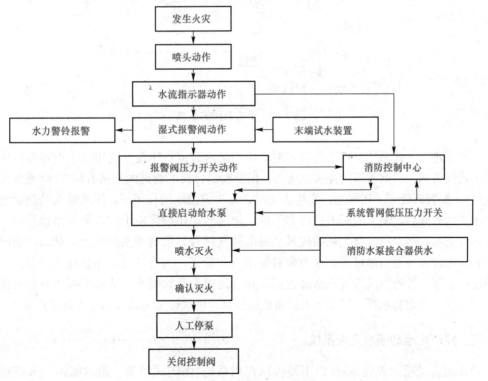

图 2-12 湿式系统的工作原理图

■ 二、干式自动喷水灭火系统 ···

干式自动喷水灭火系统(以下简称干式系统)由闭式喷头、干式报警阀组、水流指示器或压力开关、供水与配水管道、充气设备以及供水设施等组成,在准工作状态时,配水管道内充满用于启动系统的有压气体。干式系统的启动原理与湿式系统相似,只是将传输喷头开放信号的介质,由有压水改为有压气体。干式系统的组成如图2-13所示。

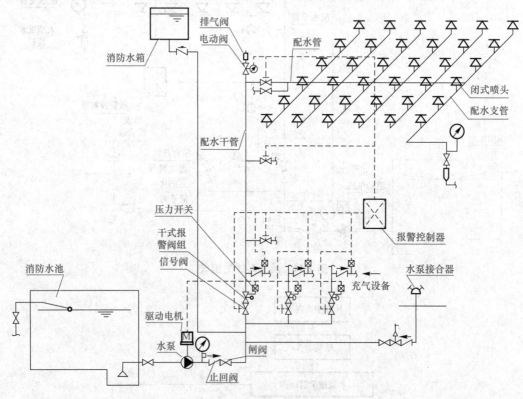

图 2-13 干式系统的组成

工作原理:干式系统在准工作状态时,由消防水箱或稳压泵、气压给水设备等稳压设施维持干式报警阀入口前管道内充水的压力,报警阀出口后的管道内充满有压气体(通常采用压缩空气),报警阀处于关闭状态。发生火灾时,在火灾温度的作用下,闭式喷头的热敏元件动作,闭式喷头开启,使干式阀出口压力下降,加速器动作后促使干式报警阀迅速开启,管道开始排气充水,剩余压缩空气从系统最高处的排气阀和开启的喷头处喷出,此时,通向水力警铃和压力开关的通道被打开,水力警铃发出声响警报,压力开关动作并输出启泵信号,启动系统供水泵;管道完成排气充水过程后,开启的喷头开始喷水。从闭式喷头开启至供水泵投入运行前,由消防水箱、气压给水设备或稳压泵等供水设施为系统的配水管道充水。

■ 三、预作用自动喷水灭火系统 ···

预作用自动喷水灭火系统(以下简称预作用系统)由闭式喷头、雨淋阀组、水流报警装置、供水与配水管道、充气设备和供水设施等组成,在准工作状态时配水管道内不充水,由火灾报警系统自动开启雨淋阀后，转换为湿式系统。预作用系统与湿式系统、干式系统的不同之处在于系统采用雨淋阀，并配套设置火灾自动报警系统。

四、雨淋系统

雨淋系统由开式喷头、雨淋阀组、水流报警装置、供水与配水管道以及供水设施等组成。与前几种系统的不同之处在于，雨淋系统采用开式喷头，由雨淋阀控制喷水范围，由配套的火灾自动报警系统或传动管系统启动雨淋阀。雨淋系统有电动系统和液动或气动系统两种常用的自动控制方式。

五、水幕系统

水幕系统由开式洒水喷头或水幕喷头、雨淋报警阀组或感温雨淋阀、供水与配水管道、控制阀以及水流报警装置(水流指示器或压力开关)等组成。与前几种系统不同的是，水幕系统不具备直接灭火的能力，是用于挡烟阻火和冷却分隔物的防火系统。

六、自动喷水-泡沫联用系统

配置供给泡沫混合液的设备后，组成既可喷水又可以喷泡沫的自动喷水-泡沫联用系统。

习 题

一、填空题

1. 消防施工图由平面图、_____、_____、_____、设备材料表等图纸组成。

2. 消防施工图的识读顺序一般顺水流方向，_____→_____→_____→_____→_____。

项目二 参考答案

3. 消防水泵的选用依据是_____、_____及其变化规律。

4. 建筑物的室内消防给水管道应布置成_____状，且至少有_____条进水管与室外管网相连接。

5. 水泵接合器是供消防车向消防给水管网输送消防用水的预留接口，一般有_____、_____和墙壁式三种。

6. 室内消火栓箱内部一般由室内消火栓、_____、_____、挂架等组成。

7. 室内消火栓给水系统是由_____、_____、_____、_____及系统附件等组成。

8. 自动喷水灭火系统是由_____、_____、_____等组件，以及管道、供水设施组成。

二、简答题

1. 简述消防水泵的选用原则。

2. 简述设置消防水池或消防水箱的目的。

3. 消火栓箱内的消防水带具体有什么要求?

4. 简述室内消火栓给水系统的类型、各自供水方式及适应场合。

5. 简述湿式自动喷水系统的工作原理。

项目三　热水与燃气供应系统

1. 掌握热水供应系统的分类与组成；
2. 熟悉加热方式及供水方式；
3. 熟悉热水管网布置与敷设；
4. 掌握城市燃气的分类和室内燃气供应系统的组成；
5. 熟悉燃气供应系统管道的敷设；
6. 熟悉常用燃气设备及燃气系统的使用安全。

任务导入

本任务主要学习建筑室内热水供应及燃气供应的相关知识。

任务一　室内热水供应系统安装

任务引领

随着人民生活水平的不断提高，现代住宅建筑功能性需求逐步增强，住宅建筑的配套设施日益完善，热水供应在建筑中的地位越来越显著，高质量的热水供应系统被作为衡量建筑档次的一个重要指标。

一、室内热水供应系统的分类

建筑内部热水供应系统按热水供应范围，可分为局部热水供应系统、集中热水供应系统和区域热水供应系统。

(一)局部热水供应系统

采用小型加热器在用水场所就地加热，供局部范围内一个或几个配水点使用的热水系统称为局部热水供应系统。例如，采用小型燃气热水器、电热水器、太阳能热水器等，供给单个厨房、浴室、生活间等用水。对于大型建筑，也可以采用很多局部热水供应系统分别对各个用水场所供应热水。

优点：热水输送管道短，热损失小；设备、系统简单，造价低；维护管理方便、灵活；改建、增设较容易。

缺点：小型加热器热效率低，制水成本较高；使用不够方便、舒适；每个用水场所均需设置加热装置，占用建筑总面积较大。

局部热水供应系统适用于热水用量较小且较分散的建筑，如单元式居住建筑，小型饮食店、理发馆、医院、诊所等公共建筑和车间卫生间布置较分散的工业建筑。

(二)集中热水供应系统

在锅炉房、热交换站或加热间将水集中加热后，通过热水管网输送到整幢或几幢建筑的热水系统称为集中热水供应系统。

优点：加热和其他设备集中设置，便于集中维护管理；加热设备热效率较高，热水成本较低；各热水使用场所不必设置加热装置，占用总建筑面积较少；使用较为方便舒适。

缺点：设备、系统较复杂，建筑投资较大；需要有专门维护管理人员；管网较长，热损失较大；一旦建成后，改建、扩建较困难。

集中热水供应系统适用于热水用量较大，用水点比较集中的建筑，如标准较高的居住建筑、旅馆、公共浴室、医院、疗养院、体育馆、游泳池、大型饭店等公共建筑，布置较集中的工业企业建筑等。

(三)区域热水供应系统

在热电厂、区域性锅炉房或热交换站将水集中加热后，通过市政热力管网输送至整个建筑群、居民区、城市街坊或整个工业企业的热水系统称为区域热水供应系统。

优点：便于集中统一维护管理和热能的综合利用；有利于减少环境污染；设备热效率和自动化程度较高；热水成本低，设备总容量小，占用总面积少；使用方便舒适，保证率高。

缺点：设备、系统复杂，建设投资高；需要较高的维护管理水平；改建、扩建困难。

区域热水供应系统适用于建筑布置较集中，热水用量较大的城市和工业企业，目前在国外特别是发达国家应用较多。

■ 二、室内热水供应系统的组成 ···

室内集中热水供应系统主要由三部分组成，即热媒系统(第一循环系统)、热水供应系统(第二循环系统)和附件，如图 3-1 所示。

(一)热媒系统(第一循环系统)

热媒系统由热源、水加热器和热媒管网组成。热媒系统由锅炉生产的蒸汽(或高温热水)通过热媒管网送到水加热器加热冷水，经过热交换蒸汽变成冷凝水，靠余压经疏水器流到冷凝水池，冷凝水和新补充的软化水经冷凝水循环泵再送回锅炉加热为蒸汽，如此循环完成热的传递作用。对于区域性热水系统不需设置锅炉，水加热器的热媒管道和冷凝水管道直接与热力网连接。

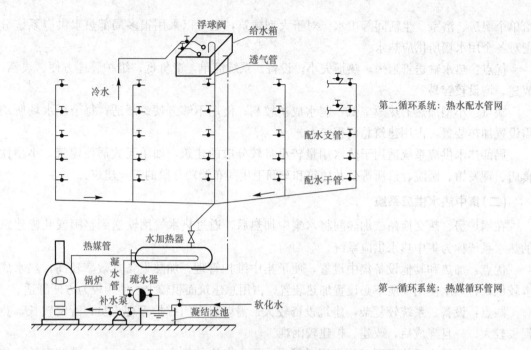

图 3-1　室内集中热水供应系统的组成

（二）热水供应系统（第二循环系统）

热水供水系统由热水配水管网和回水管网组成。被加热到一定温度的热水，从水加热器输出经配水管网送至各个热水配水点，而水加热器的冷水由高位水箱或给水管网补给。为保证各用水点随时都有规定水温的热水，在立管和水平干管甚至支管设置回水管，使一定量的热水经过循环水泵流回水加热器以补充管网所散失的热量。

（三）附件

附件包括蒸汽、热水的控制附件及管道的连接附件。

1. 温度自动调节器

当系统热水用水量不均匀时，如用水量少时，容易造成温过高，使热水汽化，容易烫伤人，也会引起热水中的盐类大量分解形成水垢，时间长了会堵塞管道。因此，水加热器的出水温度必须控制在一定范围内，需要在水加热器的热媒管道上安装温度自动调节装置来控制热水温度。

2. 疏水器

保证蒸汽凝结水及时排放，同时防止蒸汽漏失，应安装在蒸汽加热的管路终端。

3. 减压阀

水加热器采用蒸汽作为热媒时，当蒸汽供应管的压力大于水加热器规定的额定蒸汽压力时，应设减压阀，将蒸汽压力降到需要值，才能保证设备使用安全。

4. 自动排气阀

排除热水中散发出来的气体，保证系统中的热水通畅，并可防止管道腐蚀。

5. 膨胀罐

当水流失压力减低时，膨胀罐内气体压力大于水的压力，此时，气体膨胀将气囊内的水挤出补到系统。

6. 管道伸缩器

热水系统中管道因受热膨胀而伸长，为保证管网的使用安全而采取的补偿管道温度伸缩的措施。所谓"补偿"就是使管道留有自由伸缩的余地。设计时尽量利用自然补偿，不能利用自然补偿时，要设置伸缩器。

■ 三、热水供应系统的供水方式 ··

(一)按热水加热方式分类

按热水加热方式的不同，有直接加热和间接加热之分。

1. 直接加热

直接加热也称一次换热，是利用燃气、燃油、燃煤为燃料的热水锅炉，把冷水直接加热到所需热水温度，或者是将蒸汽或高温水通过穿孔管或喷射器直接通入冷水混合制备热水。其具有热效率高、节能的特点；蒸汽直接加热方式具有设备简单、热效率高、无须冷凝水管等优点。但存在噪声大，对蒸汽质量要求高，冷凝水不能回收，热源需大量经水质处理的补充水，运行费用高等缺点。适用于具有合格的蒸汽热媒且对噪声无严格要求的公共浴室、洗衣房、工矿企业等用户。

热水直接加热可分为热水锅炉直接加热、蒸汽多孔管直接加热和蒸汽喷射器混合直接加热三种方式，如图3-2所示。

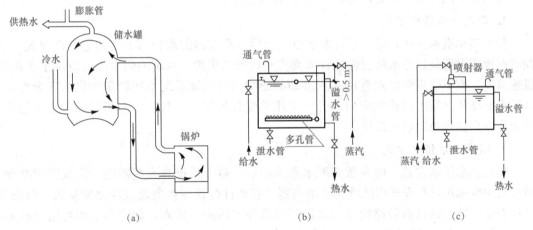

图 3-2 热水的直接加热
(a)热水锅炉直接加热；(b)蒸汽多孔管直接加热；(c)蒸汽喷射器混合直接加热

2. 间接加热

间接加热也称二次换热，是将热媒通过水加热器把热量传递给冷水达到加热冷水的目的，在加热过程中热媒(如蒸汽)与被加热水不直接接触。回收的冷凝水可重复利用，只需对少量补充水进行软化处理，运行费用低，且加热时不产生噪声，蒸汽不会对热水产生污染，供水安全稳定。其适用于要求供水稳定、安全，噪声要求低的旅馆、住宅、医院、办公楼等建筑。

间接加热方式可分为热水锅炉间接加热和蒸汽-水加热器间接加热两种方式，如图 3-3 所示。

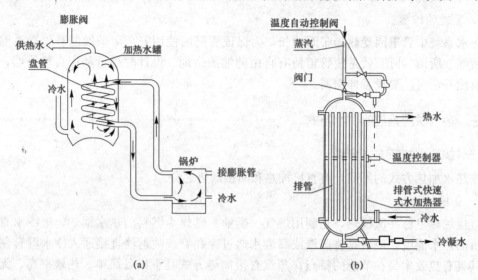

图 3-3 热水的间接加热

(a)热水锅炉间接加热；(b)蒸汽-水加热器间接加热

(二)按热水管网的压力工况分类

按热水管网的压力工况，可分为开式和闭式两类。

1. 开式热水供水方式

开式热水供水方式，即在所有配水点关闭后，系统内的水仍与大气相通。该方式一般在管网顶部设有高位冷水箱和膨胀管或高位开式加热水箱，系统内的水压仅取决于水箱的设置高度，而不受室外给水管网水压波动的影响，可保证系统水压稳定和供水安全可靠。其缺点是高位水箱占用建筑空间和开式水箱易受外界污染。其适用于用户要求水压稳定，且允许设高位水箱的热水系统。

2. 闭式热水供水方式

闭式热水供水方式，即在所有配水点关闭后，整个系统与大气隔绝，形成密闭系统。该方式中应采用设有安全阀的承压水加热器，有条件时还应考虑设置压力膨胀罐，以确保系统安全运转。其具有管路简单、水质不易受外界污染等优点，但供水水压稳定性较差，安全可靠性较差。其适用于不宜设置高位水箱的热水供应系统。

(三)按热水管网设置循环管网的方式分类

按热水管网设置循环管网的方式不同，可分为全循环、半循环、无循环热水供水方式。

1. 全循环热水供水方式

全循环热水供水方式(图 3-4)是指热水干管、热水立管和热水支管都设置相应循环管道，保持热水循环，各配水嘴随时打开均能提供符合设计水温要求的热水。该方式用于对热水供应要求比较高的建筑中，如高级宾馆、饭店、高级住宅等。

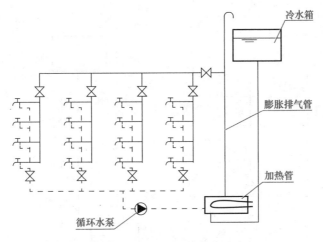

图 3-4　全循环热水供水方式

2.半循环热水供水方式

半循环热水供水方式，可分为立管循环和干管循环。

（1）立管循环方式（图3-5）。立管循环方式是指热水干管和热水立管均设置循环管道，保持热水循环，打开配水嘴时只需放掉热水支管中少量的存水，就能获得规定水温的热水。该方式多用于设有全日供应热水的建筑和设有定时供应热水的高层建筑中。

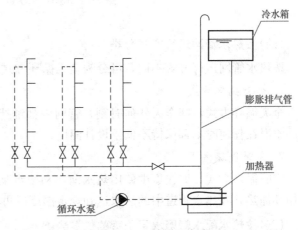

图 3-5　立管循环方式

（2）干管循环方式（图3-6）。干管循环方式是指仅热水干管设置循环管道，保持热水循环，多用于采用定时供应热水的建筑中。在热水供应前，先用循环泵把干管中已冷却的存水循环加热，当打开配水嘴时只需放掉立管和支管内的冷水就可流出符合要求的热水。

3.无循环热水供水方式

无循环热水供水方式（图3-7）是指在热水管网中不设任何循环管道。该方式多用于热水供应系统较小、使用要求不高的定时热水供应系统，如公共浴室、洗衣房等可采用此方式。

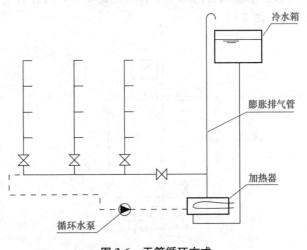

图 3-6　干管循环方式

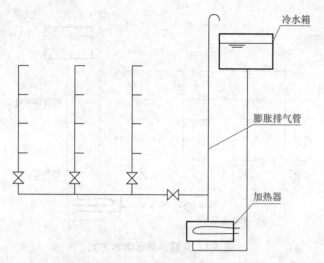

图 3-7 无循环热水供水方式

（四）按热水管网运行方式分类

按热水管网运行方式不同，可分为全天循环方式和定时循环方式。

1. 全天循环方式

全天循环方式，即全天任何时刻，管网中都维持有不低于循环流量的流量，使设计管段的水温在任何时刻都保持不低于设计温度。

2. 定时循环方式

定时循环方式，即在集中使用热水前，利用水泵和回水管道使管网中已经冷却的水强制循环加热，在热水管道中的热水达到规定温度后再开始使用的循环方式。

（五）按热水配水管网水平干管的位置分类

按热水配水管网水平干管的位置不同，可分为上行下给供水方式（图 3-8）和下行上给供水方式（图 3-9）。

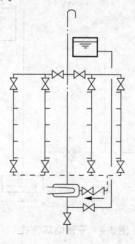

图 3-8　上行下给供水方式

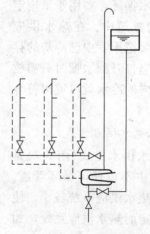

图 3-9　下行上给供水方式

■ 四、室内热水管网布置敷设及保温与防腐　··

(一)热水管网布置

布置原则：在满足各配水点水压、水量及水温的条件下，管线长度最短；一般与给水管平行布置，以保证各配水点冷热水压的大致平衡。

对于下行上给的热水管网，水平干管可敷设在地沟内或地下室顶部，不允许埋地敷设，应利用最高配水点放气。当设有循环管道时，其回水立管应在最高配水点以下(约为 0.5 m)与配水立管连接。

对于上行下给的热水管网，水平干管可敷设在建筑物最高层吊顶内或技术层内。

系统配水干管的最高点应设排气装置。系统的最低点均应有泄水装置或利用最低配水点泄水，热水横管的坡度不应小于 0.003，以便放气和泄水，满足检修需要。

热水管道系统应有补偿管道温度伸缩的措施。干管的直线段应设置足够的伸缩器。立管与横管连接时，为避免管道伸缩应力破坏管网，应设乙字弯。热水管穿过建筑物顶棚、楼板、墙壁和基础处，应加套管，保证自己伸缩。穿楼板的套管应高出楼板地面 50～100 mm。

(二)热水管网敷设

根据建筑物的使用要求不同，热水管网的敷设可采用明装和暗装两种敷设形式。明装尽可能敷设在卫生间、厨房，并沿墙、梁、柱敷设；暗装管道一般敷设在管道竖井或预留沟槽内。其中，塑料热水管宜暗设，明设时立管宜布置在不受撞击处，如不可避免时，应在管外加防紫外线照射、防撞击的保护措施。

(三)热水管道的防腐

腐蚀主要是材料在外部介质影响下所产生的化学作用或电化学作用，使材料破坏和质变。由化学作用引起的腐蚀属于化学腐蚀；由电化学作用引起的腐蚀称为电化学腐蚀。金属材料(或合金)的腐蚀，两种腐蚀都有。

一般情况下，金属与氧气、氯气、二氧化硫、硫化氢等干燥气体或汽油、乙醇、苯等非电解质接触所引起的腐蚀都属于化学腐蚀。

防腐的措施：金属镀层、金属钝化、阴极保护、涂料工艺——油漆涂料(地上管道和设备)、沥青涂料(地下管道)。

(四)热水管道的保温

在热水供应系统中，为了减少介质在输送过程中的热损失，热水供应系统中的水加热设备，储热水器，热水箱，热水供水干、立管，机械循环的回水干、立管，有冰冻可能的自然循环回水干、立管等，均应保温。

1. 保温材料的要求

(1)导热系数小[导热系数分四级：0.08、0.08～0.116、0.116～0.174、0.174～0.209(W/m·K)]；

(2)容重小(小于 450 kg/m³)；

(3)有一定的机械强度,应能承受 0.3 MPa 以上的压力;

(4)能耐一定的温度,对潮湿、水分的侵蚀有一定的抵抗力;

(5)不应含有腐蚀性的物质;

(6)造价低,不易燃烧,便于施工。

2. 几种常见保温材料

(1)福乐斯。福乐斯具有绝热效果佳,防潮、防结露,阻燃、防烟性能好,外观高档美观,高弹性,质地柔软,表面平滑,外表无须装饰,安装方便、快捷等特点。

(2)岩棉。岩棉具有良好的绝缘性能(隔热、隔冷、隔声、吸声)、化学稳定性、耐热性和不燃性等特点。主要用途:岩棉板、岩棉玻璃布缝毡、岩棉管壳。

(3)离心玻璃棉。离心玻璃棉具有容重轻、质感轻柔、色泽美观、富有弹性、防潮不燃、导热系数低、化学性能稳定等特点,施工方便。保温效果相同时工程造价低,是一种价廉物美的保温、隔热材料。

(4)玻璃棉。玻璃棉具有容重小、导热系数低、吸声性能好、不燃烧、耐腐蚀等性能,是一种优良的绝热材料。主要用途:玻璃棉管、玻璃棉毡、玻璃棉板。

(5)超细玻璃棉。超细玻璃棉具有容重轻、导热系数小、吸声性能好、不燃、不蛀、耐腐蚀、使用方便等特点,是一种新型优质的保温、隔热、吸声和节能材料。可广泛用于各行业的冷热管道、热力设备、空调恒温、烘箱烘房、冷藏保鲜、消声器材及建筑物的保温、隔热和吸声等。

(五)热水供应系统的试压

(1)管道压力试验应符合下列规定:

1)管道压力试验的介质应采用干净水。

2)压力试验时环境温度不宜低于 5 ℃,否则应采取防冻措施。

3)试验压力应符合设计规定,当设计未规定时强度试验压力应为设计压力的 15 倍,严密性试验压力应为设计压力的 125 倍且均不得低于 0.6 MPa。

4)当试验过程中发现渗漏时,严禁带压处理,消除缺陷后应重新进行压力试验。

5)试验结束后应及时排尽管道内的积水。

(2)管道清洗应符合下列规定:

1)管道清洗宜采用清洁水。

2)不与管道同时清洗的设备容器及仪表应与清洗管道隔离或拆除。

3)清洗进水管的截面面积不应小于被清洗管截面面积的 50%,清洗排水管截面面积不应小于进水管截面面积,排、放水应引入可靠的排水井或排水沟内。

4)管道清洗宜按主干线→支干线→支线的顺序进行,排水时不得形成负压。

5)管道清洗前应将管道充满水,浸泡冲洗的水流方向应与设计介质流向一致。

6)管道清洗应连续进行,并应逐渐加大管内流量,管内平均流速不应低于 1 m/s。

7)管道清洗过程中应观察排出水的清洁度。当目测排水口的水色及透明度与入口水一致时,清洗合格。

管道试验和清洗应在分项工程、分部工程验收合格的基础上进行。

任务二 燃气供应系统

【引例】

1812 年，英国首先建成人工煤气厂，并建立了世界上第一个煤气公司。各国城市燃气的发展大体经历三个阶段：最初以煤制气为主；20 世纪 50 年代开始，以油制气为主或煤制气、油制气混合应用；20 世纪 60 年代开始，以使用天然气为主。现在，天然气已成为世界范围内典型的城市燃气气源。为了能够在天然气枯竭后仍保持城市燃气的供应，有的国家正在研究煤制气的新工艺。城市中供应居民生活和部分供应生产用燃气的工程设施系统，是城市公用事业的组成部分。城市使用燃气代替煤作为燃料，对发展生产、方便居民生活、节约能源、减轻大气污染等都有重要意义。

一、城市燃气分类

(一)天然气

天然气的主要组分是甲烷(CH_4)，其次是乙烷(C_2H_6)和少量的其他气体。天然气有纯天然气(又称气田气)、含油天然气和石油伴生气，还有煤矿开采中伴生的矿井气(又称矿井瓦斯)。天然气热值高、生产成本低，是理想的城市燃气气源。

(二)人工气

人工气的主要组分是甲烷和氢(H_2)。从煤加工得到的，称为煤制气或煤气，包括干馏气(如焦炉气等)和压力气化气(如鲁奇气等)；从石油加工得到的，称为油制气。人工气种类很多，但只有符合一定质量要求的，才能作为城市燃气。

(三)液化石油气

液化石油气的主要组分是丙烷(C_3H_6)和丁烷(C_4H_{10})，既可从纯天然气和石油伴生气中分离得到，也可从石油炼制中得到。

(四)沼气

沼气是由甲烷(CH_4)和其他可燃性气体组成的混合气体，就是沼泽里的气体。人们经常看到，在沼泽地、污水沟或粪池里，有气泡冒出来，如果我们划着火柴，可把它点燃，这就是自然界天然发生的沼气。沼气是各种有机物质，在隔绝空气(还原条件)，并在适宜的温度、pH 值下，经过微生物的发酵作用产生的一种可燃烧气体。

二、室内燃气供应系统的组成

建筑室内燃气管道系统包括用户引入管、立管、水平立管、用户支管、燃气计量表、用具连接管、燃气用具和其他附属配件(阀门、补偿器、排水器、放散管、阀门井)，如图 3-10 所示。

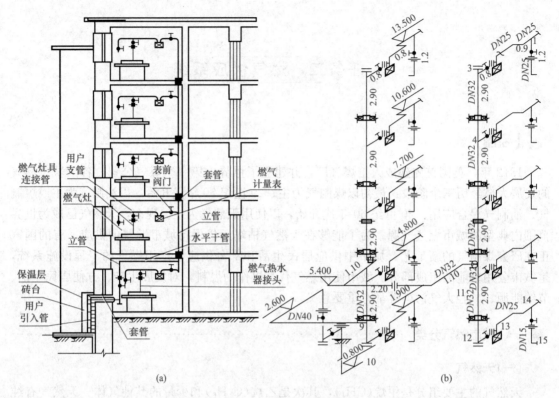

图 3-10　室内燃气管通系统

(a)室内燃气管道系统剖面图；(b)室内燃气管道系统图

■ 三、燃气供应系统管道的敷设 ···

(一)用户引入管

用户引入管与城市或庭院低压分配管网连接，在分支管处设阀门；引入管穿过承重墙、基础或管沟时，均应设在套管内，并应考虑沉降的影响，必要时采取补偿设施。

引入管的常用连接方式主要有地下引入和地上引入两种。如图 3-11 所示。

(二)燃气立管

燃气立管一般应敷设在厨房或走廊内。当由地下引入室内时，立管在第一层应设阀门。阀门一般设在室内，立管的下端应装丝堵，其直径不小于 25 mm。立管通过各层楼板处应设套管。套管高出地面至少 50 mm，套管与燃气管道之间的缝隙应用沥青和油麻填塞。

(三)用户支管

支管上需设阀门和气表，气表选择为最高点；支管在厨房内的高度不低于 1.7 m；支管穿墙应有套管。

由立管引出的用户支管，在厨房内其高度不低于 1.7 m、敷设坡度不小于 0.002，并由燃气计量表分别连接立管与燃具。

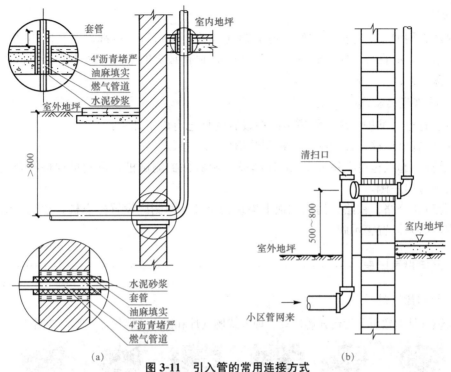

图 3-11　引入管的常用连接方式

(a)燃气供用管道的地下引入；(b)燃气供应管道的地上引入

(四)室内管道

室内燃气管道应为明管敷设且不能穿过卧室、浴室、地下室等，室内燃气管道应采用低压流体输送钢管，尽量采用镀锌钢管。

(五)燃气管道的附属设施

1. 阀门

阀门是用于启闭管道通路或调节管道介质流量的设备。要求阀体的机械强度高，转动部位灵活，密封部位严密耐用。对输送介质的抗腐性强，同时零部件的通用性好。

燃气阀门必须定期检查与维修。管道燃气常用阀门种类包括球阀、截止阀、旋塞和蝶阀。

2. 补偿器

用于调节管线因温度变化而伸长或缩短的补偿器应安装在架空管道和需要进行蒸汽吹扫的管道上。另外，补偿器安装在阀门的下侧(按气流方向)，利用其伸缩性能，方便阀门的拆卸和检修。

3. 排水器

排水器是用于排除燃气管道中冷凝水和石油伴生气管道中轻质油的设备，由凝水罐、排水装置和井室组成。在管道敷设时应有一定坡度，以便在低处设排水器，将汇集的水或油排出。

4. 放散管

放散管是专门用来排放管道内部的空气或燃气的，放散管设在阀门井中时，在环网中阀门的前后都应安装，而在单向供气的管道上，则安装在阀门之前。

5. 阀门井

为保证管网的安全与操作方便，地下燃气管道上的阀门一般都设置在阀门井中。阀门井应坚固耐久，有良好的防水性能，并保证检修时有必要的空间。考虑到人员的安全，井筒不宜过深。

6. 管道沿线的标志

为便于管道的维护管理，管道沿线应设置的标志有以下几种：

(1)应设置里程桩、转角桩，并标明管道的主要参数。

(2)沿管道起点至终点每隔 1 km 连续设置阴极保护测试桩，可同里程桩结合设置，置于物流前进方向左侧。

(3)管道与公路、铁路、河流和地下构筑物交叉处两侧应设置标志桩，通航河流上的穿跨越工程，必须设置警示牌。

■ 四、常用燃气用具 ···

(一)厨房燃气灶

厨房燃气灶大致可分为台式燃气灶、埋入式燃气灶和嵌入式燃气灶三类，如图 3-12 所示。

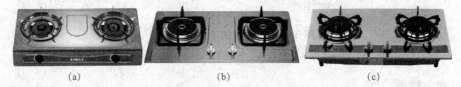

(a)   (b)   (c)

图 3-12　厨房燃气灶

(a)台式燃气灶；(b)埋入式燃气灶；(c)嵌入式燃气灶

1. 台式燃气灶

台式燃气灶又可分为单眼和双眼两种。由于台式燃气灶具有设计简单、功能齐全、摆放方便、可移动性强等优点，因此，受到大多数家庭的喜爱。但是在农村居民家庭，尤其是南方的农村居民家庭，台式单眼灶却更受欢迎，原因是认为台式双眼灶的另外一只灶眼纯属多余，而且非常占地方。

2. 埋入式燃气灶

埋入式燃气灶是将整个煤气灶放入橱柜内，然后在台面上挖个洞，使灶面与橱柜台面成一平面。业内专家认为这种安装方法只求美观，既不科学又不安全，建议尽量少采用这种安装方式。因为橱柜空间有限，空气流通性不强，煤气燃烧的助燃氧气不足，容易造成火力不旺，燃烧不充分，这样既浪费能源又增加了废气排放量。

3. 嵌入式燃气灶

嵌入式是将橱柜台面做成凹形，正好可嵌入煤气灶，灶柜与橱柜台面成一平面。嵌入式燃气灶从面板材质上分可分为不锈钢、搪瓷、玻璃以及特氟隆(不沾油)四种。由于嵌入式灶具美观、节省空间、易清洗，使厨房显得更加和谐和完整，更方便了与其他厨具的配套设计，营造了完美的厨房环境，因此，受到了广大消费者的喜爱，很多家庭在装修新房时都选用了这种类型的燃气灶具。

4. 安装燃气灶的要求

(1)燃气灶应安装在通风良好的厨房内,利用卧室的套间或用户单独使用的走廊作厨房时,应设门并与卧室隔开。

(2)安装燃气灶的房间净高不得低于 2.2 m。

(3)燃气灶与可燃或难燃烧的墙壁之间应采取有效的防火隔热措施;燃气灶的灶面边缘与水质家具的净距离不应小于 20 mm。

(4)燃气灶与对面墙之间应有不小于 1 m 的通道。

(二)燃气热水器

常见的燃气热水器分为烟道式、强制排气式、强制给排气式(即平衡式)和冷凝式。

1. 烟道式燃气热水器

由于此类热水器所需的燃烧空气仍取自室内,燃烧强度低,热水器体积大,还有安装和用户使用方面的问题导致热水器仍然存在不少安全隐患。因此,从保证用户安全和环保角度讲,烟道式燃气热水器今后会逐步退出市场。

2. 强制排气式燃气热水器

强制排气式又分为排风式强排热水器和鼓风式强排热水器。排风式强排热水器是把烟道式热水器的防倒风排气罩更换为排风装置(包括集烟罩、电机、排风机、风压开关等),同时适当改造原控制电路即可完成。燃烧空气靠排风机从室内吸入,燃气在燃烧室内燃尽,高温烟气被换热器冷却后进入排风机被强制排向室外。鼓风式强排热水器的结构与排风式有很大不同。热水器进水经过滤器、水流开关进入水箱换热器,水经加热后成为热水输出。鼓风式强制排气热水器主要特点:烟气被强制全部排向室外,避免了室内空气的污染,保证了用户的安全。

3. 强制给排气式燃气热水器

强制给排气式热水器供水与加热系统与鼓风式强排热水器相同,但排烟燃烧系统有明显差异。与强制排气式热水器比较,其结构上的显著特点有两个:一是密闭的燃烧系统;二是使用套筒式给排气管。热水器的外壳是密闭的,燃烧所需空气从室外的吸风口进入,经吸风管进入密闭的热水器壳体内,再由鼓风机送入密闭的燃烧室,烟气经排烟管强制排向室外。

4. 冷凝式燃气热水器

冷凝式燃气热水器与普通型燃气热水器结构上的主要区别在于换热器的不同。为充分吸收高温烟气的热量,同时便于收集凝结水,冷凝式燃气热水器一般采用二次换热方式。冷凝式燃气热水器之所以能够省气节能,完全是因为利用了普通型热水器作为排烟损失掉的热量,把排烟热损失变成了有用热,这部分热量被有效利用的程度决定了冷凝式热水器的节能效果。冷凝式燃气热水器可比普通燃气热水器节能 10% 以上。

燃气热水器的安装高度以热水器的观火孔与人眼高度相齐为宜,一般距离地面 1.5 m,排烟口离顶棚距离应大于 600 mm。另外,热水器应安装在耐火的墙壁上,与墙的净距应大于 20 mm;安装在非耐火的墙壁上时,应加垫隔热板,隔热板每边应比热水器外壳尺寸大10 cm,热水器与燃气表、燃气灶的水平净距不得小于 300 mm。

安装热水器的房间应有与室外通风的条件,烟道式和强制给排气式热水器未安装烟道的不得使用。

■ 五、燃气管道系统使用注意事项

(1)不要敲击、碰撞户内、户外管道燃气设施。

(2)不要在管道上挂物。

(3)不要在管道燃气设备周围堆放杂物和易燃品。

(4)不要在地下燃气管道及其设备周围搭建建筑物和加装门锁。

(5)不要将燃气管道及燃气设施作为电气设备接地线使用。

(6)不要弄松固定燃气管道的墙码，以致管道失去支撑而变形、漏气。

习 题

一、单项选择题

1. (   )适用于建筑布置较集中、热水用量较大的城市和工业企业。

   A. 局部热水供应系统

   B. 集中热水供应系统

   C. 区域热水供应系统

项目三 参考答案

2. (   )可以排除热水中散发出来的气体，保证系统中的热水通畅，并可防止管道腐蚀。

   A. 疏水器　　　　　B. 减压阀　　　　　C. 自动排气阀　　　　D. 膨胀罐

3. 天然气初加工后，其组成中(   )所占的比例最大。

   A. 甲烷　　　　　　B. 氢气　　　　　　C. 乙烷　　　　　　D. 丁烷

4. (   )用于启闭管道通路或调节管道介质流量的设备。

   A. 阀门　　　　　　B. 补偿器　　　　　C. 排水器　　　　　D. 放散管

5. 居民用户使用的胶管不要过长，以不超过(   )m为宜，不应有接口。

   A. 3　　　　　　　　B. 2.5　　　　　　　C. 2　　　　　　　　D. 1

6. (   )整个摆放在整体橱柜内。

   A. 台式燃气灶　　　B. 埋入式燃气灶　　C. 嵌入式燃气灶　　D. 以上均不对

二、简答题

1. 按照热水供应范围的大小，室内热水系统如何分类？

2. 室内热水供应系统的组成部分有哪些？

3. 热水供应系统的供水方式有哪些？

4. 热水管网布置有哪些要求？

5. 热水管网的敷设要注意哪些方面？

6. 热水管道为什么要进行防腐，常用的措施有哪些？

7. 热水供应系统保温材料有哪些要求？常见保温材料有哪些？

8. 室内燃气管道系统由哪些部分组成？

9. 室内燃气管道的附属设施有哪些？

项目四　建筑供暖系统

教学目标

1. 了解采暖系统的分类与组成；
2. 掌握自然循环热水采暖系统和机械循环热水采暖系统的分类及基本原理；
3. 掌握蒸汽采暖的工作原理及分类；
4. 熟悉辐射采暖的分类及原理；
5. 了解采暖系统的主要设备；
6. 学习供暖工程安装与土建的配合；
7. 学会识读采暖工程施工图。

任务导入

　　本任务主要学习建筑供暖系统的基本知识、建筑供暖系统的安装、建筑采暖工程施工图的识读。

任务一　热源系统管理

任务引领

　　本任务主要学习集中供暖系统的原理；了解我国集中供暖现状及分户计量热负荷的意义；了解先进的供暖节能技术和节能产品。

　　人们在日常生活和社会生产中都需要使用大量的热能。将自然界的能源直接或间接地转化为中、低位热能，以满足人们需要的科学技术称为供热工程。本课程供热工程的研究对象和主要内容是以热水或蒸汽为热媒的建筑物供暖系统。供暖就是用人工的方法向室内供给热量，保持一定的室内温度，以创造适宜的生活条件和工作条件的技术。

　　一套完整的供热系统由三部分组成，即集中供热热源系统、换热站供热节能系统和 JFK 集中供暖分户计量系统，如图 4-1 所示。集中供热热源系统常规采用锅炉制备热媒。换热站供热节能系统是连接热源与热用户的重要环节，根据室外温度的变化，按照制定的二次网供水、回水温度曲线，自动控制一次网供水的流量和供热量。JFK 集中供暖分户计量系统是由管路系统与末端装置组成的热量分配系统，按负荷的大小合理地将热量分配到各个房间。

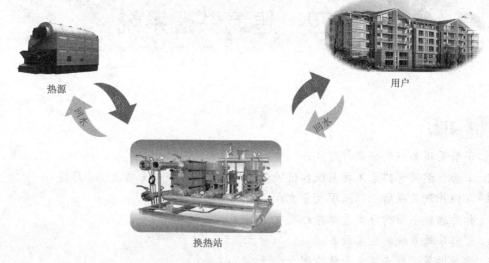

图 4-1　供热系统

■ 一、集中供热热源系统

1. 系统概述

集中供热热源系统是城市集中供热系统的热能制备和供应中心。该热源系统将其他形式的能源(矿物燃料、核能、工业余热等)转换为热能，或直接采用地热等天然热源，通过蒸汽或热水等介质，沿着热网输送到用户。

集中供热热源的形式包括热电厂、区域锅炉房、工业余热、地热和核能。除上述热源形式外，还有电能和太阳能供热。

2. 系统控制

集中供热热源控制系统通过热源热效率平衡计算，采用最优化的计算方法，将热源各环节热损失进行科学分析，针对各热效率的特点进行优化设计控制，主要对热源、各动力辅机和管网进行节能控制，调整热源供热系统各应用工况的运行模式，使系统在任何负荷情况下都能达到最可靠的工况节能运行，保证热源的热效率最大化。在满足末端供热系统要求的前提下，整个系统达到最经济的运行状态，即系统的运行费用最低。同时提高系统的自动化水平和管理效率，并降低管理劳动强度。

热源系统控制主要包括各设备的节能运行控制、各设备运行状态的监控及系统能耗的监测。

■ 二、换热站供热节能系统

1. 系统概述

换热站供热节能系统(图 4-2)是连接热源系统和热用户的重要环节，在整个供热系统中起到举足轻重的作用，热水管网又分为一次网和二次网。一次网是指连接于热源与换热站之间的管网；二次网是指连接于换热站与热用户之间的管网。换热站供热系统是指连接于一次网与二次网，并装有与用户连接的相关设备、仪表和控制设备的系统。

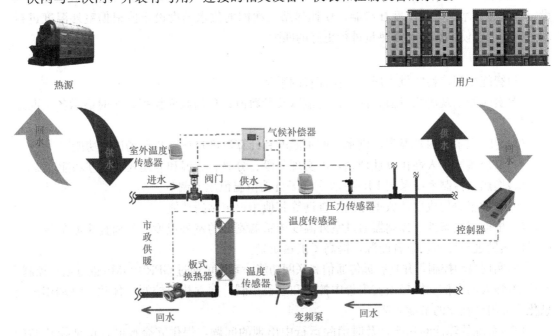

图 4-2　换热站供热节能系统

2. 系统原理

针对目前集中供热换热站控制的现状，开发的换热站自动控制系统，是在保证热用户供热温度的前提下，实现按需供热，达到安全、经济运行。

根据热用户的实际需求，建立"供热-室外温度"智能决策模型和先进控制策略，通过换热站一次测、二次测温度、压力及流量、室外温度、热用户温度、运行状态、故障状态等参数的监测，自动控制调节阀、电机、变频器等工作，实现以节能为核心的按需供热。系统可以脱离远程中央控制室监控调度管理系统独立运行，其运行参数可以通过远程中央调度室监控调度管理系统监视并实施协调控制。

热力站控制系统采用一种变流量控制模式，根据各系统的实际情况，设定一个供水压力值，此供水压力值可以满足二次管网的最不利点供暖水循环。通过控制变频泵的转速保持该供水压力值恒定在设定值。在此基础上，换热站 PLC 控制系统通过实时监测量二次网供水、回水温差来对系统压力值设定进行必要修正。

一个建筑物的供热质量的好坏与整个管网的运行调节紧密相连。为保证供热质量，除要在供热温度上保证达到设计温度外，还要在任何时候用户都要有足够的资用压头，以保证每个高层住宅在任何时刻都能有供热的可能性。

热源处循环泵的总流量用变频控制，根据压力控制点的压力变化而控制变频泵的转速。假如用户调小流量导致干管总流量下降，而干管的阻力系数未变，因此，干管上的压力损失降低而导致压力控制点的供水压力升高。该压力值的升高反馈给循环泵，使泵的转速降低，一直降到压力控制点的压力值到设定值为止，这样，就可以保证压力控制点的供水压力值不变。

换热站二次网供水温度控制。通过一次侧电动阀门的调节控制二次管网供水温度达到设定值。通过增加室外温度补偿器，使换热站二次网的供水温度设定值根据室外温度进行动态调整，以使供热量和需热量进行更好的匹配。

3. 系统功能及特点

(1)智能变频，稳定供水压力，保证管网平衡。

(2)实时显示现场测量值，修改设定值以及参数值；现场画面模拟，实时显示各工况运行参数。

(3)定时记录室内外温度，供水、回水温度和计算温度自诊断与现场诊断功能。

(4)系统遵循了人性化设计理念，可实现分段、分时、分温和分模式的管理功能。

(5)换热站控制系统采用 PID 算法实现了自动恒温恒压的调节。

(6)各种报表生成以及数据存储、查询等其他用户定制的功能。

(7)根据气候条件，控制器通过室外温度传感器测量的室外温度，经监控中心的统一调度对供热量进行控制，节省能源，提高了供热质量。

(8)实现自动控制，并具有远传通信和联网功能，系统可通过 GPRS/GMS 进行远程控制。

(9)强大的通信功能轻松实现集中控制和远程控制，建立热源控制一体化、终端用户信息化、应用个性化的节能服务。

(10)系统故障诊断功能，及时消除运行中出现的问题，提供冗余控制，保证换热站的可靠运行。

(11)换热站防火、防盗的监视。无人值守换热站对防火、防盗提出了要求，在换热站内安装火灾报警器和防盗报警器，将报警器的报警信号传输到控制中心，实时掌握换热站的情况。

4. 系统产品介绍

(1)气候补偿器。气候补偿器是根据室外温度的变化及用户设定的不同时间对室内温度要求，按照设定曲线求出恰当的供水温度进行自动控制，实现供热系统供水温度、室外温度的自动气候补偿，避免产生室温过高或过低而造成能源浪费的一种节能控制技术。实现按需供热，从而保证供暖机组最大限度地节能运行。

(2)分时分温控制器。某一个中、大规模的供暖区域由一个锅炉房供暖时，可能有不同的供暖区域、供暖热量或供暖时间需求。例如，有办公楼、生产车间、宿舍楼、住宅楼及生活热水需求，这些区域的供暖时间、供暖温度都可能不同，传统的方式可能由统一干管输送或通过支路分开，这种方式会造成冷热不均、热能损耗过大。

采用分区分时分温供暖控制技术，一般应用于供暖时间不同、供暖温度要求不同、夜间或节假日期间无人值守的区域建筑或独栋建筑实施分时段和温度控制。从而保证供暖效果的同时达到节能降耗的目的。

分温节能优化控制技术主要采用主控制器和在管道上安装的调节阀、电动阀、温控器及温度传感器等设备，来实现分区分时分温节能控制。适用于同一热源供应不同区域、不同供热时间、不同要求温度的，且具有一定改造条件的具有特殊性质的建筑群。分时分区供热系统节能效果显著，可节能 5%～10%。

■ 三、分户计量采暖热负荷 ···

1. 我国采暖热负荷计量的现状

《2015—2020 年中国城市集中供热行业全景调研与发展战略报告》显示，近年来，随着供热事业的不断发展，集中供热方式也已从大城市走向了中小城镇，并已逐步成为城镇的主要供热方式。到 2014 年已达到 61.1 亿平方米，其中，住宅供热面积占 70% 左右。我国北方严寒地区的 19 个省、直辖市、自治区的 134 个地级以上的大、中城市都有集中供热热力网设施。如果供热取暖的计费不合理，就会造成能源浪费、投资增多，甚至引发供热技术与管理水平低、供热效果不好等问题，甚至产生热用户拖欠热费、供热企业运行困难一类恶性循环的严重后果。供热分户计量势在必行。

热计量表的应用对于供热分户计量制度的落实具有显著的促进和保障作用，采暖计量表已经成为国家强制推行的计量器具。我国实施的采暖分户热计量与温控措施，不仅给国家、热用户、供热企业带来很大的节能经济效益，而且对减少环境污染有着重大作用。但目前这一措施却进展缓慢，原因在于能否研制出适应于我国国情的热计量表，是制约我国全面与有效实施分户热计量的关键问题。

2. 实现供热分户计量的优势

供热分户计量有着深厚的需求基础。众所周知，集中供热作为城市的基础设施，在节约能源、减少环境污染、改善人民生活质量等方面优点明显。分户计量和收费的制度一经推出，就显示了其巨大的优势。主要表现在以下几点：

(1)节约能源。东欧国家已经在实践中证明采用热计量收费可节约能源 20%～30%。我国最近几年进行的计量收费试验研究表明，双管试验系统的节能率最高可达到 25% 以上，单管试验系统的节能率达到 15% 以上。按户计量后，用户的节能意识明显增强，实现了自觉节能，效果显著。

(2)减轻大气污染。建筑采暖用能是大气污染的一个重要因素。特别是我国的能源结构是以煤炭为主，大气污染问题更加突出。而实施分户计量、按热收费之后，在节约能源的同时减轻了大气污染。

(3)提高居住热环境舒适度。随着现代化建设的发展和人民生活水平的日益提高，舒适的热环境已经成为人们的现实需要。按热计费，供暖单位将会自觉地为用户提供质量更高的热源，以求得到更大的生产效益，而终端用户则能够根据天气温度的变化调节和控制室温，因此，用户的冬季生活将会更加舒适。

(4)满足了供暖体制改革的需要。供热商品化的前提是必须对作为商品的热能进行计量。因此，采用分户计量收费作为贸易结算办法则满足了这一需要，并且从根本上解决了供暖收费难等一系列问题。

(5)促成和拉动新兴产业。实行供热分户计量，不只需要计量器具，还需配备相关器件，如除污器、锁闭阀、温度控制阀、水力平衡阀及热计量箱等，这就意味着将促成和拉动一个具有相当规模的新兴产业，有利于促进我国民族工业的发展。

(6)完善供暖管理。

(7)改善政府与百姓之间的关系，减轻政府负担。

3. 分户计量供暖方式的发展

在国外，尤其是欧洲国家，从 20 世纪 70 年代起纷纷采取集中供热分户计量的供暖方式。这是在开展节能运动的背景下发展起来的。经过 30 多年的发展，已经形成了较为完善的供暖体制。供热工作开展得比较好。主要表现在：

第一，热计量表标准统一。1997 年 4 月国际法制计量组织公布了世界上第一个国际性的标准文件粮 IML 号国际建议热量表（Heat meters）。至 20 世纪 90 年代末期，用户热表基本定型，设计趋于一致。

第二，要采取按用热量收费，同时考虑建筑面积。例如，德国在采暖费的收取上，30%～40% 为按建筑面积计算，60%～70% 按消耗的热量计算，以避免由热量互导等情况造成的计量误差；丹麦等国家虽然收费系统多种多样，但在收费款项、数额等方面也都非常透明。

在热计量表的研制上，从标准的制定到仪器的检测和使用，国外的做法都非常成熟，热表经历了从机械式、电子模拟积分式、电子数积分式，直到以微处理器为基础的智能式的发展过程。相关产品种类比较齐全，供暖配置方案也比较科学而多样。其主要特点是：

（1）流量检测单元采用纯无磁技术，利用特殊制造的集成电路芯片实现一种超低功耗有源电感检测技术，实现叶轮转数的智能测量。

（2）流量计内部结构设计合理，制造工艺先进，从而很好地保障了产品的一致性以及测量精度。

（3）品种齐全。各种口径以及各种类型（如叶轮式、超声波式、电磁式）的热计量表均有。适应于不同用户的需要。

（4）国外几乎所有的热计量表均设有数据远传接口，这样有利于集中抄表以及智能管理。

任务二　采暖系统的分类与组成

▌ 任务引领

本任务主要学习采暖系统的基本知识，了解采暖系统的组成、工作原理及分类。

■ 一、采暖系统的组成及原理

所有采暖系统都是由热源、供热管道、散热设备三个主要部分组成的。

1. 热源

热源是使燃料燃烧产生热，将热媒加热成热水或蒸汽的部分，如锅炉房、热交换站（又称热力站）、地热供热站等，还可以采用燃气炉、热泵机组、废热、太阳能等作为热源。

2. 供热管道

供热管道是指热源和散热设备之间的管道，将热媒输送到各个散热设备，包括供水、回水循环管道。

3. 散热设备

散热设备是将热量传至所需空间的设备，如散热器、暖风机、热水辐射管等。图 4-3 所示的热水采暖系统体现了热源、输热管道和散热设备三个部分之间的关系。

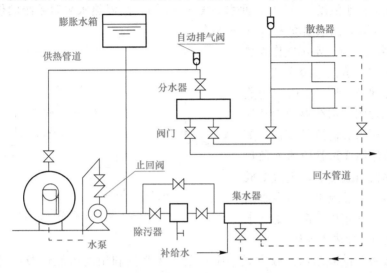

图 4-3　热水采暖系统示意图

系统中的水在锅炉中被加热到所需要的温度，并用循环水泵作动力使水沿供水管流入各用户，散热后回水沿水管返回锅炉，水不断地在系统中循环流动。系统在运行过程中的漏水量或被用户消耗的水量由补给水泵把经水处理装置处理后的水从回水管补充到系统内，补水量的多少可通过压力调节阀控制。膨胀水箱设在系统最高处，用以接纳水因受热后膨胀的体积。

■ 二、采暖系统的分类

1. 按设备相对位置分类

（1）局部采暖系统。局部采暖系统是指热源、供暖管道、散热设备三部分在构造上合在一起的采暖系统，如火炉采暖、简易散热器采暖、煤气采暖和电热采暖。

（2）集中采暖系统。集中采暖系统是指热源和散热设备分别设置，以集中供热或分散锅炉房作为热源向各房间或建筑物供给热量的采暖系统。

（3）区域采暖系统。区域采暖系统是指以城市某一区域性锅炉房作为热源，供一个区域的许多建筑物采暖的供暖系统。这种供暖方式的作用范围大、高效节能，是未来的发展方向。

2. 按热媒种类分类

（1）热水采暖系统。以热水作为热媒的采暖系统称为热水采暖系统，主要应用于民用建筑。热水采暖系统的热能利用率高，输送时无效热损失较小，散热设备不易腐蚀，使用周期长，且散热设备表面温度低，符合卫生要求；系统操作方便，运行安全，易于实现供水温度的集中调节，系统蓄热能力高，散热均匀，适用于远距离输送。

热水采暖系统按系统循环动力可分为自然（重力）循环系统和机械循环系统。前者是靠水的密度差进行循环的系统，由于作用压力小，目前在集中式采暖中很少采用；后者是靠机械(水泵)进行循环的系统。

热水采暖系统按热媒温度的不同可分为低温热水采暖系统和高温热水采暖系统。低温热水采暖系统的供水温度为 95 ℃，回水温度为 70 ℃；高温热水采暖系统的供水温度多采用 120 ℃~130 ℃，回水温度为 70 ℃~80 ℃。

(2)蒸汽采暖系统。水蒸气作为热媒的采暖系统称为蒸汽采暖系统，主要应用于工业建筑。图 4-4 所示为蒸汽采暖系统原理图。水在锅炉中被加热成具有一定压力和温度的蒸汽，蒸汽靠自身压力作用通过管道流入散热器内，在散热器内放热后，蒸汽变成凝结水，凝结水经过疏水器后沿凝结水管道返回凝结水箱内，再由凝结水泵送入锅炉重新被加热变成蒸汽。

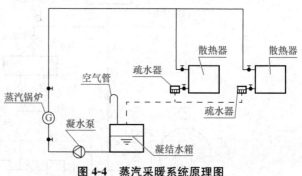

图 4-4 蒸汽采暖系统原理图

蒸汽采暖系统的凝结水回收方式，应根据二次蒸汽利用的可能性及室外地形，管道敷设方式等确定，可采用闭式满管回水、开式水箱自流或机械回水和余压回水三种回水方式。

(3)热风采暖系统。以热空气为热媒的采暖系统称为热风采暖系统，此系统把空气加热至 30 ℃~50 ℃，直接送入房间。主要应用于大型工业车间。例如，暖风机、热风幕等就是热风供暖的典型设备。热风供暖以空气作为热媒，它的密度小，比热容与导热系数均很小，因此，加热和冷却比较迅速。但其密度小，所需管道断面面积比较大。

(4)烟气采暖。以燃料燃烧产生的高温烟气为热媒，将热量带给散热设备的采暖系统称为烟气采暖。如火炉、火墙、火炕、火地等烟气采暖形式在我国北方广大村镇中应用比较普遍。烟气采暖虽然简便且实用，但由于大多属于在简易的燃烧设备中就地燃烧燃料，不能合理地使用燃料，燃烧不充分，热损失大，热效率低，燃料消耗多，而且温度高，卫生条件不够好，火灾的危险性大。

任务三 热水采暖系统

任务引领

本任务主要学习自然热水采暖系统和机械热水采暖系统的工作原理和布置形式。

采暖系统按照系统中水的循环动力不同，分为自然(重力)循环热水采暖系统和机械循环热水采暖系统。以供水、回水密度差作动力进行循环的系统称为自然(重力)循环热水采暖系统；以机械(水泵)动力进行循环的系统，称为机械循环热水采暖系统。

一、自然循环热水采暖系统

1. 自然循环热水采暖系统的工作原理及其作用压力

自然循环热水采暖系统在系统工作之前，先将系统中充满冷水；当水在锅炉内被加热后，它的密度减小，同时受着从散热器流回来密度较大的回水的驱动，使热水沿着供水干管上升，流入散热器；在散热器内水被冷却，再沿回水干管流回锅炉。

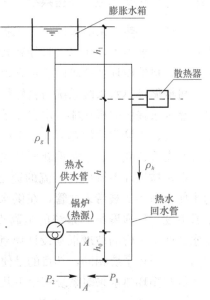

图 4-5　自然循环热水采暖系统的工作原理图

这样，水连续被加热，热水不断上升，在散热器及管路中散热冷却后的回水又流回锅炉被重新加热，形成如图 4-5 中箭头所示的方向循环流动。这种水的循环称之为自然(重力)循环。

由此可见，自然循环热水采暖系统的循环作用压力的大小取决于水温在循环环路的变化状况。在分析作用压力时，先不考虑水在沿管路流动时的散热而使水不断冷却的因素，认为在图 4-5 中的循环环路内水温只在锅炉和散热器两处发生变化。

设 P_1 和 P_2 分别表示断面 $A—A$ 右侧和左侧的水柱压力，则

$$P_1 = g(h_0\rho_h + h\rho_h + h_1\rho_g)$$
$$P_2 = g(h_0\rho_h + h\rho_g + h_1\rho_g)$$

断面 $A—A$ 两侧的差值，即系统的循环作用压力为

$$\Delta P = P_1 - P_2 = gh(\rho_h - \rho_g) \qquad (4\text{-}1)$$

式中，ΔP 为自然循环系统的作用压力；g 为重力加速度；ρ_h 为回水密度；ρ_g 为供水密度。由式(4-1)可见，起循环作用的只有散热器中心与锅炉中心之间这段高度内的水密度差。

2. 自然循环热水采暖系统的主要形式

(1)双管上供下回式。双管上供下回式系统的特点是各层散热器都并联在供水、回水立水管上，水经回水立管、干管直接流回锅炉。如不考虑水在管道中的冷却，则进入各层散热器的水温相同，如图 4-6(a)所示。

上供下回式自然循环热水采暖系统管道布置的一个主要特点是：系统的供水干管必须有向膨胀水箱方向上升的坡度，其坡度宜采用 0.5% ～ 10%；散热器支管的坡度一般取 10%。回水干管应有沿水流向锅炉方向下降的坡度。

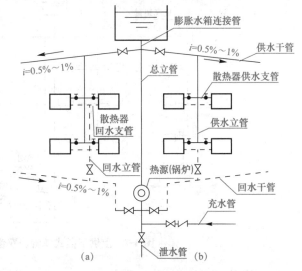

图 4-6　上供下回式系统

(a)双管上供下回式；(b)单管上供下回式

（2）单管上供下回式。单管系统的特点是热水送入立管后按由上向下的顺序流过各层散热器，水温逐层降低，各组散热器串联在立管上。每根立管（包括立管上各层散热器）与锅炉、供回水干管形成一个循环环路，各立管环路是并联关系，如图 4-6（b）所示。与双管系统相比，单管系统的优点是系统简单，节省管材，造价低，安装方便，上、下层房间的温度差异较小；其缺点是顺流式不能进行个体调节。

■ 二、机械循环热水采暖系统 ··

自然循环热水采暖系统虽然维护管理简单，不需要耗费电能，但由于作用压力小，管中水流动速度不大，所以，管径就相对要大一些，作用半径也受到限制。如果系统作用半径较大，自然循环往往难以满足系统的工作要求，这时，应采用机械循环热水采暖系统。

机械循环热水采暖系统与自然循环热水采暖系统的主要区别是在系统中设置了循环水泵，靠水泵提供的机械能使水在系统中循环。系统中的循环水在锅炉中被加热，通过总立管、干管、支管到达散热器。水沿途散热有一定的温降，在散热器中放出大部分所需热量，沿回水支管、立管、干管重新回到锅炉被加热。

在机械循环系统中，水流的速度常常超过了自水中分离出来的空气气泡的浮升速度。为了使气泡不致被带入立管，在供水干管内要使气泡随着水流方向流动，应按水流方向设上升坡度。气泡聚集到系统的最高点，通过在最高点设排气装置，将空气排至系统以外。供水及回水干管的坡度根据设计规范 $i \geqslant 0.002$ 规定，一般取 $i = 0.003$，回水干管的坡向要求与自然循环系统相同，其目的是使系统内的水能全部排出。

机械循环热水采暖系统有以下几种主要形式。

1. 机械循环上供下回式热水采暖系统

图 4-7 所示为上供下回式单管、双管热水采暖系统。由图可见，供水干管布置在所有散热器上方，而回水干管在所有散热器下方，所以称为上供下回式。

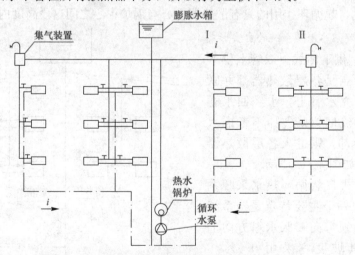

图 4-7　上供下回式单管、双管热水采暖系统

对于双管式仍应注意垂直失调问题。系统中，水在系统内循环，主要依靠水泵所产生的压头，但同时也存在自然压头，它使流过上层散热器的热水多于实际需要量，并使流过下层散热器的热水量少于实际需要量，从而造成上层房间温度偏高，下层房间温度偏低的"垂直失调"现象。

2. 机械循环双管下供下回式热水采暖系统

机械循环双管下供下回式热水采暖系统的供水和回水干管都敷设在底层散热器下面，如图4-8所示。与上供下回式系统相比，它有以下特点：

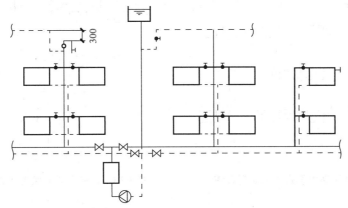

图4-8 机械循环双管下供下回式热水采暖系统

(1)在地下室布置供水干管，管路直接散热给地下室，无效热损失小。

(2)在施工中，每安装好一层散热器即可采暖，给冬期施工带来很大方便，避免为了冬期施工的需要，特别装置临时供暖设备。

(3)排除空气比较困难。

3. 机械循环中供式热水采暖系统

机械循环中供式热水采暖系统从系统总立管引出的水平供水干管敷设在系统的中部，下部系统为上供下回式，上部系统可采用下供下回式，也可采用上供下回式。中供式系统(图4-9)可用于原有建筑物加建楼层或上部建筑面积小于下部建筑面积的场合。

4. 机械循环下供上回式(倒流式)采暖系统

机械循环下供上回式(倒流式)采暖系统的供水干管设在所有散热器设备的下面，回水干管设在所有散热器下面，膨胀水箱连接在回水干管上。回水经膨胀水箱流回锅炉房，再被循环水泵送入锅炉，如图4-10所示。倒流式系统具有以下特点：

(1)水在系统内的流动方向是自下而上流动，与空气流动方向一致，可通过顺流式膨胀水箱排除空气，无须设置集中排气罐等排气装置。

(2)对热损失大的底层房间，由于底层供水温度高，底层散热器的面积减小，便于布置。

(3)当采用高温水采暖系统时，由于供水干管设在底层，这样可降低防止高温水汽化所需的水箱标高，减少布置高架水箱的困难。

(4)供水干管在下部，回水干管在上部，无效热损失小。

这种系统的缺点是散热器的放热系数比上供下回式低，散热器的平均温度几乎等于散热器的出口温度，这样就增加了散热器的面积。但用于高温水供暖时，这一特点却有利于满足散热器表面温度不致过高的卫生要求。

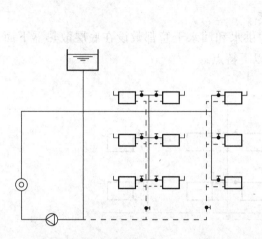
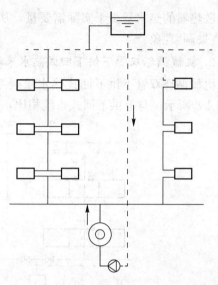

图 4-9 机械循环中供式热水采暖系统   图 4-10 机械循环下供上回式热水采暖系统

5. 异程式热水系统与同程式热水系统

在采暖系统中按热媒在供水干管和回水干管中循环路程的异同分为异程式和同程式。循环环路是指热水从锅炉流出，经供水管到散热器，再由回水管流回到锅炉的环路。如果一个热水采暖系统中各循环环路的热水流程长短基本相等，称为同程式热水采暖系统，在较大的建筑物内宜采用同程系统。热水流程相差很多时，称为异程式热水系统，如图 4-11所示。

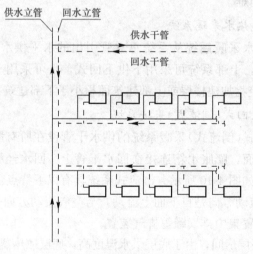

图 4-11 异程式热水系统

异程式的特点是回水干管管道行程较短，节省初投资，易于施工。然而这种系统具有一定的局限性，系统各环路阻力不平衡，易在远近立管处出现流量失调而引起水平方向冷热不均，也就是每组散热器的水流量不同，前端散热器的回水因为离主管道比较近，回得比较快，而后端回水就较慢，可能造成远端暖气不热或不够热的现象，设计者需要通过选择管径和设调节阀门等措施来降低其不平衡率，不然会出现较为严重的不平衡现象。一般在采暖供热要求标准较高的建筑物宜采用同程式采暖系统。

按照管道布置形式的不同，同程式热水系统又可分为以下几种：

(1)垂直(竖向)同程的管路布置，主要用于旅馆客房，如图 4-12 所示。

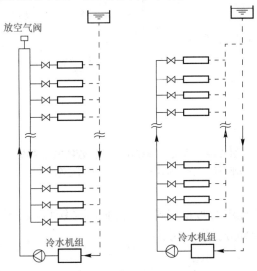

图 4-12　垂直同程的管路布置系统

(2)水平同程的管路布置，主要适用于办公楼，如图 4-13 所示。

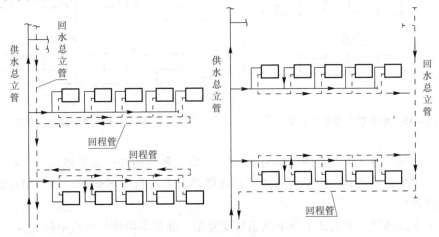

图 4-13　水平同程的管路布置系统

(3)垂直同程和水平同程的管路布置，如图 4-14 所示。

同程方式和异程方式在系统布管上有所不同，简单地说，叫作先供后回，就是前端第一组散热器的回水暂不向主管道循环，而是往下继续走连接下一组散热器的回水管，依次类推，从最末端散热器拉出一根回水管路，回到主管道路的回水管上，系统各环路消耗的沿程阻力基本相同，每组散热器的水流量也就相同，可以说是一种水力系统平衡最佳的方式；系统的起始端和末端立管所带的散热器散热效果比较接近，一般不会出现首端过热末

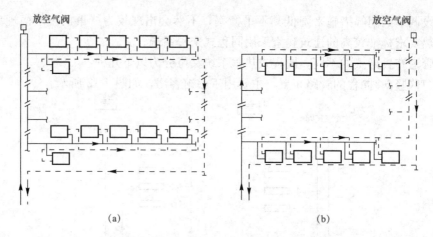

图 4-14　垂直同程和水平同程管路布置系统

(a)垂直同程管路布置系统；(b)水平同程管理布置系统

端不热的现象，也是较为理想的布置方式。但是同程系统增加了回水干管的长度，在施工时，较为费工费料，增加部分投资费用。

6. 水平式系统

水平式系统按供水与散热器的连接方式可分为顺流式(图 4-15)和跨越式(图 4-16)两类。

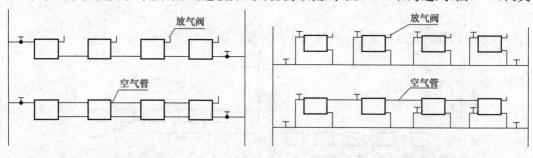

图 4-15　水平单管顺流式系统　　　　　**图 4-16　水平单管跨越式系统**

跨越式的连接方式可以有图 4-16 中的两种。第二种的连接形式虽然稍费一些支管，但增大了散热器的传热系数。由于跨越式可以在散热器上进行局部调节，可以用在需要局部调节的建筑物中。

水平式系统排气比垂直式上供下回系统要复杂，通常采用排气管集中排气。

水平式系统的总造价要比垂直式系统少很多，对于较大的系统，由于有较多的散热器处于低水温区，尾端的散热器面积可能较垂直式系统的要多些，但它与垂直式(单管和双管)系统相比，还有以下优点：

(1)系统的总造价一般要比垂直式系统低。

(2)管路简单，便于快速施工。除供水、回水总立管外，无穿过各层楼管的立管，因此无须在楼板上打洞。

(3)有可能利用最高层的辅助空间架设膨胀水箱，不必在顶棚上专设安装膨胀水箱的房间。

(4)沿路没有立管，不影响室内美观。

任务四 蒸汽采暖系统

任务引领

学习蒸汽采暖系统的原理，掌握蒸汽采暖系统中的不同类型及各自特点和适用条件。

一、蒸汽采暖系统的工作原理与分类

水在锅炉中被加热成具有一定压力和温度的蒸汽，蒸汽靠自身压力作用通过管道流入散热器内，在散热器内放出热量后，蒸汽变成凝结水，凝结水靠重力经疏水器后沿凝结水管道返回凝结水池内，再由凝结水泵送入锅炉重新被加热变成蒸汽。

蒸汽采暖系统按照供汽压力的大小，可以分为以下三类：

(1)供汽的表压力等于或低于 70 kPa 时，称为低压蒸汽采暖。

(2)供汽的表压力高于 70 kPa 时，称为高压蒸汽采暖。

(3)当系统中的压力低于大气压力时，称为真空蒸汽采暖。

1. 双管上供下回式系统

双管上供下回式系统(图 4-17)是低压蒸汽采暖系统常用的一种形式。从锅炉产生的低压蒸汽经分汽缸分配到管道系统，蒸汽在自身压力作用下，克服流动阻力经室外蒸汽管道，室内蒸汽主管，蒸汽干管、立管和散热器支管进入散热器。蒸汽在散热器内放出汽化潜热变成凝结水，凝结水从散热器流出后，经凝结水支管、立管、干管进入室外凝结水管网流回锅炉房内凝结水箱，再经凝结水泵注入锅炉，重新被加热变成蒸汽后送入采暖系统。

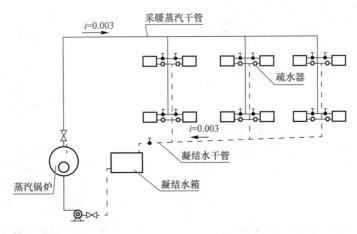

图 4-17 双管上供下回式系统

2. 双管下供下回式系统

双管下供下回式系统(图 4-18)的室内蒸汽干管与凝结水干管同时敷设在地下室或特设

地沟中。在室内蒸汽干管的末端设置疏水器以排除管内沿途凝结水。但该系统供汽立管中凝结水与蒸汽逆向流动，运行时容易产生噪声，特别是系统开始运行时，因凝结水较多，容易发生水击现象。

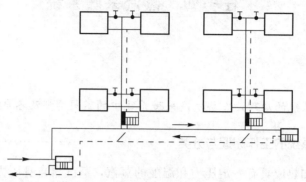

图 4-18 双管下供下回式系统

3. 双管中供式系统

若多层建筑顶层或顶棚下不便设置蒸汽干管时可采用双管中供式系统，如图 4-19 所示。这种系统不必像下供式系统那样需设置专门的蒸汽干管末端疏水器。总立管长度也比上供式小，蒸汽干管的沿途散热也可得到有效的利用。

4. 单管上供下回式系统

单管上供下回式系统(图 4-20)采用单根立管，可节省管材，蒸汽与凝结水同向流动，不易发生水击现象，但低层散热器易被凝结水充满，散热器内的空气无法通过凝结水干管排除。

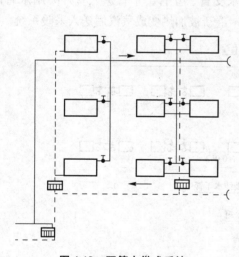

图 4-19 双管中供式系统

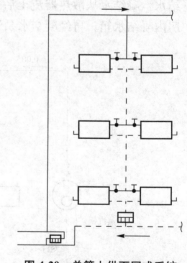

图 4-20 单管上供下回式系统

■ 二、高压蒸汽采暖系统 ....

与低压蒸汽供暖系统相比，高压蒸汽供暖系统具有下述技术经济特点：

(1)高压蒸汽供气压力高，流速大，系统作用半径大，但沿程热损失也大。对同样的热负荷来说较低温蒸汽所需管径小，但沿途凝水排泄不畅时会水击严重。

(2)散热器内蒸汽压力高，因而散热器表面温度高。对同样的热负荷所需散热面积较小；但易烫伤人，易烧焦落在散热器上面的有机灰尘而发出难闻的气味，安全条件与卫生条件较差。

(3)凝结水温度高。高压蒸汽供暖多用在有高压蒸汽热源的工厂里。室内的高压蒸汽供暖系统可直接与室外蒸汽管网相连。在外网蒸汽压力较高时，可在用户入口处设减压装置。图 4-21 所示为一个带有用户入口的室内高压蒸汽供暖系统示意图。图 4-22 所示为上供上回式高压蒸汽供暖系统示意图。

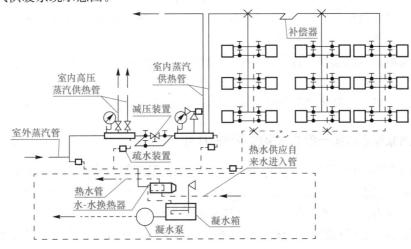

图 4-21　室内高压蒸汽供暖系统示意图

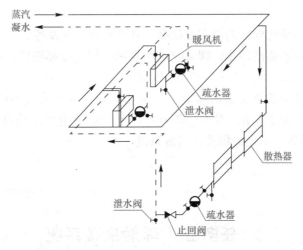

图 4-22　上供上回式高压蒸汽供暖系统示意图

因为高压蒸汽系统的凝水管路中有蒸汽存在（散热器漏气及二次蒸汽），所以当用散热器采暖时，每个散热器的蒸汽和凝水支管都应安设阀门，以调节供汽并保证关断。另外，系统中的疏水器通常仅安装在每一支凝水干管的末端。因为每一个疏水器的排水能力远远超过每组散热器的凝水量，不适于像低压蒸汽那样，在每组散热器的凝水支管上都装一个。在这个条件下，散热器供暖系统若采用同程式布置，会有利于远离用户入口的散热器的疏水和排出空气。散热器供暖系统的凝水干管宜敷设在所有散热器的下面，顺流向下作坡度，不宜将凝水干管敷设在散热器的上面。当在地面上敷设凝水干管时，遇到必须作下凹转弯（如过门转弯）时，并要处理好空气排出问题。当系统中所采用的疏水器排出空气的性能不良时，疏水器前应空气管排出空气，有时还将空气管阀门微微开启，以备停止供汽时向系统内补进空气。因为高压蒸汽和冷凝水温度高，管路应注意设置补偿器与固定支架。

当车间宽度较大时，常需要在中间柱子上布置散热器。因车间中部地面上不便敷设凝水管，有时要把凝水干管敷设在散热器上方（图4-22）。实践证明，这种提升凝水的方式的运行和使用效果一般较差。因为系统停气时，凝水排不净，散热器及各立管要逐个排放凝水；蒸汽压力降低时，散热器有可能充满凝水；汽水顶撞将发生水击，系统的空气也不便排除。对于间歇供汽的系统，这些问题尤为突出；在气温较低的地方，还有系统冻结的可能。因此，当用凝水管在上部的系统时，必须在每个散热设备的出口下面安装疏水器、止回阀及空气管。只有用暖风机等散热量较大的设备供暖时，才考虑采用这种形式。

■ 三、蒸汽采暖系统和一般热水采暖系统的比较

(1)低压或高压蒸汽采暖系统中，散热器内热媒的温度等于或高于100 ℃，一般热水采暖系统中的热媒温度是95 ℃。所以，蒸汽采暖系统所需要的散热器片数要少于热水采暖系统。在管路造价方面，蒸汽采暖系统也比热水采暖系统要少。

(2)蒸汽采暖系统管道内壁的氧化腐蚀要比热水采暖系统快、寿命短，特别是凝结水管道更易损坏。

(3)在高层建筑采暖时，蒸汽采暖系统不会产生很大的静水压力，不会压破最底层的散热器。

(4)真空蒸汽采暖系统要求的严密度很高，并需要有抽气设备。

(5)蒸汽采暖系统的热惰性小，即系统的加热和冷却过程都很快，适用于间歇供暖、迅速供热的场所，如大剧院、会议室、工业车间等。

(6)热水采暖系统的散热器表面温度低，供热均匀；蒸汽采暖系统的散热器表面温度高，容易使有机灰尘剧烈升华，对卫生不利。因此，对卫生要求较高的建筑物，如住宅、学校、医院、幼儿园等，不宜采用蒸汽采暖系统。

任务五　辐射采暖系统

▶ 任务引领

学习辐射采暖系统的分类和特点，掌握低温辐射采暖系统的安装。

■ 一、辐射采暖分类 ···

根据辐射体表面温度的不同，辐射采暖可以分为低温辐射采暖、中温辐射采暖和高温辐射采暖。

(1)当辐射表面温度小于 80 ℃时，称为低温辐射采暖。

(2)当辐射采暖温度为 80 ℃～200 ℃时，称为中温辐射采暖。

(3)当辐射体表面温度高于 500 ℃时，称为高温辐射采暖。

低温辐射采暖的结构形式是把加热管(或其他发热体)直接埋设在建筑构件内而形成散热面；中温辐射采暖通常是用钢板和小管径的钢管制成矩形块状或带状散热板；燃气红外辐射器、电红外线辐射器等，均为高温辐射散热设备。

■ 二、辐射采暖的热媒 ···

辐射采暖的热媒可用热水、蒸汽、空气、电和可燃气体或液体(如人工煤气、天然气、液化石油气等)。根据所用热媒的不同，辐射采暖可分为以下几项：

(1)低温热水式——热媒水温度低于 100 ℃(民用建筑的供水温度不大于 60 ℃)。

(2)高温热水式——热媒水温度等于或高于 100 ℃。

(3)蒸汽式——热媒为高压或低压蒸汽。

(4)热风式——以加热后的空气作为热媒。

(5)电热式——以电热元件加热特定表面或直接发热。

(6)燃气式——通过燃烧可燃气体或液体经特制的辐射器发射红外线。

目前，应用量最广的是低温热水辐射采暖。

■ 三、低温辐射采暖 ···

低温辐射采暖的散热面是与建筑构件合为一体的，根据其安装位置分为顶棚式、地板式、墙壁式、踢脚板式等；根据其构造分为埋管式、风槽式或组合式。低温辐射采暖系统的分类及特点见表4-1。

表 4-1 低温辐射采暖系统的分类及特点

分类根据	类型	特点
辐射板位置	顶棚式	以顶棚作为辐射表面，辐射热占 70％左右
	墙壁式	以墙壁作为辐射表面，辐射热占 65％左右
	地板式	以地板作为辐射表面，辐射热占 55％左右
	踢脚板式	以床下或踢脚线处墙面作为辐射表面，辐射热占 65％左右
辐射板构造	埋管式	直径为 15～32 mm 的管道埋设于建筑表面构成辐射表面
	风道式	利用建筑构件的空腔使其间热空气循环流动构成辐射表面
	组合式	利用金属板焊以金属管组成辐射板

1. 低温热水地板辐射采暖

低温热水地板辐射采暖具有舒适性强、节能，方便实施按户热计量，便于住户二次装修等特点，还可以有效地利用低温热源，如太阳能、地下热水、采暖和空调系统的回水、热泵型冷热水机组、工业与城市余热和废热等。

（1）低温热水地板辐射采暖构造。目前常用的低温热水地板辐射采暖是以低温热水（60 ℃）为热媒，采用塑料管预埋在地面不宜小于 30 mm 的混凝土垫层内（图 4-23 和图 4-24）。

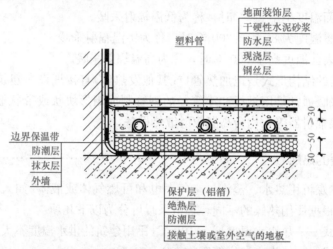

图 4-23　低温热水地板辐射采暖地面做法示意图

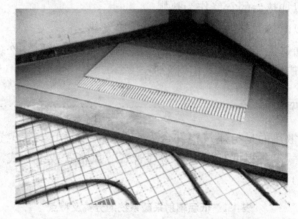

图 4-24　低温辐射采暖系统地面分层实物图

（2）系统设置。低温热水地板辐射采暖系统的构造形式与分户热量计量系统基本相同，只是户内加设了分水器、集水器而已。当集中采暖热媒温度超过低温热水地板辐射采暖的允许温度时，可设集中换热站，也有在户内入口处加热交换机组的系统。后者更适合于要将分户热量计量对流采暖系统改装为低温热水地板辐射采暖系统的用户。

低温热水地板辐射采暖的楼内系统一般通过设置在户内的分水器、集水器与户内管路系统连接。分、集水器常组装在一个分、集水器箱体内（图 4-25），每套分、集水器宜接 3～5 个回路，最多不超过 8 个，图 4-26 所示为集水器、分水器现场安装图。分、集水器宜布置于厨房、盥洗间、走廊两头等既不占用主要使用面积，又便于操作的部位，并留有一定的检修空间，且每层安装位置应相同。建筑设计时应给予考虑。

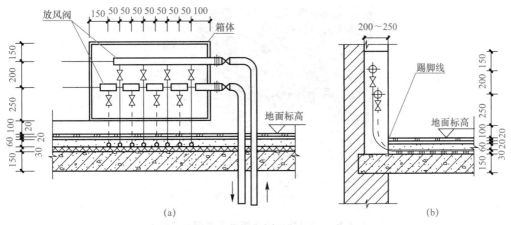

图 4-25　低温热水地板辐射采暖系统分、集水器安装示意图

(a)分、集水器安装正立面图；(b)分、集水器安装侧立面图

图 4-26　集水器、分水器现场安装图

加热盘管均采用并联布置，以减少流动阻力和保证供水、回水温差不致过大。原则上采取一个房间为一个环路，大房间一般以房间面积 20～30 m² 为一个环路，视具体情况可布置多个环路，如图 4-27 和图 4-28 所示。每个分支环路的盘管长度宜尽量接近，一般为 60～80 m，最长不宜超过 120 m。图 4-29 所示为低温热水地板辐射采暖环路布置形式。埋地盘管的每个环路宜采用整根管道，中间不宜有接头，防止渗漏。加热管的间距不宜大于 300 mm。PB 和 PE-X 管转弯半径不宜小于 5 倍管外径，其他管材不宜小于 6 倍管外径，以保证水路畅通。

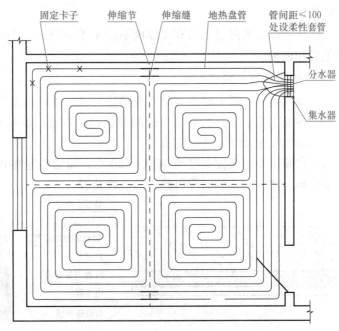

图 4-27　低温热水地板辐射采暖环路布置图

图 4-28 低温热水地板辐射采暖现场安装图

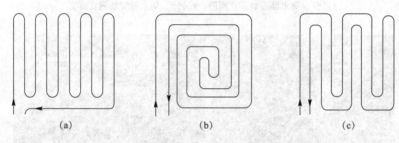

图 4-29 低温热水地板辐射采暖环路布置形式
(a)平行盘管；(b)回形盘管；(c)S形盘管

卫生间一般采用散热器采暖，自成环路，采用类似光管式散热器的干手巾架与分、集水器直接连接。

加热管以上的混凝土填充层厚度不应小于 30 mm，且应设伸缩缝以防止热膨胀导致地面龟裂和破损。

2. 低温辐射电热膜采暖

低温辐射电热膜采暖方式是以电热膜为发热体，大部分热量以辐射方式散入采暖区域。它是一种通电后能发热的半透明聚酯薄膜，由可导电的特制油墨、金属载流条经印刷、热压在两层绝缘聚酯薄膜之间制成的。

电热膜工作时表面温度为 40 ℃～60 ℃，通常布置在顶棚下（图 4-30 和图 4-31）或地板下或墙裙、墙壁内，同时配以独立的温控装置。

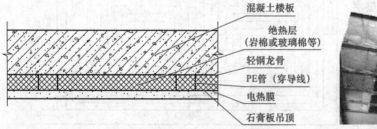

图 4-30 低温电热膜采暖顶棚安装示意图

图 4-31 低温电热膜采暖顶棚现场安装图

3. 低温发热电缆采暖

发热电缆是一种通电后发热的电缆，它由实心电阻线（发热体）、绝缘层、接地导线、金属屏蔽层及保护套构成。

低温加热电缆采暖系统是由可加热电缆和感应器、恒温器等组成，也属于低温辐射采暖。通常采用地板式，将发热电缆埋于混凝土中，有直接供热及存储供热等系统形式。其采暖安装示意图和采暖分层结构示意图如图 4-32 和图 4-33 所示。

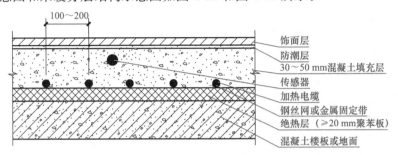

图 4-32　低温发热电缆敷设采暖安装示意图

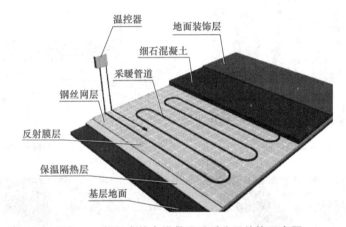

图 4-33　低温发热电缆敷设采暖分层结构示意图

■ 四、中温辐射采暖

中温辐射采暖的散热设备材料通常为钢制辐射板，有块状和带状两种类型。

1. 块状辐射板

块状辐射板通常用 $DN15 \sim DN25$ 与 $DN40$ 的水煤气钢管焊接成排管构成加热管，把排管嵌在 $0.5 \sim 1$ mm 厚的预先压好槽的薄钢板制成的长方形辐射板上。辐射板在钢板背面加设保温层以减少无效热损失。保温层外层可用 0.5 mm 厚钢板或纤维板包裹起来。块状辐射板的长度一般为 $1 \sim 2$ m，以不超过钢板的自然长度为原则。

2. 带状辐射板

带状辐射板的结构是在长度方向上由几张钢板组装成形，也可将多块块状辐射板在长度方向上串联成形。带状辐射板在加工与安装方面都比块状板简单一点，由于带状板连接支管和阀门大为减少，因而比块状板经济。带状板可沿房屋长度方向布置，也可以水平悬吊在屋架下弦处。带状板在布置中应注意解决好加热管热膨胀的补偿、系统排气及凝结水排除等问题。

钢制辐射板制作简单，维修方便，节约金属，适用于大型工业厂房、大空间公用建筑，如商场、车站等局部或全面采暖。

■ 五、高温辐射采暖 ·············

高温辐射采暖按能源类型可分为电气红外线辐射采暖和燃气红外线辐射采暖。

电气红外线辐射采暖设备多采用石英管或石英灯辐射器，如图 4-34 所示。前者温度可达到 990 ℃；而后者辐射温度可达 2 232 ℃。其中，大部分是辐射热。

燃气红外线辐射器采暖是利用可燃气体或液体通过特殊的燃烧装置进行无焰燃烧，如图 4-35 所示。形成 800 ℃～900 ℃的高温，向外界发射 27～247 μm 的红外线，在采暖地点产生良好的热效应，常用于厂区和体育场等建筑，如图 4-36 所示。

图 4-34　石英管辐射器

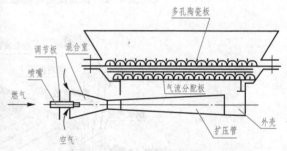

图 4-35　燃气红外线辐射器构造图

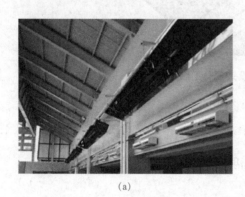

(a)

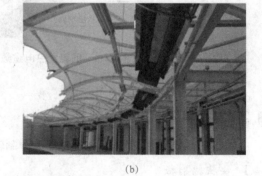

(b)

图 4-36　燃气红外线辐射器的应用

(a)厂区；(b)体育场

燃气红外线辐射器的工作原理是具有一定压力的燃气经喷嘴喷出，由于速度高形成负压，将周围空气从侧面吸入，燃气和空气在渐缩管形成的混合室内混合，再经过扩压管使混合物的部分动能转化为压力能，最后，通过燃烧板的细孔流出，在燃烧板表面均匀燃烧，从而向外界放射出大量的辐射热。其特点如下：

(1)辐射采暖时，热表面向围护结构内表面和室内设施辐射热量，这些热量部分被吸收，部分被反射，同时还产生二次辐射，二次辐射最终也被围护结构和室内设施所吸收。

(2)传热过程以辐射为主，兼有对流换热。

(3)建筑内表面温度升高，对人体冷辐射下降，舒适感上升。

(4)室内空气不会急剧流动，粉尘飞扬的机会减少，卫生条件好。

(5)不需要在室内布置散热器和安装连接支管，美观、不占建筑面积。

(6)室内设计温度降低(1 ℃～3 ℃)，节能(20%～30%)。

(7)有可能在夏季用于辐射供冷。

(8)初投资较高，通常比对流供暖系统高 15%～25%。

任务六　采暖系统主要设备

任务引领

掌握采暖系统中各种设备的作用、类型和特点。

一、散热器

散热器是安装在采暖房间内的散热设备，热水或蒸汽在散热器内流过，它们所携带的热量便通过散热器以对流、辐射的方式不断地传给室内空气，以达到供暖的目的。

1. 铸铁散热器

铸铁散热器由铸铁浇铸而成，结构简单，具有耐腐蚀、使用寿命长、热稳定性好等优点，应用广泛。其缺点主要是金属耗量大、承压能力低(0.4～0.5 MPa)。工程中常用的铸铁散热器有翼型和柱型两种，如图 4-37 和图 4-38 所示。

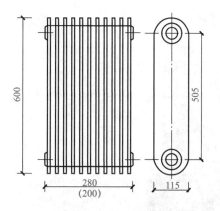

图 4-37　翼型散热器

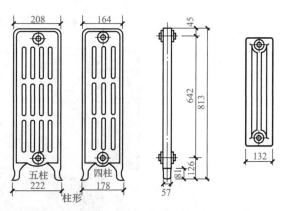

图 4-38　柱型散热器

2. 钢制散热器

钢制散热器的主要类型有闭式钢串片式散热器、板型散热器、柱型散热器、扁管型散热器等，如图 4-39～图 4-43 所示。钢制散热器与铸铁散热器相比，具有金属耗量小，承压能力高（0.8～1.2 MPa），外形美观整洁、规格尺寸多，占用空间少、便于布置等优点；其缺点主要是热稳定性差（除柱式外）、易腐蚀、寿命短，如果不采取内防腐工艺，会发生散热器腐蚀漏水。

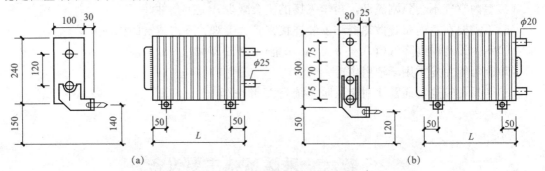

图 4-39 闭式钢串片式散热器

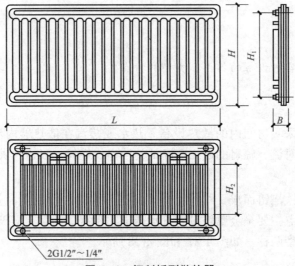

图 4-40 钢制板型散热器

图 4-41 复合型钢制板型散热器

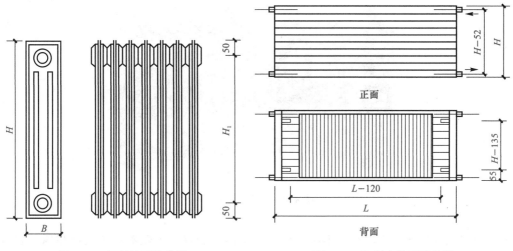

图 4-42　钢制柱型散热器　　　　　　　图 4-43　钢制扁管型散热器

3. 铝制散热器

铝制散热器具有结构紧凑、质量轻、造型美观、装饰性强、散热快、热工性能好、承压高、使用寿命长的优点；其缺点是在碱性水中会产生碱性腐蚀。因此，必须在酸性水中使用(pH 值＜7)，而多数锅炉用水 pH 值均大于 7，不利于铝制散热器的使用。

4. 复合型散热器

以钢管、铜管等为内芯，以铝合金翼片为散热元件的钢铝、铜铝复合散热器，结合了钢管、铜管承压高、耐腐蚀和铝合金外表美观、散热效果好的优点。

5. 铜制散热器

铜制散热器(图 4-44)具有一般金属的高强度，同时又不易裂缝、不易折断，并具有一定的抗冻胀和抗冲击能力，铜制散热器之所以有如此优良稳定的性能是由于铜在化学排序中的序位很低，仅高于银、铂、金，性能稳定，不易被腐蚀。铜管件有很强的耐腐蚀性，不会有杂质溶入水中，能使水保持清洁卫生，但其价格较高。

图 4-44　铜制散热器

■ 二、暖风机 ··

暖风机(图 4-45)是由吸风口、风机、空气加热器和送风口等联合构成的通风供暖联合机组。

图 4-45　暖风机实物图

在风机的作用下，室内空气由吸风口进入机体，经空气加热器加热变成热风，然后经送风口送至室内，以维持室内一定的温度。

暖风机分为轴流式与离心式两种，常称大型暖风机和小型暖风机。根据结构特点及适用热媒的不同，暖风机可分为蒸汽暖风机、热水暖风机、蒸汽热水两用暖风机及冷热水两用的冷暖风机等。

三、钢制辐射板

散热器主要是以对流散热为主，对流散热占总散热量的 75% 左右；用暖风机供暖时，对流散热几乎占 100%；而辐射板主要是依靠辐射传热的方式，尽量放出辐射热（还伴随着一部分对流热），使一定的空间里有足够的辐射强度，以达到供暖的目的。根据辐射散热设备的构造不同，钢制辐射板可分为单体式的（块状辐射板、带状辐射板、红外线辐射器）和与建筑物构造相结合的辐射板（如顶棚式、墙面式、地板式等）。

四、热水采暖系统的辅助设备

1. 膨胀水箱

膨胀水箱的作用是用来储存热水采暖系统加热的膨胀水量，在自然循环上供下回式系统中还起着排气作用。膨胀水箱的另一个作用是恒定采暖系统的压力。膨胀水箱一般用钢板制成，通常是圆形或矩形。箱上连有膨胀管、溢流管、信号管、排水管及循环管等管路。膨胀水箱在系统中的安装位置如图 4-46 所示。

（1）膨胀管。膨胀水箱设在系统最高处，系统的膨胀水通过膨胀管进入膨胀水箱。自然循环系统膨胀管接在供水总立管的上部；机械循环系统膨胀管接在回水干管循环水泵入口前。膨胀管不允许设置阀门，以免偶然关断使系统内压力增高而发生事故。

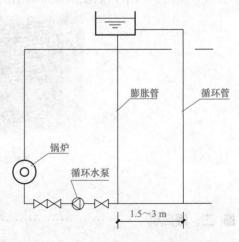

图 4-46　膨胀水箱与机械循环系统

（2）循环管。为了防止水箱内的水冻结，膨胀水箱需设置循环管。在机械循环系统中，连接点与定压点应保持 1.5～3.0 m 的距离，以使热水能缓慢地在循环管、膨胀管和水箱之间流动。循环上也不应设置阀门，以免水箱内的水冻结。

（3）溢流管。用于控制系统的最高水位，当水的膨胀体积超过溢流管口时，水溢出就近排入排水设施中。溢流管上也不允许设置阀门，以免偶然关闭而使水从人孔处溢出。

（4）信号管。用于检查膨胀水箱水位，决定系统是否需要补水。信号管控制系统的最低水位应接至锅炉房内或人们容易观察的地方，信号管末端不应设置阀门。

（5）放空管。用于清洗、检修时放空水箱用，可与溢流管一起就近接入排水设施，其上应安装阀门。

2. 集气罐

集气罐一般是用直径为 100～250 mm 的钢管焊制而成的，分为立式和卧式两种，如图 4-47 所示。

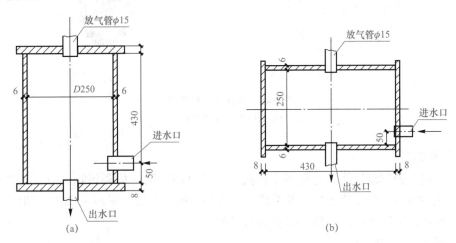

图 4-47　集气罐
(a)立式集气罐；(b)卧式集气罐

集气罐一般设于系统供水干管末端的最高处，供水干管应向集气罐方向设上升坡度以使管中水流方向与空气气泡的浮升方向一致，以有利于空气聚集到集气罐的上部，定期排除。系统运行期间，应定期打开排气阀排除空气。

3. 自动排气罐

图 4-48 所示是铸铁自动排气罐，它的工作原理是依靠罐内水的浮力自动打开排气阀。罐内无空气时，系统中的水流入罐体将浮漂浮起。浮漂上的耐热橡皮垫将排气口封闭，使水流不出去。当系统中的气体汇集到罐体上部时，罐内水位下降使浮漂离开排气口将空气排出。空气排出后，水位和浮漂重新上升将排气口关闭。

4. 手动排气阀

手动排气阀适用于公称压力 $P \leqslant 600$ kPa、工作温度 $t \leqslant 100$ ℃的热水采暖系统的散热器上。多用于水平式和下供下回式系统中，旋紧在散热器上部专设的丝孔上，以手动方式排除空气。

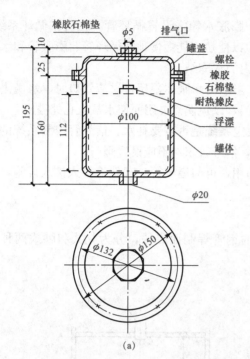

(a)   (b)

图 4-48　铸铁自动排气罐

(a)结构图；(b)实物图

5. 除污器

除污器是一种钢制筒体，它可用来截流、过滤管路中的杂质和污物，以保证系统内水质洁净，减少阻力，防止堵塞压板及管路。除污器一般应设置于采暖系统入口调压装置前、锅炉房循环水泵的吸入口前和热交换设备入口前。

6. 散热器温控阀

散热器温控阀(图 4-49)是一种自动控制散热器散热量的设备，它由阀体部分和感温元件部分组成，其安装如图 4-50 所示。当室内温度高于给定的温度值时，感温元件受热，其顶杆压缩阀杆，将阀口关小，进入散热器的水流量会减小，散热器的散热量也会减小，室温随之降低；当室温下降到设置的低限值时，感温元件开始收缩，阀杆靠弹簧的作用抬起，阀孔开大，水流量增大，散热器散热量也随之增加，室温开始升高。控温范围为 13 ℃～28 ℃，温控误差为±1 ℃。

图 4-49　散热器温控阀实物图　　　　　**图 4-50　散热器温控阀的安装**

1. 疏水器

蒸汽疏水器的作用是自动且迅速地排出用热设备及管道中的凝水，并能阻止蒸汽逸漏。在排出凝水的同时，排出系统中积留的空气和其他非凝性气体。

对疏水器的要求应包括：排凝水量大，漏蒸汽量小，能排出空气；能承受一定的背压，要求较小的凝水入口压力和凝水进出口压差，对凝水流量、压力、温度的适应性广，可以在凝水流量、压力、温度等因素较大的波动范围内工作而不需经常人工调节；疏水器体积小，质量轻，有色金属耗量少，价格便宜，结构简单，可活动部件少，长期运行稳定，维修量少，寿命长，不怕垢渣、冻裂等。

疏水器按其工作原理分为机械型疏水器、热动力型疏水器和恒温型疏水器。

(1)机械型疏水器主要有浮筒式、钟形浮子式和倒吊筒式。这种类型的疏水器是利用蒸汽和凝结水的密度差，以及利用凝结水的液位变化来控制疏水器排水孔自动启闭工作的。如图 4-51 所示为机械型浮筒式疏水器。

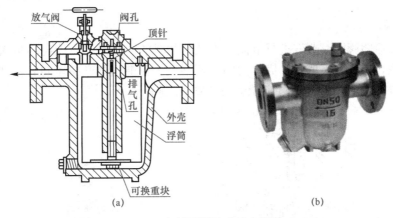

图 4-51　机械型浮筒式疏水器图
(a)结构图；(b)实物图

(2)热动力型疏水器主要有脉冲式、圆盘式和孔板式等。图 4-52 所示为圆盘式疏水器。

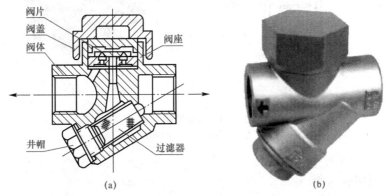

图 4-52　圆盘式疏水器
(a)结构图；(b)实物图

(3)恒温型疏水器主要有双金属片式、波纹管式和液体膨胀式等，这种类型的疏水器是靠蒸汽和凝结的温度差引起恒温元件膨胀或变形工作的。图 4-53 所示为一种温调式疏水器。

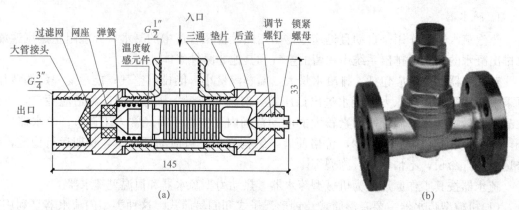

图 4-53　温调式疏水器

(a)结构图；(b)实物图

2. 减压阀

减压阀靠启闭阀孔对蒸汽进行节流达到减压的目的。减压阀应能自动将阀后压力维持在一定范围内，工作时无振动，完全关闭后不漏汽。目前，国产减压阀有活塞式、波纹管式和薄片式等几种形式。图 4-54 所示为波纹管减压阀。

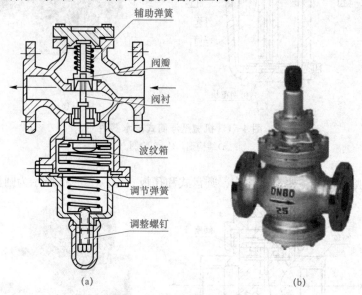

图 4-54　波纹管减压阀

(a)结构图；(b)实物图

3. 其他凝水回收设备

(1)水箱。水箱用以收集凝水，有开式(无压)和闭式(有压)两种。水箱容积一般应按各用户的 0.5～1.5 h 最大小时凝水量设计。

（2）二次蒸发箱。二次蒸发箱的作用是将用户内各用气设备排出的凝水在较低的压力下分离出一部分二次蒸汽，并靠箱内一定的蒸汽压力输送二次蒸汽至低压用户。

任务七 供暖系统施工与土建配合

任务引领

供暖系统在安装时必须提前考虑与土建施工的协调和配合。本任务以热水采暖系统和低温地暖系统为例，要求掌握供暖系统安装中如何与土建配合。

一、热水供暖系统的安装与土建配合

室内供暖系统的管道应明装，有特殊要求时可暗装。暗装时干管一般敷设在管井、吊顶内，并进行保温；支管可以敷设在地面找平层或墙内。

供暖管道穿过建筑基础、变形缝，以及镶嵌在建筑结构里的立管，应采取措施预防由于建筑物沉降而损坏管道。当供暖管道必须穿过防火墙时，在管道穿过处应采取固定和密封措施，并使管道可向墙的两侧伸缩。供暖管道穿过隔墙和楼板处，宜装设套管。

供暖管道在管沟或沿墙、柱、楼板敷设时，应根据设计与施工规范要求，每隔一定间距设置管卡或支吊架。

二、低温热水地面辐射供暖的施工与土建配合

低温热水地面辐射供暖施工安装前，土建专业应已完成墙面内粉刷（不含面层），外窗、外门已安装完毕；厨房、卫生间应做完闭水试验并经过验收；相关电气预埋等工程已经完成。由于低温热水地面辐射供暖施工的第一步就是在地面上铺设保温层，故地面应平整、干燥并清理干净。

1. 填充层的施工配合

填充层的材料宜采用 C15 豆石混凝土，豆石粒径宜为 5~12 mm。填充层的厚度不宜小于 50 mm。如地面荷载大于 20 kN/m² 时，应会同结构设计人员采用加固措施，并选用承压能力更强的保温材料。

混凝土填充层的施工，由土建施工方承担，安装单位应密切配合。混凝土填充层施工中严禁使用机械振捣设备；施工人员应穿软底鞋，采用平头铁锹。在加热管的铺设区内，严禁刨挖、穿凿、钻孔或进行射钉作业。

混凝土填充层的养护周期不应少于 21 d。养护期满后，对地面应妥善保护，严禁在地面上加以重载、高温烘烤、直接放置高温物体和高温加热设备。

一个系统内有不同面层材料，则要求有不同的填充层标高及平整度，以防止施工完成后地面高度不同。例如，木地板需要直接铺设在地面上，则平整度要求高，填充层施工完

成后应直接找平，同时，其标高为地面标高减去木地板的厚度。如面层为地砖等石材，除材料厚度外，还要预留约 2 cm 的找平粘结层，填充层可不找平。

2. 面层的施工配合

装饰地面采用瓷砖、大理石、花岗岩等石材地面和复合木地板、实木复合地板及耐热实木地板。

面层施工前，填充层应到达面层需要的干燥度。面层施工除应符合土建施工设计图的各项要求外，还应符合以下规定：

(1)施工面层时，不得剔、凿、割、钻和钉填充层，不得向填充层内楔入任何物件。

(2)面层的施工，必须在填充层达到要求强度后才能进行。

(3)石材、面砖在与内外墙、柱等垂直构件交接处，应留有 10 mm 宽伸缩缝；木地板铺设时，应留不小于 14 mm 伸缩缝。伸缩缝填充材料宜采用高发泡聚乙烯泡沫塑料，其上边缘应高出装饰层上表面 10～20 mm，装饰层敷设完毕后再裁去多余部分。

以木地板作为面层时，木材应经过干燥处理，且应在保温层和找平层完全干燥后，才能进行地板粘贴。

3. 伸缩缝

当地面面积超过 30 m² 或边长超过 6 m 时设置的伸缩缝，宽度不宜小于 8 mm。伸缩缝宜采用高发泡聚乙烯泡沫塑料或内满填弹性膨胀膏，从保温层的上边缘做到填充层的上边缘。埋地环路应尽量少穿越膨胀缝。

4. 防潮施工要求

卫生间及与土壤相邻的地面应在保温层施工前做防潮层。若供暖房间比较潮湿，则在填充层完成后，找平层施工时应先做一层隔离防潮层。因此，卫生间应做两层隔离层。

卫生间过门处应设置止水墙，在止水墙内侧应配合土建专业做防水，加热管穿止水墙处应采取防水措施。

5. 水压试验

水压试验应分别在浇筑混凝土填充前和填充养护期满后进行两次；并应以每组分水器、集水器为单位，逐回路进行。

任务八　采暖工程施工图识读

任务引领

供暖系统在安装时必须提前考虑与土建施工的协调和配合。本任务以热水采暖系统和低温地暖系统为例，要求掌握供暖系统安装中如何与土建配合。

采暖系统的施工图包括平面图、系统(轴测)图、详图、设计施工说明、目录、图例和设备、材料明细表等。施工图是设计者设计结果的具体体现，它体现出整个供暖工程。

建筑采暖施工图中的管道、散热设备及各种附件等都是用图例符号表示的，在识读施工图时，必须了解这些图例符号。采暖系统常用图例见表4-2。

表 4-2 采暖系统常用图例

序号	名称	图例	序号	名称	图例
1	采暖热水供水管	RG	19	法兰封头或管封	
2	采暖热水回水管	RH	20	活接头或法兰连接	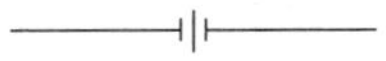
3	空调冷水排水管	LG	21	固定支架	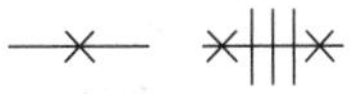
4	空调冷水回水管	LH	22	金属软管	
5	空调冷凝水管	n	23	疏水器	
6	膨胀水管	PZ	24	减压阀	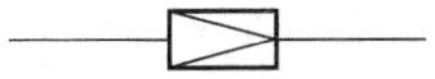
7	截止阀		25	补偿器	
8	闸阀		26	套管补偿器	
9	球阀		27	波纹管补偿器	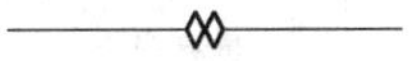
10	止回阀		28	弧形补偿器	
11	三通阀		29	球形补偿器	
12	定流量阀		30	伴热管	
13	自动排气阀		31	保护套管	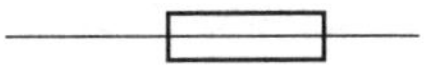
14	节流阀		32	坡度及坡向	$i=0.003$ 或 $i=0.003$
15	膨胀阀		33	矩形风管	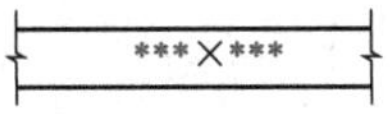 ***×***
16	安全阀	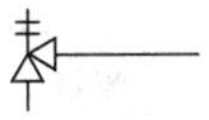	34	圆形风管	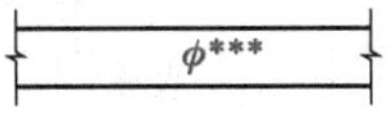 ϕ***
17	漏斗	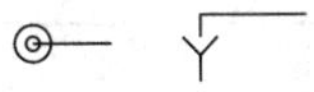	35	圆弧形弯	
18	明沟排水	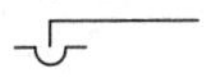	36	消声器	

序号	名称	图例	序号	名称	图例
37	蝶阀		48	板式换热器	
38	止回风阀		49	立式明装风机盘管	
39	防烟、防火阀	*** ***	50	卧式暗装风机盘管	
40	方形风口		51	减振器	
41	防雨百叶		52	温度传感器	T
42	检修门	J J	53	湿度传感器	H
43	散热器及 手动放气阀	15 15 15	54	压力传感器	P
44	轴(混)流式 管道风机		55	温度计	
45	离心式管道风机		56	压力表	
46	水泵		57	流量计	F.M
47	空气过滤器		58	记录仪	

■ 二、采暖施工图的组成及内容 ···

1. 采暖平面图

采暖平面图是利用正投影原理，采用水平全剖的方法，表示出建筑物各层采暖管道与设备的平面布置。内容包括以下几项：

(1)底层平面图。除有与标准层平面图相同的内容外，还应表明引入口的位置，供、回管的走向、位置及采用的标准图号(或详图号)，回水干管的位置，室内管沟(包括过门地沟)的位置及主要尺寸，活动盖板和管道支架的设置位置。

(2)标准层平面图。应表明立管位置及立管编号，散热器的安装位置、类型、片数及安装方式。

(3)顶层平面图。除有与标准层平面图相同的内容外，还应表明总立管、水平干管的位置、走向、立管编号及干管上阀门、固定支架的安装位置及型号；膨胀水箱、集气罐等设备的安装位置、型号及其与管道的连接情况。

平面图常用的比例有1∶50、1∶100、1∶200等。

2. 采暖系统图

采暖系统图又称轴测图，是表示采暖系统的空间布置情况，散热器与管道空间连接形式，设备、管道附件等空间关系的立体图。标有立管编号、管道标高、各管段管径、水平干管的坡度、散热器的片数(长度)及集气罐、膨胀水箱、阀件的位置、型号规格等。可了解采暖系统的全貌。比例与平面图相同。

3. 详图

表示采暖系统节点与设备的详细构造及安装尺寸要求。平面图和系统图中表示不清，又无法用文字说明的地方，如引入口装置，膨胀水箱的构造与管、管沟断面，保温结构等可用详图表示。

如果选用的是国家标准图集，可给出标准图号，不出详图。

常用的比例是1∶10、1∶50。

4. 设计施工说明

设计施工说明是用来说明设计图纸无法表示的问题，如热源情况、采暖设计热负荷、设计意图及系统形式、进出口压力差，散热器的种类、形式及安装要求，管道的敷设方式、防腐保温、水压试验要求，施工中需要参照的有关专业施工图号或采用的标准图号等。

■ 三、室内采暖图样的画法 ···

1. 平面图样画法

(1)采暖平面图上的建筑物轮廓应与建筑专业图一致。

(2)管线系统用单线绘制。

(3)平面图上散热器用图例表示，画法如图 4-55 所示。

柱式散热器只标注片数，圆翼型散热器应注明根数、排数，串片式散热器应注明长度、排数，标注方法如图 4-56 所示。

图 4-55　平面图上散热器画法　　　　图 4-56　圆翼型、串片式散热器标注法

（4）散热器的供水、回水管道画法如图 4-57 所示。

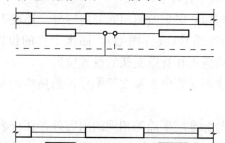

图 4-57　散热器的供水、回水管道画法

2. 系统图的图样画法

采暖管道系统图通常用 45°正斜面轴测投影法绘制，布图方法应与平面图一致，并采用与之对应的平面图相同的比例绘制。

（1）系统图上图样画法及数量、规格的标注如图 4-58 所示。

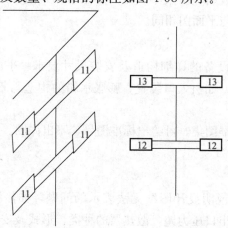

图 4-58　系统图上散热器的画法及标注

（2）系统中的重叠、密集处可断开引入绘制。相应的新断开处宜用相同的小写拉丁字母注明。

（3）柱型、圆翼型等散热器的数量应标注在散热器内，串片、光面管等散热器的数量、规格应标注在散热器上方。

3. 标高与坡度

采暖管道在需要限定高度时，应标注相对标高。管道的相对标高以建筑物底层室内地坪（±0.000）为界，低于地坪的为负值，高于地坪的为正值。

(1)管道标高一般为管中心标高，标注在管段的始端或末端。

(2)散热器宜标注底标高，同一层、同标高的散热器只标注右端的一组。

(3)管道的坡度用单面箭头表示，坡度符号用 i 表示。箭头指向低处，箭尾指向高处。

4. 管径与尺寸的标注

(1)焊接钢管用公称直径 DN 表示管径规格，如 $DN15$、$DN40$。

(2)无缝钢管用外径和壁厚表示，如 $D219×7$。

(3)管径标注位置如图 4-59 所示，应标注在变径处。水平管道应标注在管道上方，斜管道应标注在管道斜上方，竖管道应标注在管道左侧。当管道规格无法按上述位置标注时，可另找适当位置标注，但应用引出线示意。同一种管径的管道较多时，可不在图上标注，但须用文字说明。

图 4-59　管径标注法

(4)管道施工图中注有详细的尺寸，以此作为安装制作的主要依据。尺寸符号由尺寸界线、尺寸线、箭头和尺寸数字组成。一般以 mm 为单位，当取其他单位时必须加以注明。

如果有些尺寸线在施工图中注明的不完整，施工、预算时可根据比例，用比例尺量出。

5. 比例

一般采暖管道平面图的比例随建筑图确定，系统图随平面图而定，其他详图可适当放大比例。但无论何种比例画出的图纸，图中尺寸均按实际尺寸标注。

■ 四、采暖施工图的识读 ·······

识读施工图时，应将平面图、系统图对照来看。首先看标题栏，了解该工程的名称、图号、比例等，并通过指北针确定建筑物的朝向、建筑层数、楼梯、房间及出入口等情况。然后进一步了解管道、设备的设置情况。

(1)查明入口的位置、管道的走向及连接，各管段管径的大小要顺热媒流向看，例如，供水，由大到小；回水，由小到大。

(2)了解管道的坡向、坡度，水平管道与设备的标高，以及立管的位置、编号等。

(3)掌握散热设备的类型、规格、数量、安装方式及要求等。

(4)要看清图纸上的图样和数据。节点符号、详图等要由大到小、由粗到细认真识读。

■ 五、供暖施工图示例 ·······

图 4-60～图 4-63 所示为某三层办公楼供暖施工图。该供暖施工图包括一层供暖平面图、二、三层供暖平面图和供暖系统图。其比例均为 1∶100。该系统采用机械循环上供下回热水供暖系统，供水、回水温度分别为 95 ℃ 和 70 ℃。看图时，平面图与系统图要对照来看，从供水管入口开始，沿水流方向，按供水干、立、支管顺序到散热器，再由散热器开始，按回水支管、立管、干管顺序到出口。

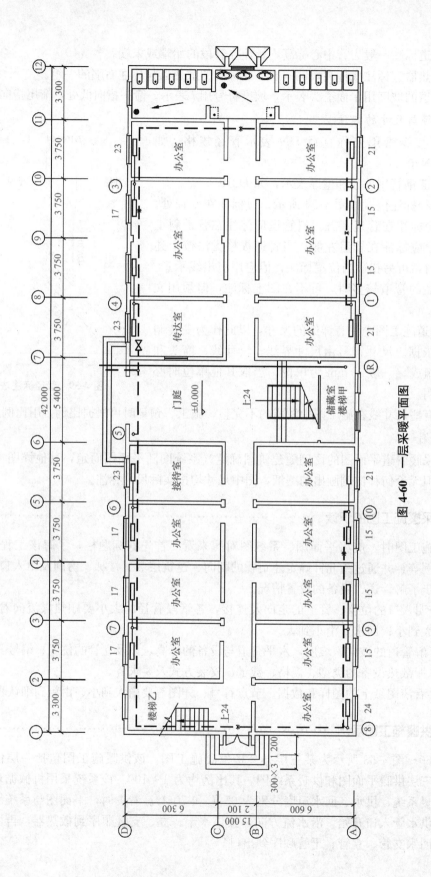

图 4-60 一层采暖平面图

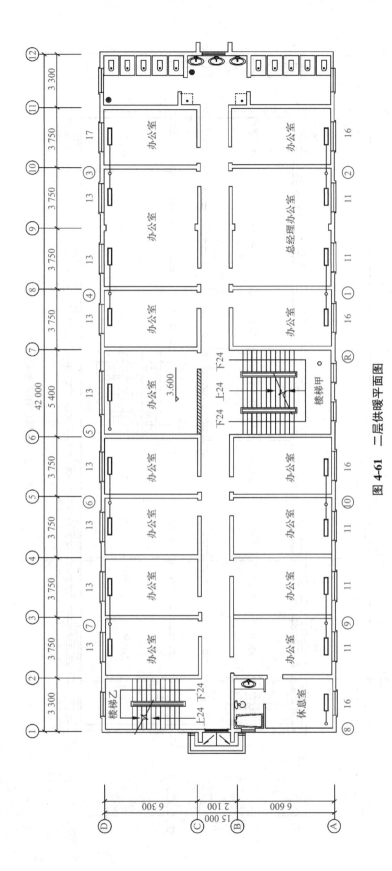

图 4-61 二层供暖平面图

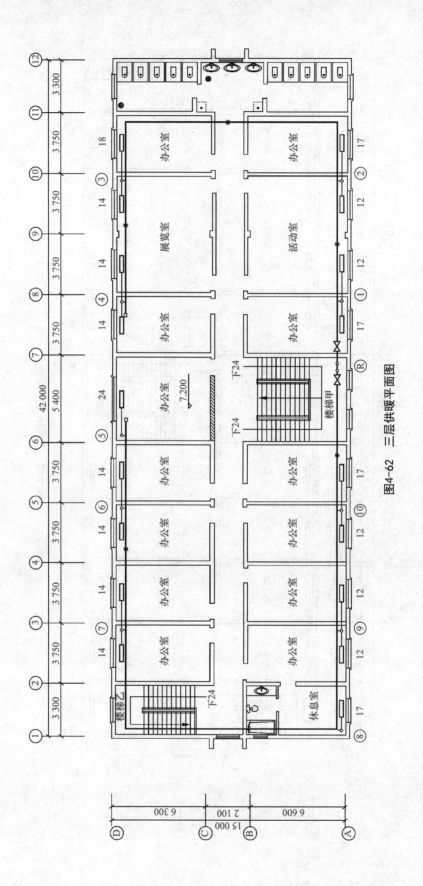

图4-62 三层供暖平面图

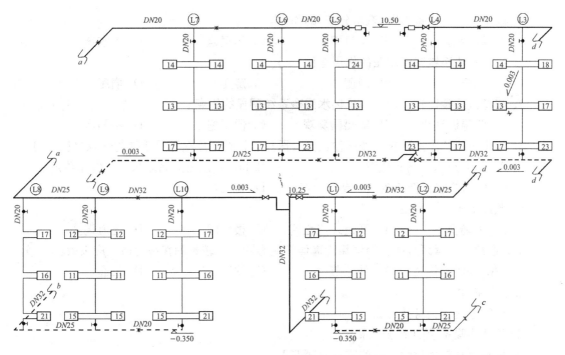

图 4-63 某办公楼供暖系统图

采暖引入口设于该办公楼中间管沟内,供水干管沿管沟进入(管沟尺寸为 1.0 m×1.2 m),向上升至 9.6 m 高度处,布置在顶层楼板下面,末端设一个集气罐。整个系统布置成同程式,热媒沿各立管通过散热器散热,流入位于管沟内的回水干管,最后汇集在一起,通过引出管流出。

系统每个立管上、下端各安装一个闸阀,每组散热器入口装一个截止阀。散热器采用 M-132,片数已标注在各层平面图中,明装。

习 题

一、选择题

1. 低温热水采暖系统的供水温度和回水温度分别为( )℃。
   A. 95,70   B. 65,50
   C. 100,80   D. 85,75

2. 在机械循环系统中,供水及回水干管的坡度根据设计规范 $i \geqslant$ 0.002 规定,一般取 $i=$( )。

   项目四　参考答案

   A. 0.001   B. 0.002   C. 0.003   D. 0.004

3. 供汽的表压力等于或低于 70 kPa 时,称为( )蒸汽采暖。
   A. 低压   B. 高压   C. 真空   D. 以上都不对

4. 当辐射采暖温度在( )时称为中温辐射采暖。
   A. <80 ℃   B. 80 ℃~200 ℃
   C. >500 ℃   D. 以上都不对

5. 以下( )设备具有"汽水分离"的作用。

    A. 除污器   B. 排气阀   C. 集气罐   D. 疏水器

6. 热水采暖系统膨胀水箱的作用是( )。

    A. 加压   B. 减压   C. 定压   D. 增压

7. 与蒸汽采暖比较,( )是热水采暖系统明显的优点。

    A. 室温波动小   B. 散热器美观   C. 便于施工   D. 不漏水

8. 集中供热的民用建筑,如居住、办公医疗、托幼、旅馆等可选择的热媒是( )。

    A. 低温热水、高压蒸汽   B. 110 ℃以上的高温热水、低压蒸汽

    C. 低温热水、低压蒸汽、高压蒸汽   D. 低温热水

9. 散热器不应设置在( )。

    A. 外墙窗下   B. 两道外门之间   C. 楼梯间   D. 走道端头

10. 在热水采暖系统中,为消除管道伸缩的影响,在较长的直线管道上应设置( )。

    A. 伸缩补偿器   B. 伸缩节   C. 软管   D. 三通

二、简答题

1. 供暖系统的任务是什么?

2. 简述供暖系统的组成与原理。

3. 机械循环热水供暖系统的方式有哪些?

4. 比较热水、蒸汽供暖系统的特点及两种系统各自适用的场合。

5. 简述低温辐射采暖系统的分类及特点。

6. 热水供暖系统在施工时如何与土建配合?

7. 低温热水地面辐射供暖在施工时如何与土建配合?

8. 室内供暖施工图的组成有哪些?

项目五　通风空调系统

1. 能够准确识读建筑通风空调施工图纸；
2. 掌握通风空调系统的分类与原理；
3. 了解通风空调系统常用的管材及设备，并掌握通风空调系统风管及设备施工工艺；
4. 熟悉建筑防排烟系统的组成以及安装要求；
5. 了解制冷机组和空调水系统的工作原理。

　　本任务主要学习通风空调系统施工图识读。以一套通风空调施工图为任务，以该套图纸表达的内容深入通风空调系统、建筑防排烟系统、制冷系统、空调水系统的学习。

任务一　通风空调施工图识读

任务引领

　　图纸识读首先要读懂施工说明，了解整个建筑物概况，然后将系统图与平面图对照，将图纸的内容测绘到实物上，再将实物反馈到图纸上。这样，一套建筑通风与空调施工图就能熟读，即能指导施工和计价了。

一、通风空调施工图识读实例

　　见配套图纸附图 3。

二、通风空调施工图的组成及阅读方法

　　(一)通风空调施工图的组成

　　通风空调施工图包括图纸目录、选用图集(纸)目录、设计施工说明、图例、设备及主

要材料表、总图、工艺图、系统图、平面图、剖面图、详图等。

1. 设计施工说明

通风空调施工图的设计施工说明包括建筑概况、设计标准、系统及其设备安装要求、空调水系统、防排烟系统、空调冷冻机房等。

(1)建筑概况：介绍建筑物的面积、空调面积、高度和使用功能，对空调工程的要求。

(2)设计标准：室外气象参数，夏季和冬季的温度、湿度及风速。

室内设计标准，即各空调房间夏季和冬季的设计温度、湿度、新风量要求及噪声标准等。

(3)空调系统及其设备：对整栋建筑的空调方式和各空调房间所采用的空调设备进行简要说明。对空调装置提出安装要求。

(4)空调水系统：系统类型、所选管材和保温材料的安装要求，系统防腐、试压和排污要求。

(5)防排烟系统：机械送风、机械排风或排烟的设计要求和标准。

(6)空调冷冻机房：冷冻机组、水泵等设备的规格型号、性能和台数，它们的安装要求。

2. 平面图和剖面图

平面图表示各层和各房间的通风(包括防排烟)与空调系统的风道、水管、阀门、风口和设备的布置情况，并确定它们的平面位置。包括风、水系统平面图，空调机房平面图和制冷机房平面图等。

剖面图主要表示设备和管道的高度变化情况，并确定设备和管道的标高、距地面的高度、管道和设备相互之间的垂直间距。

3. 风管系统图

风管系统图表示风管系统在空间位置上的情况，并反映干管、支管、风口、阀门、风机等的位置关系，还标有风管尺寸、标高。与平面图结合可说明系统全貌。

4. 工艺图(原理图)

工艺图一般反映空调制冷站的制冷原理和冷冻水、冷却水的工艺流程，使施工人员对整个水系统或制冷工艺有全面了解。工艺图可不按比例绘制。

5. 详图

因上述图中未能反映清楚，国家或地区又无标准图，则用详图进行表示。例如，同一平面图中多管交叉安装，须用节点详图表达清楚各管在平面和高度上的位置关系。

6. 材料表

材料(设备)表列出材料(设备)名称、规格或性能参数、技术要求、数量等。

识读通风与空调施工图时，先读设计说明，对整个工程建立全面的概念。再识读原理图，了解水系统的工艺流程后，识读风管系统图。领会两种介质的工艺流程后，再读各层、各通风空调房间、制冷站、空调机房等的平面图。

(二)通风空调施工图的阅读方法

1. 识读顺序

按照系统图或原理图、平面图、剖面图、大样图的顺序，并按照空气流动方向逐段识读，例如，可按进风口、进风管道、空气处理器或通风机、主干管、支管、送风口顺序识读。

2. 识读方法及注意事项

(1)通过原理图或系统图，了解工程概况、设备组成及连接关系。

(2)平面图与剖面图结合识读。

(3)通过设备材料表和平、剖面图结合，了解设备、材料技术参数、规格尺寸、数量。

(4)通过大样图，了解系统细部尺寸。

(5)通过设计施工说明，了解设计意图、材料材质、施工技术要求。

在识读过程中，按介质的流动方向读，原理图、系统图、平面图相互结合交叉阅读，能达到较好效果。

三、通风空调工程常用图例

通风空调工程常用图例见表 5-1。

表 5-1　通风空调工程常用图例

名称	图例	名称	图例
带导流叶片弯头		消声弯头	
伞形风帽		送风口	
回风口		圆形散流器	
方形散流器		插板阀	
蝶阀		对开式多叶调节阀	
光圈式启动调节阀		风管止回阀	
防火阀		三通调节阀	

任务引领

本任务主要学习通风空调系统的分类及组成，掌握通风空调系统的安装工艺，了解通风空调系统的调试及验收要求。

一、通风系统的分类及组成

(一)通风系统的分类

通风就是利用换气的方法，向某一房间或空间内输送新鲜空气，将室内被污染的空气直接或经处理后排到室外，从而维持室内环境符合卫生标准，满足人们生活或生产的需要。一般分为自然通风和机械通风两大类。机械通风一般有以下两种方式：

(1)局部通风。通风范围限制在有害物形成比较集中的地方，或是工作人员经常活动的局部地区的自然或机械通风，称为局部通风。

(2)全面通风。即在车间或房间内全面地进行空气交换。全面通风又分为全面排风和全面送风。

1)全面排风系统用以排除建筑内某些部位的被污染的空气。

2)全面送风用于危害空气因素不固定或面积较大空间，用新鲜空气来冲淡有害气体。

(二)通风方式

1. 自然通风

自然通风借助于自然压力——"风压""热压"促使空气流动，从而改变室内空气环境。

风压：由于室外气流会在建筑物迎风面上造成正压，且在背风面上造成负压，在此压力作用下，室外气流通过建筑物上的门、窗等孔口，由迎风面进入，室内空气则由背风面或侧面出去，如图 5-1(a)所示。屋顶上的风帽、带挡板的天窗，则是利用风从它们的上部开口吹过时造成的负压来使室内空气在室内外压差下排出，这也是一种利用风力的自然通风。显然，这种自然通风的效果取决于风力的大小。

热压：是当室内空气温度比室外空气温度高时，室内热空气密度小，比较轻，就会上升，从建筑的上部开口（天窗）跑出去，较重的室外冷空气就会经下部门窗补充进来，如图 5-1(b)所示。热压的大小除跟室内外温差大小有关外，还与建筑高度有关。这同烟囱的道理一样，高度越高，温差越大，抽力（即自然通风效果）就越好。

利用热压和风压来进行换气的自然通风对于产生大量余热的生产车间是一种经济而有效的通风降温方法。如机械制造厂的铸造、锻工、热处理车间，冶金工厂的轧压、各种加热炉、冶炼炉车间，化工厂的烘干车间以及锅炉房等均可利用自然通风，这是一种既简单又经济的办法。在考虑通风的时候，应优先采用这种方法。但是，自然通风也有以下缺点：

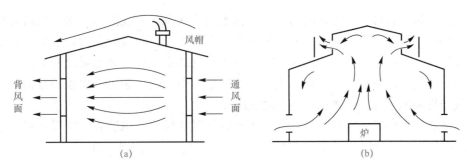

图 5-1 利用风压和热压的自然通风

(a)风压自然通风；(b)热压自然通风

(1)自然进入的室外空气一般不能预先进行处理，因此，对空气的温度、湿度、清洁度要求高的车间来说就不能满足要求。

(2)从车间排出来的脏空气也不能进行除尘，会污染周围的环境。

(3)受自然条件的影响，风力不大、温差较小时，通风量就少，因而效果就较差。例如，风力和风向一变，空气流动的情况就变了，而且一年四季气温也总是不断变化的，依靠的热压力也很不稳定，冬季温差较大，夏季温差较小，这些都使自然通风的使用受到一定的限制。

对于一般工厂来说，自然通风效果好坏还与门窗的大小、形式、位置有关。在有些情况下，自然通风与机械通风混合使用，可以达到较好的效果。

2.机械通风

机械通风是依靠通风机所造成的压力，来迫使空气流通进行室内外空气交换的方式。可根据需要来确定，与自然通风相比较，由于靠通风机的保证，通风机产生的压力能克服较大的阻力，因此，往往可以和一些阻力较大、能对空气进行加热、冷却、加湿、干燥、净化等处理过程的设备用风管连接起来，组成一个机械通风系统，把经过处理达到一定质量和数量的空气送到一定地点。

按照通风系统应用范围的不同，机械通风可分为局部通风和全面通风两种。

(1)局部通风：在有害物或高温气体产生的地点，把它们直接捕获、收集、排放(如排油烟机)，或直接向有害物产生地，送入新鲜空气(如钢厂)。其目的是改善这一局部地区的空气条件，局部通风又可分为局部排风、局部送风及局部送风、排风。

1)局部排风：它是为了尽量减少工艺设备产生的有害物对室内空气环境的直接影响，用各种局部排气罩(或柜)，在有害物产生时就立即随空气一起吸入罩内，最后，经排风帽排至室外，是比较有效的一种通风方式。机械局部排风如图 5-2 所示。

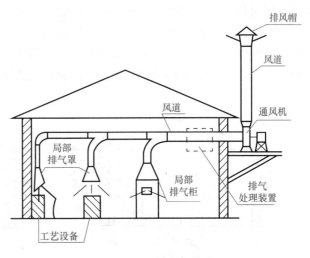

图 5-2 机械局部排风

2)局部送风：直接向人体送风的方法又称为岗位吹风或空气淋浴。岗位吹风分集中式和分散式两种。图 5-3 所示为铸工车间浇筑工段集中式岗位吹风示意图，风是从集中式送风系统的特殊送风口送出的，系统应包括从室外取气的采气口、风道系统和通风机，送风需要进行处理时，还应有空气处理小室设备。分散的岗位吹风装置一般采用轴流风机，适用于空气处理要求不高、工作地点不固定的地方。

3)局部送风、排风：有时采用既有送风又有排风的局部通风装置，可以在局部地点形成一道"风幕"，利用这种风幕来防止有害气体进入室内，如图 5-4 所示。

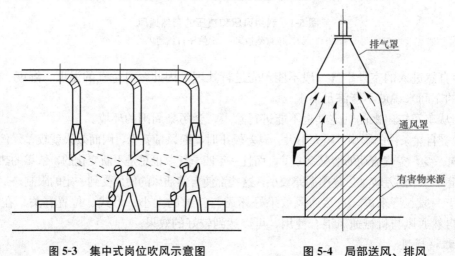

图 5-3　集中式岗位吹风示意图　　　　图 5-4　局部送风、排风

(2)全面通风：由于生产条件的限制，不能采用局部通风或采用局部通风后室内空气环境仍然不符合卫生和生产要求时，可以采用全面通风。全面通风适用于：有害物产生位置不固定的地方；面积较大或局部通风装置影响操作；有害物扩散不受限制的房间或一定的区段内。这就是允许有害物散入车间，同时，引入室外新鲜空气稀释房间内的有害物浓度，使其车间内有害物的浓度降低到合乎卫生要求的允许浓度范围内，然后再从室内排出去。全面通风可以是自然通风或机械通风。机械的全面通风又分为以下两种：

1)全面排风：为了使室内产生的有害物尽可能不扩散到其他区域或邻室去，可以在有害物比较集中产生的区域或房间采用全面机械排风。图 5-5 所示为全面机械排风系统，在风机作用下，将含尘量大的室内空气通过引风机排除，此时，室内处于负压状态，而较干

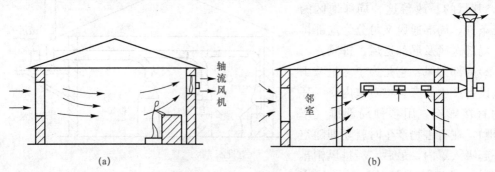

图 5-5　全面机械排风系统

净的一般不需要进行处理的空气从其他区域、房间或室外补入以冲淡有害物。图 5-5(a)所示是在墙上装有轴流风机的最简单的全面排风。图 5-5(b)所示是室内设有排风口，含尘量大的室内空气从专设的排气装置排入大气的全面机械排风系统。

2)全面送风：当不希望邻室或室外空气渗入室内，而又希望送入的空气是经过简单过滤、加热处理的情况下，多采用如图 5-6 所示的全面机械送风系统来冲淡室内有害物，这时室内处于正压，室内空气通过门窗压出室外。

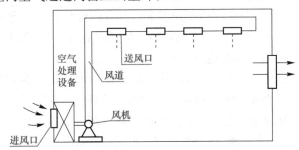

图 5-6　全面机械送风系统(自然排风)

(三)通风系统的组成

1. 机械送风系统的组成

室外采风口风管——空气处理装置——送风机——风管——室内送风口。

2. 机械排风系统的组成

室内排风口——风道——排风机——空气处理装置——风道——室外排风口。

■ 二、空调系统分类及组成 ···

空气调节简称空调，就是把经过一定处理后的空气，以一定的方式送入室内，使室内空气的温度、湿度、清洁度和流动速度等控制在适当的范围内，以满足生活舒适和生产工艺需要的一种专门技术。中央空调系统是由一台主机(或一套制冷系统或供风系统)通过风道送风或冷热水源带动多个末端的方式来达到室内空气调节的目的的空调系统。

(一)空调系统的分类

空调系统根据不同的分类标准，可以分为以下几类。

1. 按输送工作介质分类

(1)全空气式空调系统。空调房间内的热、湿负荷全部由经过处理的空气负担的空调系统，称为全空气式空调系统，又叫作风管式空调系统。全空气式空调系统以空气为输送介质，它利用室外主机集中产生冷量或热量，将从室内引回的回风(或回风和新风的混风)进行冷却或热处理后，再送入室内消除其空调冷/热负荷。

全空气式空调系统的优点是配置简单，初始投资较小，可以引入新风，能够提高空气质量和人体舒适度；其缺点是安装难度大，空气输配系统所占用的建筑物空间较大，一般要求住宅要有较大的层高，还应考虑风管穿越墙体问题，而且它采用统一送风的方式，在没有变风量末端的情况下，难以满足不同房间不同的空调负荷要求。

(2)冷/热水机组空调系统。空调房间内的冷/热、湿负荷全部由水负担的空调系统，称为冷/热水式空调系统。冷/热水式空调系统的输送介质通常为水或乙二醇溶液。它通过室外主机产生出空调冷/热水，由管路系统输送至室内的各末端装置，在末端装置处冷/热水与室内空气进行热量交换，产生出冷/热风，从而消除房间空调冷/热负荷。

(3)冷/热水机组中央空调系统。该系统的室内末端装置通常为风机盘管。目前风机盘管一般均可以调节其风机转速（或通过旁通阀调节经过盘管的水量），从而调节送入室内的冷/热量，因此，可以满足各个房间的不同需求，其节能性也较好。此外，它的输配系统所占空间很小，所以，一般不受住宅层高的限制。但此种系统一般难以引进新风，因此，对于通常密闭的空调房间而言，其舒适性较差。

(4)空气-水式空调系统。空调房间内的热、湿负荷由水和空气共同负担的空调系统，称为空气-水式空调系统。其典型的装置是风机盘管加新风系统。空气-水式空调系统是由风机盘管或诱导器对空调房间内的空气进行热、湿处理，而空调房间所需要的空气由集中式空调系统处理后，再由送风管送入各空调房间内。空气-水式空调系统解决了冷/热水式空调系统无法通风换气的困难，又克服了全空气式空调系统要求风道面积比较大、占用建筑空间多的缺点。

(5)制冷剂式中央空调系统。制冷剂式中央空调系统，简称 VRV(Varied Refrigerant Volume)系统，它以制冷剂为输送介质，室外主机由室外侧换热器、压缩机和其他附件组成，末端装置是由直接蒸发式换热器和风机组成的室内机，冷媒直接在风机盘管蒸发吸热进行制冷。一台室外机通过管路能够向若干个室内机输送制冷剂液体。通过控制压缩机的制冷剂循环量和进入室内各换热器的制冷剂流量，可以适时地满足室内冷/热负荷要求。

2. 按主机类型分类

按主机类型可以将空调分为压缩式和吸收式两大类。其中，压缩式包括活塞式、螺杆式（分单螺杆和双螺杆两种）、离心式和涡旋式。吸收式根据不同的分类方法又可以分为很多种类型。

(1)按用途分类。

1)冷水机组。冷水机组用于供应空调用冷水或工艺用冷水。冷水出口温度分为 7 ℃、10 ℃、13 ℃和 15 ℃四种。

2)冷/热水机组。冷/热水机组用于供应空调和生活用冷/热水。冷水进、出口温度分别为 12 ℃、7 ℃；用于采暖的热水进、出口温度分别为 55 ℃、60 ℃。

3)热泵机组。热泵机组是依靠驱动热源的能量，将低势位热量提高到高势位，供采暖或工艺过程使用。输出热的温度低于驱动热源温度，以供热为目的的热泵机组称为第一类吸收式热泵；输出热的温度高于驱动热源温度，以升温为目的的热泵机组称为第二类吸收式热泵。

(2)按驱动热源分类。

1)蒸汽型：以蒸汽为驱动热源。单效机组工作蒸汽压力一般为 0.1 MPa；双效机组工作蒸汽压力为 0.25~0.8 MPa。

2)直燃型：以燃料的燃烧热为驱动热源。根据所用燃料种类，又分为燃油型（轻油或重油）和燃气型（液化气、天然气、城市煤气）两大类。

3)热水型：以热水的显热为驱动热源。单效机组热水温度为 85 ℃~150 ℃；双效机组热水温度＞150 ℃。

（3）按驱动热源的利用方式分类。

1）单效：是指驱动热源在机组内被直接利用一次。

2）双效：是指驱动热源在机组的高压发生器内被直接利用，产生的高温冷剂水蒸汽在低压发生器内被二次间接利用。

3）多效：是指驱动热源在机组内被直接和间接地多次利用。

3. 按使用要求分类

按使用要求，一般把用于生产或科学试验过程中的空调称为"工艺性空调"，而把用于保证人体舒适度的空调称为"舒适性空调"。工艺性空调在满足特殊工艺过程特殊要求的同时，往往还要满足工作人员的舒适性要求。因此，两者是密切相关的。

（1）工艺性空调。工艺性空调主要取决于工艺要求，不同部门区别很大，总的来说，主要分为降温性空调和恒温（恒湿）空调两类。

（2）舒适性空调。舒适性空调的任务在于创造舒适的工作环境，保证人的健康，提高工作效率，广泛应用于办公楼、会议室、展览馆、影剧院、图书馆、体育场、商场、旅馆、餐厅等。

4. 按空气处理设备的情况分类

（1）集中式空调系统。集中式空调系统是指在同一建筑内对空气进行净化、冷却（或加热）、加湿（或除湿）等处理，然后进行输送和分配的空调系统。集中式空调系统的特点是空气处理设备和送、回风机等集中在空调机房内，通过送、回风管道与被调节空气场所相连，对空气进行集中处理和分配；集中式中央空调系统有集中的冷源和热源，称为冷冻站和热交换站；其处理空气量大，运行安全、可靠，便于维修和管理，但机房占地面积较大。

（2）半集中式空调系统。半集中式空调系统又称为混合式空调系统，它是建立在集中式空调系统的基础上，除有集中空调系统的空气处理设备处理部分空气外，还有分散在被调节房间的空气处理设备，对其室内空气进行就地处理，或对来自集中处理设备的空气再进行补充处理，如诱导器系统、风机盘管系统等。这种空调适用于空气调节房间较多，而且各房间空气参数要求单独调节的建筑物中。

集中式空调系统和半集中式空调系统通常可以称为中央空调系统。

（3）分散式空调系统。分散式空调系统又称为局部式或独立式空调系统。其特点是将空气处理设备分散放置在各个房间内。人们常见的窗式空调器、分体式空调器等都属于此类。

5. 按冷凝器冷却方式分类

根据冷凝器冷却方式可以将主机分为水冷式和风冷式，主要区别在于水冷式的有冷却循环系统，存在冷却泵和冷却塔风机。

（1）普通型水冷式冷水机组。该机组在结构上的主要特点是冷凝器和蒸发器均为壳管换热器，它有冷却水系统的设备（冷却水泵、冷却塔、水处理装置、水过滤器和冷却水系统管路等），冷却效果比较好。

（2）风冷式的冷水机组。该机组是以冷凝器的冷却风机取代水冷式冷水机组中的冷却水系统的设备（冷却水泵、冷却塔、水处理装置、水过滤器和冷却水系统管路等），使庞大的冷水机组变得简单且紧凑。风冷机组可以安装于室外空地，也可安装在屋顶，无须建造机房。

(二)空调系统的组成

一幢建筑的空调系统通常包括以下设备及其附件：冷、热源设备——提供空调用冷、热源；冷、热介质输送设备及管道——把冷、热介质输送到使用场所；空气处理设备及输送设备及管道——对空气进行处理并运送至需要空气调节的房间；温度、湿度等参数的控制设备及元器件。

任务三　通风空调系统管材及设备

任务引领

本任务主要学习通风空调系统的主要管材、管件以及常用的设备，了解所用材料的性能，掌握常用设备的用途。

一、常用的通风管材

1. 风管材料

常用的风管材料有金属材料和非金属材料。金属材料有薄钢板、不锈钢钢板(防腐)、铝板(防爆)等；非金属材料有玻璃钢板、硬聚氯乙烯板、混凝土风道等。经常移动的风管，则大多用柔性材料制成各种软管，如塑料软管、橡胶软管以及金属软管等，国内广泛推广应用的法兰垫料为泡沫氯丁橡胶垫，其一面带胶，使用这种垫料操作方便，密封效果较好。

2. 风管的断面形状

风管的断面形状有圆形和矩形两种。当断面面积相同时，圆形风管的阻力小，材料省，强度大。在通风除尘工程中常采用圆形风管，在民用建筑空调工程中常采用矩形风管。矩形风管的宽高比尽可能控制在 4∶1 以下。风管系统按其系统的工作压力划分为三个类别，其类别划分应符合表 5-2 的规定。

表 5-2　风管系统类别划分

系统类别	系统工作压力 P/Pa	密封要求
低压系统	$P \leqslant 500$	接缝和接管连接处严密
中压系统	$500 < P \leqslant 1\ 500$	接缝和接管连接处增加密封措施
高压系统	$P > 1\ 500$	所有的接缝和接管连接处，均应采取密封措施

3. 风道的布置与敷设

(1)尽量减少其长度和不太必要的拐弯。例如，机箱在地下室时，一般由主风道直上各楼层，再于各楼层内水平分配。

(2)工业建筑的风道应避免与工艺过程、工艺设备干涉，民用建筑的风道以不占用或少占用房间有效体积为宜，应充分利用建筑的剩余空间。

(3)风道在吊顶内时，所需空间高度为风道高100 mm。

(4)公共建筑中，垂直砖风道最好砌在墙内，且尽量做在间壁墙内，以免结露。

(5)钢板风道间法兰连接，为防止漏风，中间夹软衬垫，为防锈，内、外涂漆。

(6)风道通常需做保温层，以防结露，而破坏吊顶的顶棚等。保证空气的输送参数恒定。

二、通风系统中常用的主要设备

自然通风系统一般不需要设置设备，机械通风的主要设备有风机、风管或风道、风阀、风口和除尘设备等。

1. 通风机

常用的通风机有一般用途通风机、排尘通风机、高温通风机、防爆通风机、防腐通风机、防排烟通风机、屋顶通风机和射流通风机。

风机是通风系统中为空气的流动提供动力以克服输送过程中的阻力损失的机械设备。一般可分为离心风机和轴流风机。

(1)离心风机的工作原理。叶轮在电动机的带动下随机轴一起高速旋转，叶片间的气体在离心力的作用下径向甩入机壳，使叶轮在轴线处形成真空负压，外界大气因此涌入叶轮中心，以补充排出的气体。甩入的气体则即可进入通风管道，如此源源不断地将气体送入需要的场所。其工作原理图如图5-7所示。

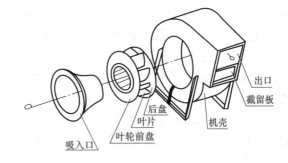

图5-7 离心风机的工作原理图

(2)轴流风机的工作原理。叶轮直接连在电动机轴上，当电动机带动叶轮旋转时，空气由吸气口进入叶轮并沿轴向后流动。其工作原理图如图5-8所示。

(3)合理的选择风机。

1)风机压头和空气处理机外余压应计算确定，不应过大。

2)采用高效率(>52%)的风机和电机。

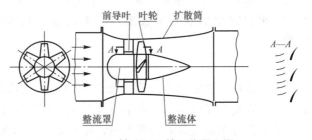

图5-8 轴流风机的工作原理图

3)有条件时宜选用直联驱动的风机。

2. 风阀

通风空调系统中的风阀主要用于启动风机、关闭风道、风口，调节管道内空气量、平衡阻力等。调节阀安装于风机出口的风道、主干风道、分支风道上或空气分布器之前等位置。通风空调工程中根据调节阀的作用不同，有多叶调节阀、防火阀、蝶阀、止回阀、矩形风管三通调节阀、密闭式斜插板阀和启动阀等。

3. 风口

风口是通风系统的重要部件，其作用是按照一定的流速，将一定数量的空气送到用气的场所，或从排气点排出。通风（空调）工程中使用最广泛的是铝合金风口，表面经氧化处理，具有良好的防腐、防水性能。

目前，常用的风口有格栅风口、地板回风口、条缝型风口、百叶风口（固定百叶风口、活动百叶风口）和散流器。

按具体功能可将风口分为新风口、排风口、回风口、送风口等。新风口将室外清洁空气吸入管网内；排风口将室内或管网内空气排到室外；回风口将室内空气吸入管网内；送风口将管网内空气送入室内。

4. 局部排风罩

排风罩的主要作用是排除工艺过程或设备中的含尘气体、余热、余湿、毒气、油烟等。按照工作原理不同，局部排风罩可分为以下几种类型：

（1）密闭罩：把有害物全部密闭在罩内，从罩外吸入空气，使罩内保持负压。只需要较小的排风量就能对有害物进行有效控制。用于除尘系统的密闭罩也称防尘密闭罩。

（2）柜式排风罩：结构与密闭罩相似，只是罩的一面全部敞开。大型的室内通风柜，操作人员可以直接进入柜内工作。

（3）外部吸气罩：利用排风气流的作用，在有害物散发地点造成一定的吸入速度，使有害物吸入罩内。

（4）接收式排风罩：有些生产过程或设备本身会产生或诱导一定的气流运动，如高温热源上部的对流气流等，对这类情况，只需把排风罩设在污染气流前方，有害物会随气流直接进入罩内。

5. 除尘器

除尘器的种类很多，一般根据主要除尘机理的不同可分为重力、惯性、离心、过滤、洗涤、静电六大类；根据气体净化程度的不同可分为粗净化、中净化、细净化与超净化四类；根据除尘器的除尘效率和阻力可分为高效、中效、粗效和高阻、中阻、低阻等几类。

6. 消声器

消声器是一种能阻止噪声传播，同时允许气流顺利通过的装置。在通风空调系统中，消声器一般安装在风机出口水平总风管上，用以降低风机产生的空气动力噪声。也有将消声器安装在各个送风口前的弯头内，用来阻止或降低噪声由风管内向空调房间传播。消声器的结构及种类很多，常用的消声器有阻抗复合式消声器、管式消声器、微孔板式消声器、片式消声器、折板式消声器以及消声弯头等。

7. 空气幕

空气幕是利用条形空气分布器喷出一定速度和温度的幕状气流，借以封闭大门、门厅、通道、门洞、柜台等，减少或隔绝外界气流的侵入，以维持室内或某一工作区域的环境条件，同时还可以阻挡粉尘、有害气体及昆虫的进入。空气幕的隔热、隔冷、隔尘、隔虫特性，不仅可以维护室内环境，还可以节约建筑能耗。

空气幕可由空气处理设备、风机、风管系统及空气分布器组成。空气幕按照空气分布器的安装位置可以分为上送式、侧送式和下送式三种；按照送风气流的加热状态分为非加热空气幕和热空气幕两种。

■ 三、空调系统中常用的主要设备

1. 分体式空调机

分体式空调机由室内机、室外机、连接管和电线组成。按室内机的不同可分为壁挂式、吊顶式和柜机等。

室内机一般为长方形，挂在墙上，后面有凝水管，排向室外。室外机内含有制冷设备、电机、气液分离器、过滤器、电磁继电器、高压开关和低压开关等。连接管道有两根，一根是高压气管；另一根是低压气管，均采用紫铜管材。

2. 集中式空调系统设备

集中式空调系统的所有空气处理设备包括风机、冷却器、加热器、加湿器和过滤器等，都设置在一个集中的空调机房里。空气处理需要的冷、热源由集中设置的冷冻站、锅炉房或热交换站供给，图 5-9 所示为常见的集中式空调系统示意图。

图 5-9　集中式空调系统示意图

（1）表面式换热器。在空调工程中广泛使用表面式换热器。表面式换热器因具有构造简单、占地少、水质要求不高、水系统阻力小等优点，已成为常用的空气处理设备。表面式换热器包括空气加热设备和空气冷却设备。实物图如图 5-10 所示。其工作原理是让热媒或冷媒流过金属管道内腔，而要处理的空气流过金属管道外壁进行热交换。北方常见的暖气片就是表面式换热器。其冬天的制热效果非常好。

（2）电加热器。电加热器是电流通过电阻丝加热的设备。常见的电熨斗、电饭锅、"热得快"都是电加热器，不同的是这里电加热器的加热对象是空气。

图 5-10　表面式换热器

（3）空气冷却设备。常用的空气冷却设备是表面式冷却器。它分为水冷式和直接蒸发式两种。直接蒸发式表面冷却器就是制冷系统中的蒸发器，是靠制冷剂在其中蒸发来使空气

冷却，其内部结构如图 5-11 所示。低温低压的氟利昂液体混合物流经蒸发器盘管后吸热蒸发成低压的氟利昂气体，从而冷却室内空气。

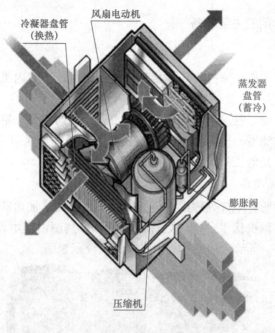

冷凝器盘管
（换热）

风扇电动机

蒸发器盘管（蓄冷）

膨胀阀

压缩机

图 5-11　直接蒸发式表面冷却器

（4）空气的加湿设备。常用的有电热式和电极式两种加湿器，电极式与电热式加湿器的主要区别在于后者类似于"热得快"，加湿过程中水不带电，而前者电极浸在水中，水里带电。

（5）空气的净化设备。空气调节系统中所处理的空气来源，一般是新风和回风。新风常因室外尘埃而被污染；回风则因室内人的活动、工作和工艺过程而被污染。所以，要在空调系统中设置相应的空气净化设备，除去空气中的悬浮尘埃并对空气进行杀菌、除臭、增加负离子。

（6）消除噪声。用于空调系统的消声设备有很多，根据不同消声原理可分为阻性、抗性、共振型和复合型等。

（7）减振设备。在通风空调系统中，均配置各类运转设备，如风机、水泵、冷水机组等，这些在做旋转运动时产生振动，将影响人的身体健康，影响产品质量，有时还会破坏支撑结构。所以，通风空调系统中的一些运转设备，应采取隔振措施。常用的有弹簧隔振器、橡胶隔振器和橡胶隔振垫。

3. 半集中式空调系统设备

（1）风机盘管系统。半集中式空调系统最常用的是风机盘管加新风机组。空调机房内的设备与集中式空调系统基本一致。与集中式空调不同的是，它可以就地处理回风，新风可以单独处理和供给。它的冷、热媒是集中供给，采用水作为输送冷、热量的介质，占用空间少，运行调节方便，因而得到了广泛的应用。

风机盘管的形式有很多，有立式明装、立式暗装（图 5-12）和吊顶暗装等。

图 5-12 立式暗装风机盘管

(2)诱导器系统。诱导器能够提供舒适气流组织和极高的制冷量，因此，诱导器不仅适用于新建筑，也特别适用于旧建筑的翻新改造中。诱导式末端设备没有风机，利用诱导的原理将室内空气经过盘管被冷却或加热。

诱导器由外壳、热交换器(盘管)、喷嘴、静压箱及与一次风联结用的风管等部件组成。其工作原理是：经过集中处理的一次风首先进入诱导器的静压箱，然后通过静压箱上的喷嘴以很高的速度(20～30 m/s)喷出。由于喷出气流的引射作用，在诱导器内部造成负压区，室内空气(又称二次风)被吸入诱导器内部，与一次风混合成诱导器的送风，被送入空调房间内。诱导器的结构原理国，如图 5-13 所示。

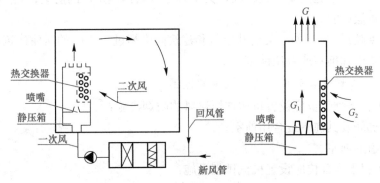

图 5-13 诱导器的结构原理图

任务四　建筑防排烟系统

任务引领

本任务主要学习建筑防排烟的形式；了解建筑防排烟产生的原因和设置的范围；掌握建筑防火、防排烟常用的设备和部件及安装方法；掌握通风与防排烟系统的维护管理方法；根据任务一中给出的图纸，掌握防火阀、排烟阀及排烟风机等的安装要求和施工工艺。

■ 一、防烟、排烟设施的设置范围 ···

在火灾事故的死伤者中，大多数是由于烟气的窒息或中毒所造成的。在现代的高层建筑中，由于各种在燃烧时产生有毒气体的装修材料的使用，以及高层建筑中各种竖向管道产生的烟囱效应，使烟气更加容易迅速地扩散到各个楼层，不仅造成人身伤亡和财产损失，而且由于烟气遮挡视线，使人们在疏散时产生心理恐慌，给消防抢救工作带来很大困难。

1. 高层建筑设置防烟、排烟设施的分类

高层建筑的防烟设施应分为机械加压送风的防烟设施和可开启外窗的自然排烟设施。高层建筑的排烟设施分为机械排烟设施和可开启外窗的自然排烟设施。

2. 高层建筑设置防烟、排烟设施的范围

(1)一类高层建筑和建筑高度超过 32 m 的二类高层建筑的下列部位应设排烟设施：

1)长度超过 20 m 的内走道；

2)面积超过 100 m²，且经常有人停留或可燃物较多的房间；

3)高层建筑的中庭和经常有人停留或可燃物较多的地下室。

(2)高层建筑的下列部位应设置独立的机械加压送风设施：

1)不具备自然排烟条件的防烟楼梯间、消防电梯间前室或合用前室；

2)采用自然排烟措施的防烟楼梯间，其不具备自然排烟条件的前室；

3)封闭避难层(间)；

4)建筑高度超过 50 m 的一类公共建筑和建筑高度超过 100 m 的居住建筑的防烟楼梯间及其前室、消防电梯前室或合用前室。

3. 地下人防工程设置防烟、排烟设施的范围

(1)人防工程下列部位应设置机械加压送风的防烟设施：

1)防烟楼梯间及其前室或合用前室；

2)避难走道的前室。

(2)人防工程下列部位应设置机械排烟设施：

1)建筑面积大于 50 m²，且经常有人停留或可燃物较多的房间、大厅和丙、丁类生产车间；

2)总长度大于 20 m 的疏散走道；

3)电影放映间、舞台等。

(3)丙、丁、戊类物品库宜采用密闭防烟措施。

(4)自然排烟口的总面积大于该防烟分区面积的 2% 时，宜采用自然排烟；自然排烟口底部距室内地坪不应小于 2 m，并应常开或发生火灾时能自动开启。

■ 二、高层建筑防火、排烟的形式 ···

在高层建筑中，为防止火灾的蔓延和危害，必须进行防火、排烟设计，在高层建筑的防火、排烟设计中，通常将建筑物划分为若干个防火、防烟分区，各防火分区之间以防火墙及防火门进行分隔，防止火势和烟气从某一分区内向另一分区扩散。

发生火灾时，空调系统风机提供的动力以及由竖向风道产生的烟囱效应会使烟气和火势沿着风道扩散，迅速蔓延到风道所能达到的地方。因此，高层建筑的防火、排烟，需采

用自然排烟、机械防烟、机械排烟等形式，阻止烟气在建筑物内部疏散通道中的扩散蔓延，确保安全。

1. 自然排烟

自然排烟是利用风压和热压作动力的排烟方式。其具有结构简单、节省能源、运行可靠性高等优点。

在高层建筑中，具有靠外墙的防烟楼梯间及其前室、消防电梯间前室和合用前室的建筑宜采用自然排烟方式，排烟口的位置应设在建筑物常年主导风向的背风侧。

2. 机械防烟

机械防烟是采取机械加压送风方式，以风机所产生的气体流动和压力差控制烟气的流动方向的防烟技术。

在火灾发生时，风机气流所造成的压力差阻止烟气进入建筑物的安全疏散通道内，从而保证人员疏散和消防扑救的需要。

没有散开的阳台、凹廊或不同朝向的可开启外窗的防烟楼梯间及其前室、消防电梯前室和两者合用前室，应设置机械防烟设施。避难层为全封闭式避难层时，应设加压送风设施。

3. 机械排烟

机械排烟是采取机械排风方式，以风机所产生的气体流动和压力差，利用排烟管道将烟气排出或稀释烟气的浓度。

机械排烟方式适用于不具备自然排烟条件或较难进行自然排烟的内走道、房间、中庭及地下室。

应严格按照机械排烟的要求来进行设计建造，如排烟口的设置、排烟风机的选择及风道材料的选择等。

机械排烟系统的控制程序，可分为不设消防控制室和设消防控制室两种。

4. 通风空调系统的防火

火灾发生后，应尽量控制火情向其他防火分区蔓延。因此，在通风空调系统的通风管道中需设置防火阀，并有一定的防火措施。

防火阀应设置在穿越防火分区的隔墙处；穿越机房及重要房间或有火灾危险性房间的隔墙和楼板处；与垂直风道相连的水平风道交接处；穿越变形缝的两侧。防火阀的动作温度为 70 ℃。

通风空调管道工程中所用的管道、保温材料、消声材料和胶粘剂等应采用不燃材料或难燃材料制作。

■ 三、防火、防排烟设备及部件

1. 防火阀

防火阀是指安装在通风空调调节系统的送、回风管道上，平时呈常开状态，火灾时当管道内烟气温度达到 70 ℃时关闭，并在一定时间内能满足漏烟量和耐火完整性要求，起隔烟阻火作用的阀门。

防火阀的控制方式有热敏元件控制、感烟感温器控制及复合控制等。采用易熔环时，火灾时易熔环熔断脱落，实现阀门在弹簧力或自重力作用下关闭。采用热敏电阻、热电偶、双金属等时，通过传感器及电子元器件控制驱动微型电动机工作将阀门关闭。

感烟感温器控制是通过感烟感温控制设备的输出信号控制执行机构的电磁铁、电动机动作，或控制气动执行机构，实现阀门在弹簧力作用下的关闭或电动机转动使阀门关闭。

防火阀的阀门关闭驱动方式有重力式、弹簧力驱动式（或称电磁式）、电机驱动式及气动驱动式四种。

常用的防火阀有重力式防火阀、弹簧式防火阀、弹簧式防火调节阀、防火风口、气动式防火阀、电动防火阀和电子自控防烟防火阀。图 5-14 所示为可调节的防火阀。

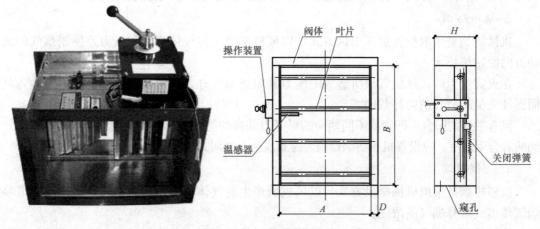

图 5-14　可调节的防火阀

2. 排烟阀

排烟阀安装在排烟系统中，平时呈关闭状态，发生火灾时，通过控制中心信号来控制执行机构的工作，实现阀门在弹簧力或电动机转矩作用下的开启。

设有温感器装置的排烟阀，在火灾温度达到动作温度时动作，阀门在弹簧力作用下关闭，阻止火灾沿排风管道蔓延。

排烟阀按控制方式可分为电磁式和电动式两种；按结构形式可分为装饰型排烟阀、翻板型排烟阀、排烟防火阀；按外形可分为矩形和圆形两种。图 5-15 所示为远控排烟阀。

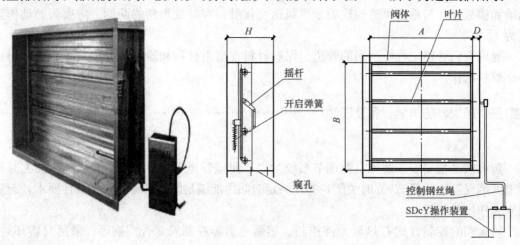

图 5-15　远控排烟阀

3. 防排烟通风机

防排烟通风机可采用通用风机，也可采用防火排烟专用风机。烟温较低时可长时间运转，烟温较高时可连续运转一定时间，通常有两档以上的转速，常用的防火排烟专用风机有 HTF 系列、ZWF 系列、W-X 型等类型。

■ 四、通风与防排烟系统的维护管理 ·····································

通风与防排烟系统的维护管理，首先，要建立健全各项规章制度，必须要制定的六条制度如下：

(1)岗位责任制。规定配备人员的职责范围和要求。

(2)巡回检查制度。明确定时检查的内容、路线和应记录项目。

(3)交接班制度。明确交接班要求、内容及手续。

(4)设备维护保养制度。规定设备各部件、仪表的检查、保养、检修、定检周期、内容和要求。

(5)清洁卫生制度。

(6)安全、保卫、防火制度。同时还应有执行制度时的各种记录。

其次，就是制定操作规程，保证风机及辅助设备得以正确、安全地操作。

■ 五、通风与防排烟系统的运行 ·····································

1. 开车前的检查

主要检查项目有风机等转动设备有无异常；打开应该开启的阀门；给测湿仪表加水等。

2. 室内外空气温度、湿度的测定

根据当天的室内外气象条件确定运行方案。

3. 开车

启动设备时，只能在一台转速稳定后才允许启动另一台，以防供电线路启动电流太大而跳闸。风机起动要先开送风机，后开回风机，以防室内出现负压。风机启动完毕，再开电加热器等设备

4. 运行

认真做好运行记录，不得擅离职守，大声喧哗。随时巡视机房，尤其是对刚维修过的设备更要多加注意。发现问题应及时处理，重大问题应立即报告。

5. 停车

先关闭加热器，再停回风机，最后停送风机。巡视检查完毕方可离开。

任务五 制冷机组和空调水系统

▶ 任务引领

本任务主要学习作为空调冷源的制冷机组的工作原理和几种主要的类型，以及空调水

系统的构成和工作原理。要求同学们了解中央空调系统的构成，掌握制冷机组的几种主要类型的工作方式，同时，了解空调水系统包括冷冻水系统和冷却水系统。

■ 一、中央空调系统的基本概念 ···

按制冷方式不同，中央空调可分为直接制冷系统和间接制冷系统。

1. 直接制冷系统

直接制冷系统只包括制冷剂回路，制冷系统中的蒸发器直接和被冷却介质或空间相接触进行热交换，直接利用蒸发器去冷却环境空气或冻结物。其工作原理如图 5-16 所示。

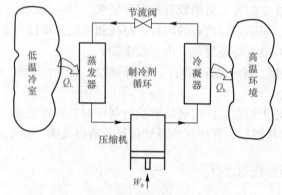

图 5-16　直接制冷系统工作原理图

2. 间接制冷系统

间接制冷系统至少包括制冷剂和载冷剂两个回路，制冷剂首先冷却载冷剂，再通过载冷剂去实现冷却目的。冷水机组就属于间接制冷系统。其工作原理如图 5-17 所示。

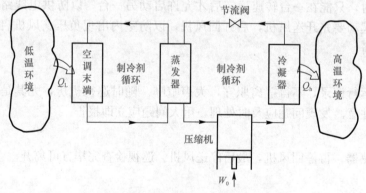

图 5-17　间接制冷系统工作原理图

■ 二、中央空调系统的组成 ···

间接式中央空调系统由以下几部分组成：

(1)冷源系统：主要是指冷水机组。

(2)能量输送与分配系统：是指在建筑物内部传递冷量或热量的空调水及其载体——管

路系统(包括供水、回水设备),即空调水系统。

(3)空气处理系统:即空调末端装置,包括组合式空调机组、风机盘管机组和新风机组等。

(4)自动控制系统:是指空调系统的运行控制装置。

■ 三、空调冷源和制冷设备 ······································

1. 空调冷源

冷源是为处理空气提供冷量的物质。其有天然冷源和人工冷源两种。

(1)天然冷源:地下水或深井水。

(2)人工冷源:利用制冷机不间断地制取所需的低温冷量,人工冷源来自制冷机组,由制冷机组制备,如氟利昂等。

2. 制冷设备

制冷设备主要有蒸汽压缩式制冷机组和溴化锂吸收式制冷机组两种。

(1)蒸汽压缩式制冷机组,其制冷原理如图 5-18 所示。

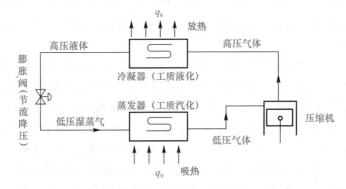

图 5-18　蒸汽压缩式制冷机组制冷原理图

1)蒸汽压缩式制冷机组的组成。其制冷系统主要由压缩机、冷凝器、蒸发器及膨胀阀组成。蒸汽压缩式制冷机为常用机组,分活塞式、螺杆式和离心式三种。

①活塞式冷水机组:由活塞式压缩机、冷凝器、蒸发器、热力膨胀阀、电控柜和机架组成。根据不同的分类方法可分为不同的类型,按冷凝器冷却方式的不同,可分为风冷式(室外风)和水冷式(冷却水)两种。水冷机组按总体结构形式的不同,又可分为普通式和模块式两种。另外,活塞式冷水机组具有以下特点:

a. 用材简单,可采用一般金属材料,加工容易,造价低;系统装置简单,润滑容易,不需要排气装置。

b. 零部件多,易损件多,维修复杂、频繁,维护费用高。

c. 单机头部分负荷下调节性能差,卸缸调节,不能无级调节;单机制冷量小。

d. 属上下往复运动,振动较大。

②螺杆式冷水机组:由螺杆制冷压缩机、冷凝器蒸发器、膨胀阀自控柜和螺杆式冷水机组组成。按冷凝器冷凝方式不同,可分为风冷式和水冷式两种;按螺杆数量不同,可分为单螺杆和双螺杆两种。螺杆冷水机组具有以下特点:

a. 结构简单、体积小、质量轻。

b. 通过对滑阀的控制，可对制冷量进行调节。

c. 易损部件少，管理维修方便。

d. 适用于中小型空调工程。

③离心冷水机组：由离心制冷压缩机、冷凝器、蒸发器、膨胀阀和自控柜组成，离心冷水机组具有以下特点：

a. 单机制冷量大，用于大中型空调工程。

b. 结构紧凑、质量轻、尺寸小。

c. 易损部件少，工作可靠，维修管理方便。

d. 运行平稳、振动小、噪声低。

e. 机组负荷可在 30%～100% 内调节。

2)蒸发过程：蒸发过程在蒸发器中进行。液态制冷剂在蒸发器中蒸发时吸收热量，使其周围的介质温度降低或保持一定的低温状态，从而达到制冷的目的。蒸发器制冷量大小主要取决于液态制冷剂在蒸发器内蒸发量的多少。气态制冷剂流经蒸发器时不发生相变，不产生制冷效应，因而应限制毛细管的节流汽化效应，使流入蒸发器的制冷剂必须是液态制冷剂。另外，蒸发温度越低，相应的制冷量也略为降低，并会使压缩机的功耗增加，循环的制冷系数下降。

3)压缩过程：压缩过程在压缩机中进行，这是一个升压升温过程。压缩机将从蒸发器流出的低压制冷剂蒸汽压缩，使蒸汽的压力提高到与冷凝温度对应的冷凝压力，从而保证制冷剂蒸汽能在常温下被冷凝液化。而制冷剂经压缩机压缩后，温度也升高了。

4)冷凝过程：冷凝过程在冷凝器中进行，它是一个恒压放热过程。为了让制冷剂蒸汽能被反复使用，需将蒸发器流出的制冷剂蒸汽冷凝还原为液态，向环境介质放热。冷凝器按工作过程可分为冷却区段和冷凝区段。冷凝器的入口附近为冷却区段，高温的制冷剂过热蒸汽通过冷凝器的金属盘管和散热片，将热量传给周围空气，并降温冷却，变成饱和蒸汽。冷凝器的出口附近为冷凝区段，制冷剂由饱和蒸汽冷凝为饱和液体放出潜热，并传给周围空气。

5)节流过程：电冰箱的节流阀是又细又长的毛细管。由于冷凝器冷凝得到的液态制冷剂的冷凝温度和冷凝压力要高于蒸发温度和蒸发压力，在进入蒸发器前需让它降压降温。液态制冷剂通过毛细管时由于流动阻力而降压，并伴随着一定程度的散热和少许的汽化，因此，节流过程是一个降压降温的过程。节流汽化的制冷剂量越大，蒸发器中的制冷量就越少，因而必须减少节流汽化。

(2)溴化锂吸收式制冷机组。溴化锂吸收式制冷机组制冷原理(图 5-19)是利用二元溶液在不同压力和温度下能吸收和释放制冷剂的原理进行制冷循环的，因此，吸收式制冷具有制冷剂和吸收剂两种工质，分蒸汽式、热水式和直燃型三种。溴化锂吸收式制冷机具有以下特点：

1)以热能为动力，电能耗用少，节能。

2)以溴化锂为工质，安全可靠，利于环境保护，价格较高，初投资贵。

3)运动部件少，振动少，噪声低。

4)冷量在 10%～100% 内调节。

5)有空气时，溴化锂对普通碳钢有腐蚀，影响机组寿命和机组正常工作。

6)设备重，占地面积大。

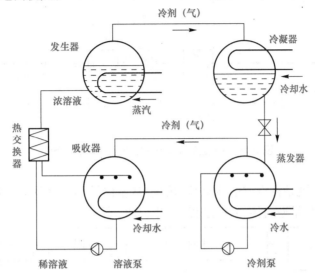

图 5-19　溴化锂吸收式制冷机组制冷原理图

四、空调水系统

(一)制冷剂

制冷剂又称制冷工质，在南方一些地区俗称雪种。它是在制冷系统中不断循环并通过其本身的状态变化以实现制冷的工作物质。制冷剂在蒸发器内吸收被冷却介质(水或空气等)的热量而汽化，在冷凝器中将热量传递给周围空气或冷却水而冷凝。

常用的制冷剂有水、氨和氟利昂三种。

(1)水(H_2O)：适用于蒸汽喷射式制冷机组和溴化锂吸收式制冷机组。

(2)氨(NH_3)：适用于大中型工业制冷装置(-65 ℃以上)和大中型冷库。

(3)氟利昂(R22)：这种制冷剂多被其他制冷剂替代。如 R134a 作为 R12 的替代工质，为环保制冷剂；R123 是一种替代 R11 的制冷剂。

(二)载冷剂

载冷剂是传递冷量的介质，将制冷机组制备的冷量传递给被冷却介质的媒介物质。常用的载冷剂有以下三种：

(1)水：空调系统中常用的载冷剂，但只能做 0 ℃以上的载冷剂。

(2)盐水溶液：如 NaCl、$CaCl_2$、$MgCl_2$，可做 0 ℃以下的载冷剂。

(3)有机物及其水溶液：如甲醇、乙二醇和丙三醇等。

(三)空调冷冻水系统

冷冻水是载冷剂和冷量的载体，也叫作冷媒。中央空调设备的冷冻水回水经集水器、除污器、循环水泵进入冷水机组蒸发器内，吸收了制冷剂蒸发的冷量，使其温度降低成为冷水，进入分水器后再送入空调设备的表冷器或冷却盘管内，与被处理的空气进行热交换后，再回到冷水机组内进行循环再处理。建筑物内的热量通过五个介质循环、四次热交换排放到室外去，从而实现建筑物内部的制冷。间接式制冷中央空调的基本原理如图 5-20 所示。

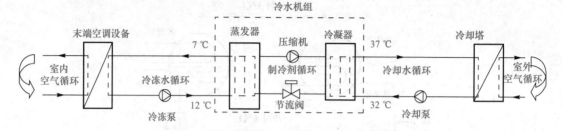

图 5-20　间接式制冷中央空调的基本原理图

中央空调制冷，就是将空调的冷负荷（热量）从室内转移到室外去，这是一个按照热力学第二定律进行的"热量逆向传递"的过程，如图 5-21 所示。

图 5-21　热量逆向传递

中央空调系统制冷过程中，热量转移与冷量转移是同时进行的，但冷量转移与热量转移的方向正好相反，如图 5-22 所示。

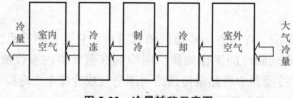

图 5-22　冷量转移示意图

1. 冷冻水的制造过程

在冷冻水泵的驱动下，携带着热量的 12 ℃冷冻水流入冷水机组蒸发器内的换热管，被管外的液态制冷剂蒸发而吸收热量，使其温度降低至 7 ℃，7 ℃的冷冻水携带着所获得的冷量沿供水管路流至各个空调末端设备，为末端提供冷量。可见，7 ℃ 的低温冷冻水是在冷水机组的蒸发器中制造出来的。图 5-23 所示为空调处理机组冷冻水循环示意。

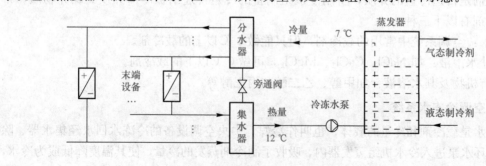

图 5-23　空调处理机组冷冻水循环示意图

2. 冷冻水的制造设备

冷冻水的制造设备为蒸发器,在离心式和螺杆式冷水机组中,常用的蒸发器主要是干式蒸发器和满液式蒸发器两种(图 5-24)。干式蒸发器也称为直膨式蒸发器,制冷剂走管程,冷冻水走壳程;满液式蒸发器的冷冻水走管程,制冷剂走壳程。

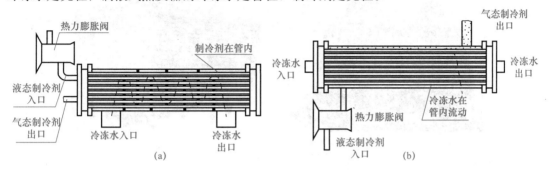

图 5-24　常用的蒸发器

(a)干式蒸发器;(b)满液式蒸发器

(四)空调冷却水系统

1. 冷却水系统的形式

(1)直流式供水系统:适用于水源水量特别充足的地区,一般用于采用立式冷凝器的系统。

(2)循环式供水系统:将来自冷凝器的冷却水通过冷却塔冷却后循环使用。供水系统复杂,需设冷却塔和冷却水泵。

2. 冷却水的制造

(1)冷却水系统的构成。冷却水系统主要由冷却水泵、冷却塔及管路等构成。

(2)冷却水的制造过程。在冷却水泵的驱动下,37 ℃的冷却水携带着在冷凝器或吸收器中所吸收的热量,沿着管道流至冷却塔,在冷却塔中排出热量后降低到 32 ℃;32 ℃的冷却水携带着从大气所获得的冷量,又流回冷凝器或吸收器。可见,32 ℃的冷却水是在冷却塔中制造出来的。其循环示意图如图 5-25 所示。

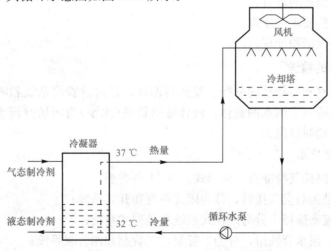

图 5-25　空调处理机组冷却水循环示意图

(3)冷却水的制造设备。冷却水的制造设备为冷却塔(图 5-26)。冷却塔是一种特殊的热交换器，它利用水和空气的接触，通过接触散热、辐射散热及蒸发散热来降低水温，通过热交换与质交换来排放冷却水所吸收的空调系统废热。

（a） （b）

图 5-26 冷却塔
(a)圆形逆流式冷却塔；(b)方形横流式冷却塔

3. 冷却塔

(1)冷却塔的分类。

1)按通风方式，分为自然通风冷却塔、机械通风冷却塔和混合通风冷却塔。

2)按水和空气的接触方式，分为干式冷却塔、湿式冷却塔和干湿式冷却塔。

3)按水和空气流动方向的相对关系，分为逆流式冷却塔、横流式冷却塔和混流式冷却塔。

除上述分类方式，冷却塔还包括喷流式冷却塔、无风机冷却塔、双曲线冷却塔、无填料喷雾式冷却塔等。另外，还有密闭式冷却塔等。

(2)冷却塔的补水方式。由于水分蒸发、飞溅、排污等原因，造成冷却水量减少，故需补充冷却水量，补水可利用自来水进行。

(3)冷却塔的设置位置。

1)设置在空气畅通的地方。

2)要远离有安静要求的建筑。

3)必要时，需做减噪处理。

(五)空调冷水的输送

中央空调冷冻水和冷却水的分配、输送与循环，是通过管路系统和液体输送设备来实现的。管路系统是输送空调水的载体；液体输送设备(水泵)为输送空调水提供动力，用以克服水的压力和流动时的阻力。

1. 空调水系统管路

空调水系统管路按其特征有 5 种形式，共 11 种类型。

(1)按循环水是否与空气接触，分为闭式系统和开式系统；

(2)按循环水流动途径，分为同程式系统和异程式系统；

(3)按供水管、回水管数量，分为二管制、三管制和四管制系统；

(4)按水流量是否变化，分为定流量系统和变流量系统；

(5)按水泵设置方式，分为单式泵系统和复式泵系统。

1)闭式系统与开式系统。

①闭式系统。闭式系统管路中的水不与大气接触，仅在系统最高点设置膨胀水箱，如图5-27所示。

a. 闭式系统的优点：管路不与大气接触，管道和设备不易腐蚀；水泵所需扬程仅由管路阻力大小决定，不需克服静水压力，水泵扬程和功率较低；系统简单。

b. 闭式系统的缺点：蓄冷能力小，低负荷时，冷水机组也需要经常启动；膨胀水箱的补水，有时需要另设加压水泵。

c. 闭式系统应用场合：当空调系统采用风机盘管、诱导器和水冷式表冷器时；高层建筑的空调冷水系统；热水系统。

②开式系统。开式系统管路之间有储水箱或水池通大气，自流回水时，管路通大气。几种常见的开式系统如图5-28所示。

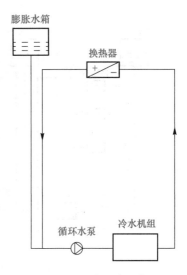

图 5-27　闭式系统示意图

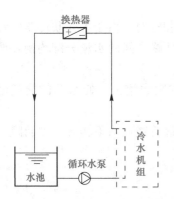 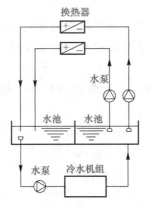 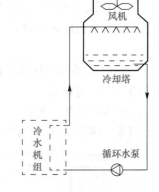

图 5-28　几种常见的开式系统

a. 开式系统的优点：冷水池有一定的蓄冷能力，可以减少冷冻机开启时间，增加能量调节能力；冷水温度波动较小。

b. 开式系统的缺点：冷水与大气接触，循环水中含氧量高，易腐蚀管道；水泵的扬程除需要克服管路阻力外，还需具有把水提升到某一高度的压头，因此，水泵扬程和能耗较大；如果采用自流回水，回水的管径较大，会增加投资。

c. 开式系统应用场合：当末端空调系统采用喷水冷却空气时；冷水温度要求波动小或冷水机组的能量调节不能满足空调系统的变化时；当采用开式水池储水蓄冷以削减高峰负荷时；淋水式冷却塔的冷却水系统。

2)同程式系统与异程式系统。

①同程式系统。同程式系统中水流经过每一并联环路的管道路程基本相等，则各个管路的阻力损失接近相等。图5-29所示为两种不同的同程式系统。

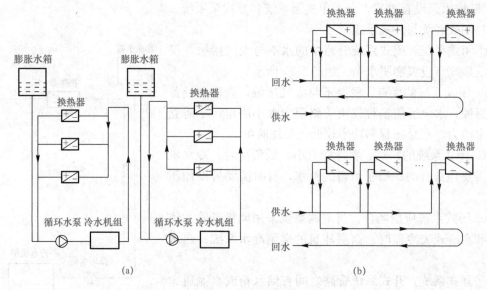

图 5-29　两种同程式系统示意图

(a)竖向干管同程式管路的两种布置方式；(b)水平支管同程式管路的两种布置立式

　　a. 同程式系统的优点：当各个末端换热器的水阻力大致相等时，由于各并联环路的管道总长度基本相等，所以，同程式系统的水力稳定性好，各环路之间的水量分配均衡，调节方便。

　　b. 同程式系统的缺点：同程式系统管道的长度增加，水阻力增大，使水泵的能耗增加，初投资相对较大。

　　②异程式系统。异程式系统中水流经过每一并联环路的管道路程均不相等，因而阻力也不相等。图 5-30 所示为两种不同的异程式系统。

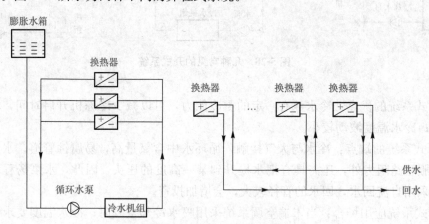

图 5-30　两种异程式系统示意图

(a)竖向干管异程式管路；(b)水平支管异程式管路

　　a. 异程式系统的优点：管路配置简单，耗用管材少，施工难度小，投资省。

　　b. 异程式系统的缺点：各并联环路的管道总长度不相等，各环路之间阻力不平衡，从而导致流量分配不匀。

3）两管制、三管制和四管制系统。

①两管制系统。管路系统只有一根供水管和一根回水管[图 5-31(a)]。夏季循环冷水，冬季循环热水，用阀门进行切换。两管制系统简单，施工方便，初投资小，但不能用于同时需要供冷又供热的场所。

②三管制系统。管路系统有供冷管路、供热管路和回水管路三根水管，其冷水与热水共用一根回水管[图 5-31(b)]。三管制系统能同时满足供冷和供热的要求，管路较四管制简单，但比两管制复杂，投资也比较高，且存在冷水、热水回水的混合损失。

③四管制系统。冷水与热水均单独设置自己的供水管和回水管，构成两套完全独立的供水、回水管路，分别供冷和供热[图 5-31(c)]。四管制系统能够同时供冷和供热，可以满足高质量空调环境的要求。但四管制管路系统十分复杂，初投资很高，且占用建筑空间也较多。

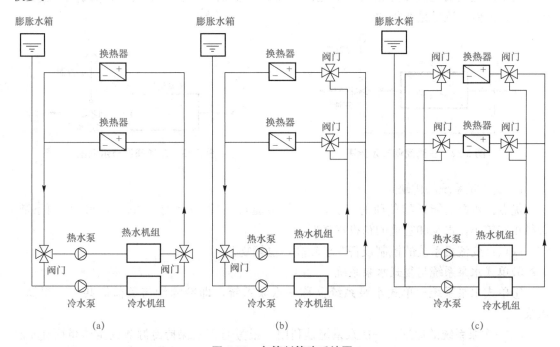

图 5-31　多管制管路系统图
(a)两管制管路；(b)三管制管路；(c)四管制管路

4）定流量系统与变流量系统。

①定流量系统。定流量系统的水流量恒定不变，通过改变供水、回水温差（变温差）来适应末端负荷的变化。当末端负荷减少时，水系统供水、回水温差减小，使系统输送给负荷的能量减少，以满足负荷减少的要求，但水系统的输送能耗并未减少，因此，水的运送效率低。

a. 定流量系统的原理：定流量系统的各个空调末端装置采用电动三通阀调节，如图 5-32 所示。当室温未达到设定值时，三通阀的直通管开启，旁通管关闭，供水全部流经末端装置；当室温达到或超过设定值时，直通管关闭，旁通管开启，供水全部经旁通管流入回水管。因此，负荷侧水流量是不变的。

b. 定流量系统的优点：系统简单，操作简便，不需要较复杂的自控设备；用户端采用三通阀调节水量，各用户之间互不干扰，系统运行较稳定。

c. 定流量系统的缺点：系统水流量按最大负荷确定，绝大多数时间供水量都大于所需要的水量，输送能耗始终处于设计的最大值，水泵的无效能耗很大。

②变流量系统。变流量系统又称变水量（VWV）系统。它是保持供回水温差不变（定温差），通过改变水流量来适应空调末端负荷的变化，其水流量跟随负荷的变化而改变。当末端负荷减少时，系统水流量随之减小，使系统输送给负荷的能量减少，以适应负荷减少的要求。因水流量减少可降低水的输送能耗，因而节能显著。

a. 变流量系统的原理：变流量系统的各个空调末端装置采用电动二通阀调节，如图 5-33 所示。当室温未达到设定值时，二通阀全开或开度增大，流经末端装置的供水增大；当室温达到或超过设定值时，二通阀关闭或开度减小，流经末端装置的供水量减少。因此，负荷侧水流量是变化的。

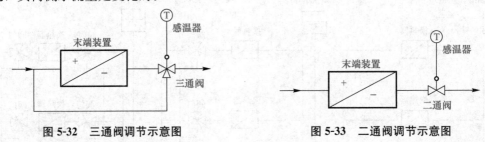

图 5-32　三通阀调节示意图　　　　图 5-33　二通阀调节示意图

b. 变流量系统的优缺点。

优点：水泵的能耗随负荷的减少而降低（节能）；配管设计时，可考虑同时使用系数，管径相应较小，水泵和管道的初投资降低。

缺点：变流量系统的控制设备要求较高，也较复杂。

5）单式水泵系统与复式水泵系统。

①单式水泵系统。单式水泵系统又称一次泵系统，即冷源侧与负荷侧共用一组循环水泵。

a. 一次泵系统的原理。一次泵系统是利用一根旁通管来保持冷源侧的定流量而让负荷侧处于变流量运行。在冷冻水供水、回水总管之间设有压差旁路装置。当空调负荷减少时，负荷侧管路阻力将增大，压差控制装置会自动加大旁通阀的开启度，负荷侧减少的部分水流量从旁通管返回回水总管，流回冷水机组，因而冷水机组蒸发器的水流量始终保持恒定不变（即定流量）。一次泵（单式泵）系统示意图如图 5-34 所示。

b. 一次泵系统的优缺点。

优点：系统比较简单，控制元件少，运行管理方便。

缺点：水流量调节受冷水机组最小流量的限制；不能适应供水半径及供水分区扬程相差悬殊的情况。因此，只能用于中、小型空调系统。

②复式水泵系统。复式水泵系统又称二次泵系统，即冷源侧与负荷侧分别配置循环水泵。设在冷源侧的水泵，常称为一次泵；设在负荷侧的水泵，常称为二次泵。其系统示意图如图 5-35 所示。

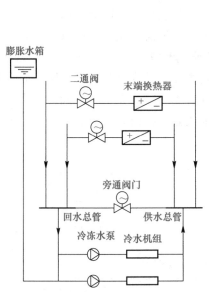

图 5-34　一次泵（单式泵）系统示意图

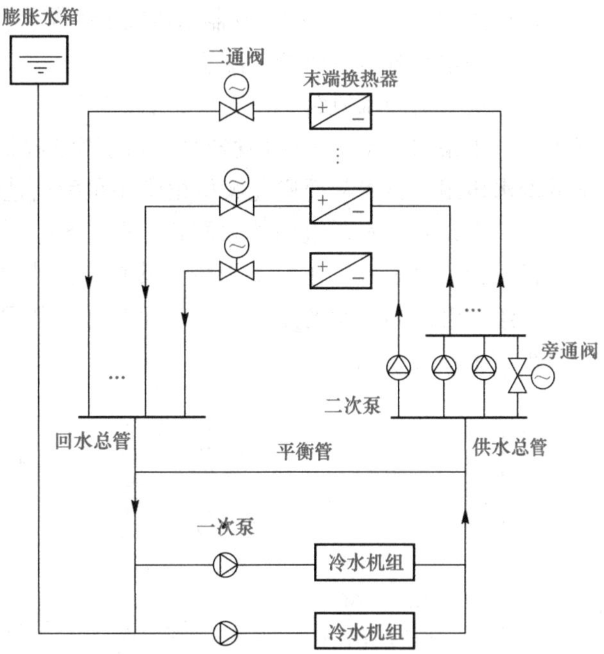

图 5-35　二次泵（复式泵）系统示意图

a. 二次泵系统的优缺点。

优点：能适应各个分区负荷变化规律不一样或各个分区回路扬程相差悬殊或各个分区供水作用半径相差较大的情况；可实现二次泵变流量，节省输送能耗。

缺点：系统较复杂，控制设备要求较高，机房占地面积较大，初投资较大。

b. 一次泵与二次泵混合式系统。在冷冻水的输配环路中，管路较短、压力损失小的环路由一次泵直接供水，而压力损失大的环路则由二次泵供水，这样就构成了一次泵和二次泵混合式系统。

2. 空调水系统管路的常用形式

(1)空调冷冻水系统管路。

1)冷冻水泵的安装位置。其与冷水机组蒸发器的连接方式示意图如图 5-36 所示。

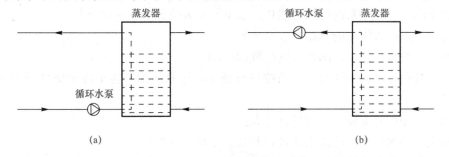

图 5-36　冷冻水泵与冷水机组蒸发器的连接方式示意图

(a)压入式；(b)抽出式

压入式[图 5-36(a)]：蒸发器承压较大，但蒸发器中水流量稳定，安全性好；

抽出式[图 5-36(b)]：蒸发器承压较低，但蒸发器水流量不稳定，安全性差。

2)冷冻水系统常见的管路配置。

①一次泵与冷水机组一一对应配置(图 5-37)。优点是可以采用不同流量的冷水机组并联工作；水泵与冷水机组(蒸发器)之间的流量容易匹配。当负荷变化时，可以启动相应流量的冷水机组运行，从而避免大机组带小负荷所造成的能耗浪费。

②一次泵及冷水机组均并联配置(图 5-38)。优点是若并联的水泵都相同，则并联泵组中的任一台水泵都可以作为备用泵。其缺点是当冷水机组或水泵的大小不相同时，水泵与冷水机组(蒸发器)之间的流量匹配较困难。当增开机组或减开机组时，会对正在运行的冷水机组产生不良影响。

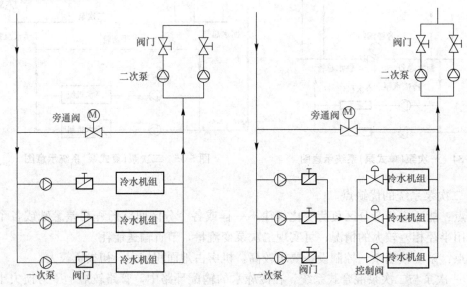

图 5-37　一次泵与冷水机组一一对应配置　　图 5-38　一次泵及冷水机组均并联配置

(2)空调冷却水系统管路。

1)冷却水泵的安装位置。空调冷却水系统大多数是开式系统，其冷却塔的扬程水位及大气压力是唯一可提供给冷却水泵吸入端的正压。因此，冷却水泵必须安装在冷水机组冷凝器的进水端，以减小系统的输送能耗。水泵的安装位置也应尽可能低。

2)冷却水系统最常见的管路配置。

①水泵、冷水机组、冷却塔对应配置(图 5-39)。

优点：各台冷水机组的冷却水系统各自独立，流量匹配；各个冷却塔之间也无须设置"均压管"。

缺点：耗用的管材较多，初投资较大。

②水泵、冷水机组、冷却塔均各自并联的冷却水管路(图 5-40)。

优点：各种设备均不用另外配备备用设备；使用的管材少，投资小。

缺点：当冷水机组(冷凝器)大小不相同时，设备之间的冷却水流量匹配较困难。

③具有出水干管与回水干管的冷却水管路(图 5-41)。各冷却塔的集水盘之间设置一根"均压管"，使这些冷却塔在同一个水位运行，防止各冷却塔集水盘内水位高低不一，避免

出现有的冷却塔溢水而有的冷却塔在补水的现象。

冷却塔集水盘的水位应维持一定，水位太高会导致冷水机组的冷却水过流量，水位太低则会产生漩涡而造成空气进入冷却水。

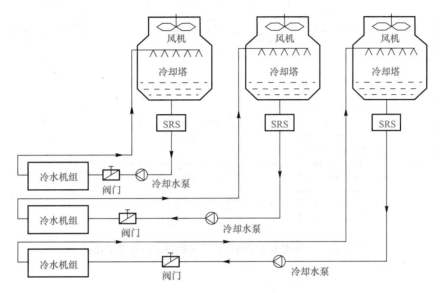

图 5-39　水泵、冷水机组、冷却塔对应配置示意图

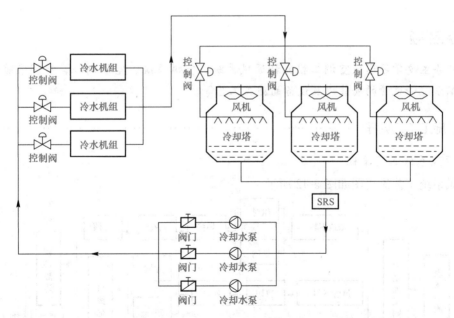

图 5-40　水泵、冷水机组、冷却塔均各自并联的冷却水管路示意图

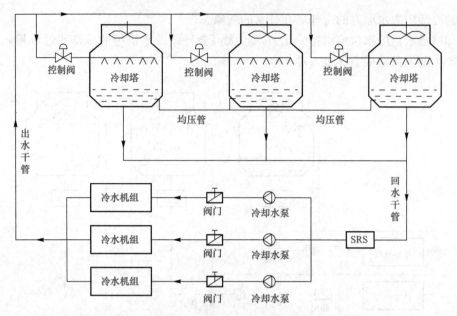

图 5-41　具有出水干管与回水干管的冷却水管路示意图

任务六　通风空调系统风管及设备施工工艺

任务引领

本任务主要学习通风空调工程包括通风系统、空调系统、空调制冷、空调采暖、消防及防排烟系统等风管的安装以及设备的施工工艺等。

一、施工工艺流程

1. 通风系统工艺流程

通风系统工艺流程图如图 5-42 所示。

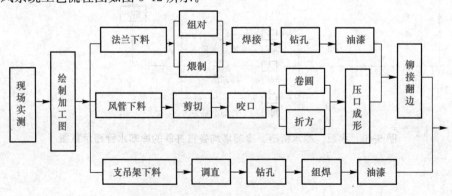

图 5-42　通风系统工艺流程图

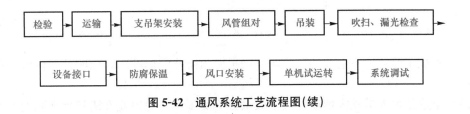

图 5-42　通风系统工艺流程图(续)

2. 空调设备安装工艺流程

空调设备安装工艺流程图如图 5-43 所示。

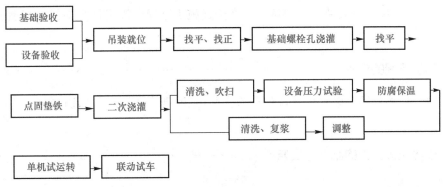

图 5-43　空调设备安装工艺流程图

3. 空调水系统工艺流程

空调水系统工艺流程图如图 5-44 所示。

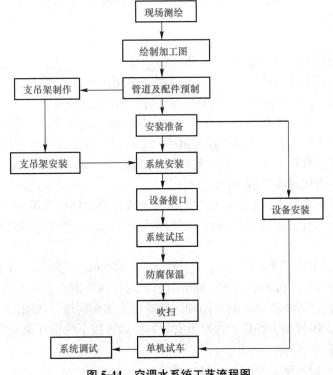

图 5-44　空调水系统工艺流程图

■ 二、主体配合 ....

(1)工程施工前从地下层开始，绘制空调平面预留孔洞标准图，标明预留位置、孔洞尺寸、标高。

(2)与土建技术人员核实预埋件规格数量，落实预埋件的预埋方法和预埋职责，不明之处协商解决办法。

(3)编制预埋材料预算，绘制预埋件加工图和填写加工计划单，确定预埋加工件供货日期。

(4)派专人参加土建安装施工协调会。在土建施工过程中核实每个预留洞和预埋件的确切位置、尺寸和标高。

■ 三、加工车间的设置 ....

根据施工现场具体情况，设置面积约为 100 m^2 的加工车间，车间内清洁、干燥，设备合理布置。

■ 四、镀锌钢板风管的制作与安装 ....

1. 风管的制作

(1)矩形风管均采用内弧($R=200$)外直型；当风管长边≥500 mm 时，必须设置导流叶片。加工前根据图纸及现场具体情况，绘制风管加工图，作出风管加工计划。

(2)风管下料采用电动剪板机，联合咬口机 AF-3，弯头咬口机 FR-3，折方机 WS0.3×1.5×2 000 加工、成形。风管咬口均匀，平整、无凸瘤和虚咬现象。

(3)法兰制作安装。

1)角钢选用：

①当风管大边长 L≤630 mm 时，采用∠25×3。

②当风管大边长 800 mm≤L≤1 250 mm 时，采用∠30×4。

③当风管大边长 1 600 mm≤L≤2 000 mm 时，采用∠40×4。

2)根据风管规格进行法兰下料，法兰下料使用型钢切断机进行，校平端面，制作所需规格样板卡具成批生产。法兰成形焊接在钢平台上进行，以保证法兰整体的平整性。

3)法兰螺栓孔在台钻上加工，螺栓孔间距不超过 150 mm，且具有互换性。法兰加工好后刷防锈漆、灰色磁化漆各两道。

4)风管法兰铆接采用平台套铆，法兰与风管轴线垂直，铆钉采用 ϕ4×8 或 ϕ5×10 镀锌铆钉，铆钉间距均匀且不超过 150 mm，法兰翻边 6~9 mm，法兰与风管接触紧密，无孔洞及褶皱现象。

(4)对大边长大于或等于 630 mm，且长度 L≥1 200 mm 的矩形风管采取加固措施。

1)当风管大边长 630 mm≤L≤800 mm 时，采取在风管钢板上加工楞筋的方法加固；

2)当风管大边长 L>800 mm 时，用加固框或角钢加固筋进行加固。

(5)风管编号。风管加工好后，为便于安装，将风管按系统用红油漆统一编号。

2. 风管的安装

(1)风管利用外用电梯运至施工楼层，按系统编号就位后组对，一般 8~10 m 为一段，法兰螺栓朝一侧，法兰间垫 $\delta=3\sim5$ mm 石棉橡胶垫，按对称的方法均匀拧紧螺栓，并随时调整平直度。

(2)风管支吊架按国标 03K132 加工。加工好后除锈刷红丹防锈漆、灰色磁化漆各两道，支吊架用膨胀螺栓固定牢靠，并避开风口、调节阀，且不能直接吊在风管法兰上。防火阀、消声器单独设支架，支吊架间距应符合下列要求：水平安装的风管大边长 $L<400$ mm 时，间距不超过 4 m，风管大边长 $L\geqslant400$ mm 时，间距不超过 3 m；垂直安装的风管，间距不大于 4 m，但每根立管的支架不少于 2 个。

(3)风管吊装前在风管位置楼板部位设置吊点(用膨胀螺栓固定)，通过吊索滑轮、吊链葫芦将风管起吊，并通过移动脚手架安装吊架横担，并调整好其水平度。

3.部件的安装

每个防烟分区主风管上设电动风阀且能在 280 ℃时自动关闭；所有排烟风机入口均设排烟防火阀(280 ℃关闭)；所有新风机、空气处理机组的主送风管上均装防火调节阀(70 ℃关闭)；相应的阀门与风机联动。

(1)防火阀、排烟阀安装正确。安装前检查叶片灵敏度。排烟阀手控装置位置符合设计要求，预埋管应尽量减少弯曲，弯曲半径大于 6D，不得有死弯及瘪陷。止回阀开启方向与气流方向一致。阀门安装完后作动作试验，手动、电动操作灵敏、可靠，阀门关闭时严密。

(2)常闭多叶送风口、常闭多叶排烟口安装平正、牢固、美观，与建筑饰面或墙面紧贴。安装后作动作试验。

(3)风口的安装。风口与风管连接紧密牢固，边框与建筑饰面贴实。外表面平整、不变形，调节灵活，同一厅室、房间的相同风口安装高度一致，排列整齐、美观。

4.风管严密性试验

风管严密性检测按规范要求作漏光检测。

(1)漏光检测：将 100 W 带保护罩的低压照明灯在夜间置于风管内，将灯沿被检测的风管作缓慢地移动，在风管外观察，当发现有光线射出，则说明查到明显漏风部位，并做好记录。

(2)风管系统漏光检测采用分段检测、汇总分析的方法，被检测系统风管不应有多处条缝形的明显漏光。若系统风管每 10 m 接缝漏光点不超过 2 处，且 100 m 接缝平均不大于 16 处，则漏光检测合格。

(3)漏光检测中发现的条缝形漏光，应用密封胶密封处理，然后再进行漏光检测，直至漏光检测合格为止。

5.风管的保温

空调送回风管/新风送风管采用闭孔橡塑海绵绝热管壳保温，厚度为 20 mm。吊顶内以及竖井内的消防排烟风管采用铝箔玻璃棉板进行保温，保温层厚度为 20 mm。

(1)保温材料应符合设计和规范要求，保温材料的下料要准确，切割面要平齐。

(2)采用胶粘剂粘贴，粘贴前要将管壁上的尘土、油污擦干净，将胶粘剂分别涂抹在管壁和保温板的粘贴面上，胶粘剂要涂刷均匀，稍后将其粘上，保证保温材料与风管紧密相贴。

(3)保温材料铺覆应使纵缝、横缝错开。接缝用透明胶带粘严、粘牢。

(4)法兰接头保温材料补包：法兰接头保温材料补包方法如图5-45所示。不规则的小间隙用边角余料填满。

(5)支吊架与风管隔离处理：处理方法如图5-46所示。风管与支架角钢结合处用经防腐处理后的硬木隔开，以防止形成冷桥。硬木宽度比角钢略宽，长度与风管底边边长相等。

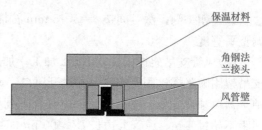

图5-45 法兰接头保温示意图

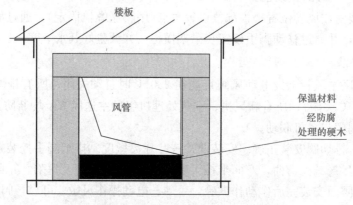

图5-46 支吊架与风管壁隔离处理示意图

■ 五、设备的安装 ···

核实设备型号、规格，组成由甲方、专业技术人员、质检人员参加的开箱验收小组进行开箱验收，对开箱结果作验收记录。

(1)卧式新风机组、卧式风机盘管的安装。核实水系统接管方向(左式或右式)，确定无误后吊装，用橡胶减振吊架固定，并调整存水盘坡度$i=0.01$，坡向排水管。风机盘安装前作单机三连试运转及试验压力为1.5倍工作压力的水压试验，并填写试验记录。单机试运转及水压试验合格后，方可进行安装。

(2)通风机、排烟风机安装。按设计要求吊装或安装在基础上。吊装风机配合阶段预埋钢板，焊接减振吊架生根，安装平正、牢靠，设有基础的风机待设备到货后进行基础施工，基础验收合格后，风机就位，找平、找正，地脚螺栓灌浆固定。

(3)噪声风机箱安装平正，并垫橡胶垫减振。

(4)通风机与风管连接的进出口安装150~200 mm腈纶帆布软接头，排烟风机安装浸防火漆软接头，软接头安装松紧适宜，无变形。

(5)单机试运行。风机安装完作试运转，测试风机转速、风量，并做好记录。

■ 六、空调水管道安装 ···

(1)管道支架采用木垫式管架，用膨胀螺栓固定。硬木卡瓦厚度同保温层厚度相同，宽度与支架横梁宽度一致，并用沥青浸泡防腐。支吊架安装前除锈，刷红丹防锈漆、灰色磁化漆各两道。支吊架安装位置正确，牢固、可靠，水平管道支吊架间距按表5-3采用，立管支架层层高小于 5 m 时，每层设一个；层高大于或等于 5 m 时，每层设两个。

表 5-3　保温管道支吊架的最大间距表

公称直径/mm	20	25	32	40	50	70	80	100	125	150	200	250	300
支吊架最大间距/m	1.5	2	2	2.5	3	3	4	4	4.5	5	6	7	8

（2）管道安装，按先主管、后立管、最后支管的顺序进行。

穿越墙、楼板时应设比管道大 2 号的钢制套管，钢制套管应和墙体饰面底部平齐，上部位比楼层地面高 20 mm；管道缝隙用不燃材料填塞。

管径在 150 mm 以上的主管、干管采用双吊链吊装，立管吊线安装，保证其垂直度偏差在规范允许范围之内。钢管敷设到位，调整对口间隙，沿管同点焊 2～3 点，精对后分层施焊，焊接完毕后用手锤轻敲焊口作外观检查，无咬角、裂纹、夹渣、气孔等外观缺陷，焊缝加强面高度、遮盖面宽度应符合规范要求，否则应根据缺陷程度修补或铲除干净重新焊接。安装停顿期间，管道敞口作临时封闭，防止杂物堵塞管道。

（3）钢管的焊接施工方法。

1）采用手工电弧焊，焊材采用 E43 系列，管道焊接时管口应按焊接工艺要求打坡口。

2）焊口形式与组对管子对口的错口偏差，应不超过管壁厚的 20% 且不超过 2 mm，调整对口间隙，不得用加热张拉和扭曲管道。不同管径的管道焊接，如两管的管径相差不超过小管径的 15%，可将大管端部直径缩小，与小管对口焊接；如管径相差超过小管径 15%，应将大管端部抽条加工成锥形，或用钢板制的异径管。管道的对口焊缝或弯曲部位不得焊接支管，弯曲部位不得有焊缝。

3）焊条使用前应按出厂说明书的规定进行烘干，并在使用过程中保持干燥。焊条药皮无脱落和显著裂纹。

4）施焊前，须加热干燥焊条后方可使用，烤箱温度为 100 ℃～150 ℃，烘烤时间为 60～120 min，可根据焊条的潮湿度而定，不能使用潮湿的焊条。注意清除管端污物。

（4）管道水平安装时，其坡度为 0.003，最小为 0.002，坡向同流向，中间不得存水（下凹）存气（上凸）。

（5）水管系统的最低点设置 DN25 的泄水管及闸阀，最高处设 DN20 的自动排气阀。自动排气阀的放气管应接至地漏或洗涤盆处，自动排气阀前装截止阀。

（6）空调水管道的清洗及试压。

1）管道安装完后按分支环路进行清洗排污，直至排水清洗净为止，并做好清洗记录。

2）供水、回水管道按系统分楼层进行水压试验，试验压力为工作压力的 1.25 倍，10 min 内压力降小于 0.02 MPa；对焊口、接头逐一检查，无渗、不漏为合格；凝结水系统作充水试验，排水畅通，接头处无渗漏为合格，做好试验记录。

3）严密性试验压力应等于工作压力。加压过程应缓慢进行，先升至试验压力的 1/4，再全面检查一次管道是否有渗漏现象。如果加压已超过 0.3 MPa 以上，即使出现法兰和焊缝有渗漏现象，也不能带压拧紧螺栓或补焊，应降压再修理，以免发生事故。当升压到要求的强度试验压力时，观察 10 min，如压力不下降，且管子管件和接口未发生渗漏或破坏现象，然后将压力降至严密性试验压力，即介质的工作压力，进行外观检查；并用小于1.5 kg的小锤轻敲焊缝，如仍无渗漏现象，压力表指针又无变化，即认为试压合格。

7. 防腐保温

(1)空调冷水管、热水管和膨胀管采用闭孔橡塑海绵绝热管壳进行保温，$DN \leqslant 100$时，保温层厚度为20 mm；$DN \geqslant 125$时，保温层厚度为25 mm。

(2)空调冷凝水管、补水管采用闭孔橡塑海绵绝热管壳进行保温，保温层厚度为15 mm。

(3)空调冷却水管采用闭孔橡塑海绵绝热管壳进行保温，室内安装保温层厚度为15 mm；室外安装保温层厚度为20 mm，外加0.5 mm镀锌钢板保护层。

(4)空调冷却水补水管采用闭孔橡塑海绵绝热管壳进行保温，保温层厚度为15 mm。

(5)水管保温做法见91SB6-33～38。阀门法兰等部位应采用可拆卸式保温结构。保温应在管道试压及涂漆合格后进行。

■ 七、空调系统调试

空调系统调试分为单机试运转和系统联合调试两部分，在调试前应编制系统调试方案。

1. 单机试运行

(1)风机试运转：运转前必须加上适度的润滑油，并检查各项安全措施；盘动叶轮，无卡阻和碰擦现象；叶轮旋转方向正确。

(2)风机运转2 h以上后，若无异常振动，滑动轴最高温度不得超过70 ℃；滚动轴最高温度不得超过80 ℃。

(3)水泵试运转：水泵运转2 h以上后，若无异常振动，各静密封处不泄露，紧固件不松动；动轴最高温度不得超过70 ℃；滚动轴最高温度不得超过75 ℃；轴封填料的温升正常。

2. 系统联合调试

配合给水排水、电气等专业对空调系统进行系统联合调试。由专业技术人员与空调设备厂方对空调机、冷/热水机组进行开机调试运行(由厂方负责对空调机、冷/热水机组进行开机调试运行)，机组正常运行后，书面记录调试经过，温控和温度、湿度符合设计要求。按设计参数测量风机转速、风速、轴温升和风量，调整风口风流量，使其平衡。

习 题

一、单项选择题

1. 空调的送风量和设备主要根据(   )来确定。
   A. 冬季负荷
   B. 夏季负荷
   C. 过渡季节负荷
   D. 全年负荷

2. 通风空调系统中，当采用两台同型号的风机并联运行时，下列(   )是错误的。

项目五　参考答案

   A. 并联运行时总流量等于每台风机单独运行时的流量之和
   B. 并联运行时总扬程不等于每台风机单独运行时的扬程
   C. 并联运行时总流量等于两台风机联合运行时的流量之和
   D. 并联运行比较适合管路阻力特性曲线平坦的系统

3. 在风机盘管加新风空调系统中，从节能角度考虑，下列新风送入方式不可取的是(　　)。
    A. 新风单独送入室内   B. 新风送入风机盘管回风箱中
    C. 新风送入吊顶中   D. 新风送入走廊内

4. 高层民用建筑通风空调系统的送风、回风管道上应设防火阀的部位有(　　)。
    A. 管道穿越防烟分区的挡烟设施处
    B. 垂直风管与每层水平风管交接的垂直管段上
    C. 管道穿越变形缝的一侧
    D. 管道穿越火灾危险性大的房间隔壁和楼板处

5. 闭式水管系统中，管路总的压力损失包括(　　)。
    A. 局部阻力和设备阻力   B. 管道总阻力和设备阻力
    C. 管道总阻力和水提升高度   D. 沿程阻力和设备阻力

6. 一般空调冷冻水系统最高压力是在(　　)。
    A. 蒸发器的进水口处   B. 蒸发器的出水口处
    C. 冷冻水泵的吸入端   D. 冷冻水泵的出水口处

7. 制冷管道和设备的隔热厚度根据(　　)原则确定。
    A. 隔热层的外表面不会引起结露的要求来确定其最小厚度
    B. 隔热层的内表面不会引起结露的要求来确定其最小厚度
    C. 热量损失最小原则来确定其最小厚度
    D. 采用统一厚度

8. 防排烟系统柔性短管的制作材料必须为(　　)材料。
    A. 可燃   B. 阻燃   C. 不燃   D. 难燃

9. 工质流经冷凝器冷凝(　　)。
    A. 放出热量，且放热量等于其焓值减少
    B. 放出热量，焓值增加
    C. 吸收外界热量，焓值增加
    D. 由于冷凝过程中压力不变，所以焓值不变

10. 通风空调工程施工质量的保修期限，自竣工验收合格日期计算为(　　)。
    A. 两年   B. 一年
    C. 两个采暖、供冷期   D. 一个采暖、供冷期

11. 蒸汽压缩式制冷的实际循环与理想循环的最大区别是(　　)。
    A. 压缩过程   B. 冷凝过程   C. 节流过程   D. 蒸发过程

二、多项选择题
1. 防火风管的(　　)必须为不燃材料，其耐火等级应符合设计规定。
    A. 支架   B. 本体   C. 框架   D. 固定材料
    E. 密封垫料

2. 柔性短管应选用(　　)材料。
    A. 防火   B. 防腐   C. 防潮   D. 不透气
    E. 不易霉变

3. 输送含有(   )气体或安装在易燃、易爆环境的风管系统应有良好的(   )。
   A. 有毒   B. 易燃   C. 易爆   D. 接地
   E. 接零

4. 冷热水、冷却水系统的试验压力,当工作压力小于等于(   )MPa 时,为 1.5 倍工作压力,但最低不小于(   )MPa 时。
   A. 1. 5   B. 1. 0   C. 1. 2   D. 0. 6
   E. 0. 5

5. 对于大型或高层建筑垂直位差较大的冷(热)媒水,冷却水管道系统宜采用(   )试压和(   )相结合的方法。
   A. 分区   B. 分层   C. 系统试压   D. 整体
   E. 分系统

三、简答题

1. 空调系统的基本组成、工作原理是什么?主要的系统类型有哪些?
2. 蒸发器的作用是什么?按照供液方式不同,可将蒸发器分成哪几种?
3. 载冷剂的作用是什么?对载冷剂的性质有哪些基本要求?
4. 空调水系统的分类有哪些?

项目六　智能建筑系统

教学目标

1. 了解智能建筑的定义及内容；
2. 了解智能建筑设备自动化系统的概念与组成；
3. 熟悉火灾报警系统的原理；
4. 熟悉综合布线系统的特点与结构；
5. 掌握安全防范系统的类型及设备功能；
6. 准确识读建筑智能化施工图纸。

任务导入

本项目主要学习智能建筑系统原理与施工图的识读。在理论知识基础上，结合工程实际案例详细学习智能建筑系统图的识读方法。

任务一　智能建筑系统概述

任务引领

本任务主要学习智能建筑的概念与系统组成，了解各个子系统的概念。

一、智能建筑的起源与发展

智能建筑的起源与发展，主要是适应社会信息化与经济国际化的需要，是人类社会进步、生产力发展的必然需求。智能建筑是现代高技术的结晶，是建筑技术与电子信息技术相结合的产物。发展到今天，一座面向 21 世纪的大型综合建筑，其有别于传统建筑模式最重要的特征就是智能化。智能化建筑已成为各国综合经济国力的具体表征和综合竞争实力的形象标志。

智能化建筑起源于 20 世纪 80 年代的美国，1984 年 1 月美国康涅狄格州哈特福德市建成了世界上第一座智能化大厦。日本从 1985 年始建智能大厦，并制定了从智能设备、智能家庭到智能建筑、智能城市的发展计划，成立了"建设省国家智能建筑专业委员会"和"日本智能建筑研究会"。新加坡政府为推广智能建筑,拨巨资进行专项研究,计划将新加坡建成"智能城市花园"。韩国准备将其半岛建成"智能岛"。印度于 1995 年起在加尔各答的盐湖开始建设"智能城"。英、法、德等国也相继在 20 世纪 80 年代末和 20 世纪 90 年代初发展各自具有特色的智能建筑。智能建筑作为当今高新技术与传统建筑技术的融合,已成为具有国际性的发展趋势和各国综合科技实力的具体象征,正在全世界掀起一股热潮。

智能建筑在我国 20 世纪 50 年代开始起步,但 20 世纪 90 年代才随着经济改革的深入发展,迅速得以发展。如今,我国的建筑规模已名列世界之冠。据资料报道,近期我国兴建的大型建筑将占全球之半,而世界大型建筑的主流是智能建筑。可见,随着高层大型建筑一幢幢的崛起以及高科技的发展,我国的智能建筑将迈向一个新的阶段。

■ 二、智能建筑的定义

在国内外,"智能建筑"至今均无统一的定义,其重要原因之一是智能建筑是信息时代的产物。当今科学技术正处于高速发展阶段,其中,相当多的成果被应用于智能建筑,使其具体内容与形式相应提高并不断发展。

美国智能建筑学会(American Intelligent Building Institute,AIBI)的定义是将结构、系统、服务、运营及其相互联系全面综合,并达到最佳组合,所获得高效率、高功能与高舒适性的大楼。日本的建筑杂志,突出智能建筑是高功能大楼,是方便利用现代信息与通信设备,采用楼宇自动化技术,具有高度综合管理功能的大楼。在新加坡,规定智能大厦必须具备三个条件:一是具有保安、消防与环境控制等先进的自动化控制系统,以及调节大厦内的温度、湿度、灯光等参数的各种设施,以创造舒适、安全的环境;二是具有良好的通信网络设施,使数据能在大厦内进行流通;三是能提供对外界的通信能力。欧洲智能建筑集团对智能建筑的定义是:提供用户有最大效益环境的建筑,建筑能够有效地利用和管理资源,使建筑和设备方面全寿命成本最小。欧洲的智能建筑强调的是为用户服务,保护生态环境而不是技术本身。

国家标准《智能建筑设计标准》(GB 50314—2015)对于智能建筑的定义是:以建筑为平台、兼备建筑设备、办公自动化及通信网络三大系统,集结构、系统、服务、管理及它们之间的最优化组合,向人们提供一个安全、高效、舒适、便利的建筑环境。

■ 三、智能建筑的类型

智能建筑是以建筑智能化为特征,在高科技的支持下,成为"具有人脑般聪明智慧的建筑物"。其类型一般有以下几种:

(1)办公楼。政府机关、跨国公司、企业、事业、金融、邮电、交通、商业、科研、教育等机构的办公场所。

(2)写字楼。房地产开发商投资兴建的用以出租、出售的楼宇。

(3)综合性建筑。集办公、金融、商业、博览、会展、娱乐、生活于一体的多功能大厦或建筑群。

(4)住宅及住宅小区。以生活起居为主的住宅、多层住宅、高层住宅及其组成的智能化住宅小区。

智能建筑一般由以下子系统构成，如图 6-1 所示。

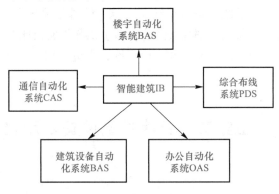

图 6-1　智能建筑子系统

1. 楼宇自动化系统

楼宇自动化系统（Building Automation System，BAS）是对智能建筑中的暖通、空调、电力、照明、给水排水、消防、电梯、停车场、废物处理等大量可靠、节能、长寿命运行可信赖的保证。

楼宇自动化系统通常包括建筑管理子系统、安全保卫子系统以及能源管理子系统三个子系统。

2. 通信自动化系统

通信自动化系统（Communication Automation System，CAS）由各种通信设备、通信线路和相关计算机软件组成。它主要包括传送话音、数据和图像的基本通信网络，实现楼层间各种终端、微机、工作站之间通信的楼层局域网，沟通楼群或楼内计算机与楼内各个局域网之间通信联系的楼群或楼内高速主干网以及与公共信息资源（如 Inter-net，China PAC，China DDN 等）相通的远程数据通信。

3. 办公自动化系统

办公自动化系统（Office Automation System，OAS）是应用计算机技术、通信技术、多媒体技术和行为科学等先进技术，使人们的部分办公业务借助于各种办公设备，并由这些办公设备与办公人员构成服务于某种办公目标的人机信息系统。主要有计算机网络、计算机软件硬件平台、酒店管理及物业管理系统。

4. 建筑设备自动化系统

建筑设备自动化系统（Building Automation System，BAS）将建筑物或建筑群内的电力、照明、空调、给水排水、防灾、保安、车库管理等设备或系统，以集中监视、控制和管理为目的，构成综合系统。

5. 综合布线系统

综合布线系统（Premises Distribution System，PDS）是一种基于计算机通信技术的现代通信物理平台，是智能建筑的神经系统。它为整个建筑的光电信息传输提供技术标准统一

（国际 ISO 标准）、传输介质统一（双绞线以及光纤）、布线结构整齐一致（模块化结构）、适应多种信息（语音、图像、数据等）传输、管理配置灵活（按需跳接线即可）、维护方便（系统而完整的各类标记，如标签、标记牌、标记带等）的信息传输通道。PDS 通常是由工作区（终端）子系统、水平布线子系统、垂直干线子系统、管理子系统、设备子系统及建筑室外连接子系统六个部分组成。综合布线系统同传统的布线系统相比较，有着许多的优越性，主要表现为它的兼容性、开放性、灵活性、可靠性、先进性和经济性。

任务二　智能建筑设备自动化

任务引领

本任务是了解智能建筑设备选型原则，熟悉智能建筑设备自动化系统结构图。

一、智能建筑设备的概念

智能建筑运用先进的计算机技术、控制技术、通信技术，为使用者与管理者提供了控制功能完善、数据处理方便、显示操作集中、运行安全可靠的建筑设备自动化系统。使建筑智能化，而构造智能建筑的基本元素是智能建筑的设备、器材、机电产品，它们是构造建筑设备自动化系统、通信网络系统、办公自动化系统及综合布线与系统集成，实现智能建筑功能的基本元件，称之为智能建筑设备。智能建筑设备是保证智能建筑各个系统实现其功能要求并可靠运行的关键，是智能建筑的物质基础及基本保证。

二、智能建筑设备选型的原则

智能建筑设备是以建筑物为载体，直接为建筑物实现其功能特点服务的固定的设备和机电产品、器材。建筑物的档次和现代化水平，决定了对智能建筑设备的功能、性能及高科技含量的要求。一般情况下，智能建筑设备应具有技术先进、可靠、安全、环保、节能及安装维护方便的特性。特别是智能建筑既是一种建筑产品，又是一种特殊的产品。为了追求智能建筑的经济效果，智能建筑设计与设备选型必须遵守国家颁布的一系列规范和标准。对智能建筑进行最合理、最优化的工程设计的同时，正确选择智能建筑设备，使智能建筑在其整个生命周期内发挥较好的经济效益、社会效益与环境效益。建筑设备选择的原则是：安全性、防火、防雷与接地、保证人身安全、技术先进性、运行可靠性、稳定性、配置灵活性、节能与环保、方便的操作与维护性、经济性等原则。智能建筑设备的选型，要从设计、施工、竣工、维护、使用各个环节予以重视，坚持核心设计、精心施工、科学合理的原则，严格执行国家规范和标准，坚持技术先进、安全第一、保护环境、多快好省、利于发展。积极采用先进的科学技术，推进智能建筑设备国产化的进程，广泛积极地选择国产产品，使我国建筑业、智能建筑业和智能建筑设备生产企业迅速发展，尽快跨入国际先进行列。

■ 三、智能建筑设备自动化系统 ·····································

1. 智能建筑设备自动化系统的概念

智能建筑设备自动化系统是一个综合系统。它将建筑物或建筑群内的电力、照明、空调、给水排水、防灾、保安、车库管理等设备或系统，以集中监视、控制和管理为目的，构成综合系统，从而创造出一个有适宜温度、湿度、亮度和空气清新的工作或生活环境，满足用户节能、高效、舒适、安全、便利和使用的要求。

2. 智能建筑设备自动化系统的组成

智能建筑设备自动化系统的组成如图 6-2 所示。

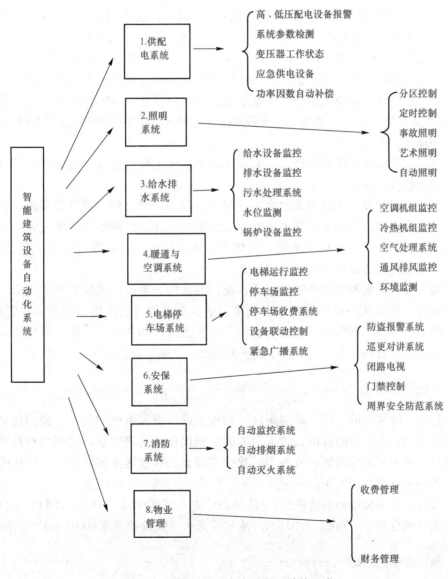

图 6-2　智能建筑设备自动化系统的组成

任务三　火灾自动报警系统

任务引领

本任务重点学习火灾自动报警系统的工作原理及主要设备功能。

一、火灾自动报警系统概述

随着我国经济建设的发展，现代高层建筑及重要建筑的防火问题引起了国家消防部门及设计院等社会各界的高度重视。国家制定了一系列防火规范，从而促进火灾自动报警设备的研究和推广使用。高层建筑建设规模大，装修标准高，人员密集，各种电气设备使用频繁，因而存在着火灾隐患，在建筑电气设计中必须严格依照规范要求设计火灾报警控制系统。

火灾自动报警系统是建筑防御火灾发生的关键消防设施，同时也是为建筑内其他消防设施(气体灭火系统、水灭火系统、防火分隔设施等)提供自动控制信号源和实现自动控制、远距离启停操作的重要设备。

火灾自动报警系统由触发器件、火灾报警装置、火灾警报装置、电源以及具有其他辅助控制功能的装置组成。

某市建设大厦的设计以报警系统为主，配合防排烟、消火栓、通风等系统，运用计算机控制技术、网络通信技术等，将多个独立系统融为一体，协同防范。建设大厦通过一套完善且功能强大的火灾自动报警系统安全体系，以满足本工程对酒店安全和管理的需要，配合人员管理，对消防系统作出有力的保证。

本工程火灾自动报警系统由防排烟子系统、消火栓子系统、通风子系统组成。各系统既可独立运行，又可统一协调管理，形成多功能、全方位、立体化安防自动化管理体系。防排烟系统通过感温感烟探测器对酒店包厢、主要出入口和各楼层走廊、电梯轿厢等部门进行全天候监测，有利于及时了解各个场所的情况，及时、有效地进行处理。

二、系统设计标准

系统按照二级风险的工程，采用集成式的构成进行报警系统的设计。使用功能、管理要求达到提高型、先进型的标准。建成后能满足现代化的管理要求，实现高科技技术，并随着现代技术日新月异地发展，成为不可缺少的部分。通过建立多层次、立体化的安全管理，防止各种火灾事件的发生。

本次设计的主要标准和规范依据：《建筑设计防火规范》(GB 50016—2014)；《自动喷水灭火系统设计规范》(GB 50084—2017)；《水喷雾灭火系统设计规范》(GB 50129—2014)。

三、系统建设的原则

(1)系统的防护级别与被防护对象的风险等级相适应。

(2)安全适用、技术先进、经济合理。

(3)系统的安全性、电磁兼容性。

(4)系统的可靠性、维修性与维护保障性。

(5)系统的先进性、兼容性、可扩展性。

(6)系统的经济性、适用性。

■ 四、系统的选型

火灾自动报警系统原理如图 6-3 所示。本系统为分布与智能集中相结合，在系统硬件上采用分布结构，而在软件报警算法上采用集中处理。系统具有现场编程功能，控制器留有计算机接口，可直接接入计算机键盘进行现场编程，也可在外接 PC 机或笔记本上进行编程后再固化芯片转插在控制器上。CRT 彩色显示系统采用 WIN98 界面，操作简单，易于工程编程。具有黑匣子储存功能，便于火灾发生时提供查认依据。各应急疏散指示灯亮，指明疏散方向。

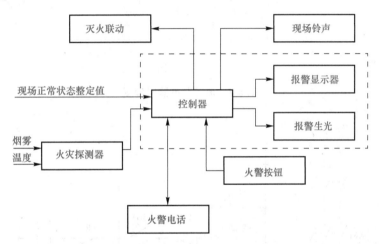

图 6-3 火灾自动报警系统原理图

1. 消防联动控制系统

室内消火栓系统中的每一个消火栓都配有一个消火栓启动按钮，本设计采用编码消火栓按钮，直接接入火灾报警控制器，当发生火灾时可以直接启动消防泵，启泵的同时向消防控制中心发出反馈信号。在消火栓按钮处设有启泵指示灯，用来指示消防泵的运行状态。同时，消防控制室可控制消防泵的启、停，显示消火栓水泵的工作、故障状态，显示消火栓启泵按钮的位置。消防泵电器原理图如图 6-4 所示。

2. 防排烟系统的联动

排烟风机控制电路图如图 6-5 所示。每层任一感烟探测器、火灾手动报警按钮动作后，向报警控制中心发出警报。同时，启动相邻层排烟阀，并启动消防排烟风机。当楼梯间内烟感报警，正压送风阀开启并启动正压送风机。当温度超过 70 ℃时，70 ℃防火阀自熔关闭；当温度超过 280 ℃时，280 ℃排烟防火阀自熔关闭并关闭排烟风机。

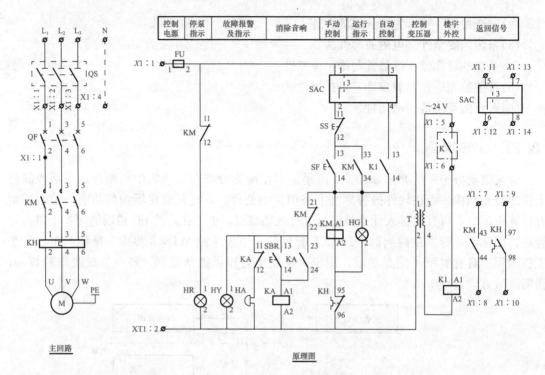

控制电源	停泵指示	故障报警及指示	消除音响	手动控制	运行指示	自动控制	控制变压器	楼宇外控	返回信号

主回路

原理图

图 6-4　消防泵电器原理图

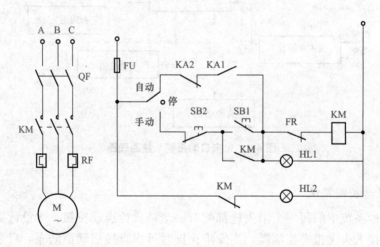

图 6-5　排烟风机控制电路图

3. 火灾事故广播系统

火灾事故广播系统如图 6-6 所示。由广播功放盘、广播录放盘、传输线路、电源、扬声器及广播控制模块等组成。某市市府大楼的火灾广播系统设计为专用的广播系统，在火灾发生后，保证及时向着火区发出警报，按照疏散的顺序接通火灾事故广播系统。本次设计中每层均设 SD8012 扬声器：一层 12 个、二层 10 个、其他各层为 10 个，每只音箱的功率为 3 W。采用 SD8100 系列总线式火灾事故广播系统：由 SD8000 广播录放盘、SD8010 消防广播功放盘、SD8120 消防广播分配盘、SD8130 广播控制模块及 SD8012 扬声器组成。SD8100 系列总线式火灾事故广播系统是通过专用的广播控制总线及总线上的广播控制模块来启动各个广播回路。当火警发生的时候，由设置在消防控制中心的火灾事故广播系统对火灾现场及相关场所实施紧急广播。通过 SD8011 广播分配盘可实现手动启动某一路或多路消防广播。

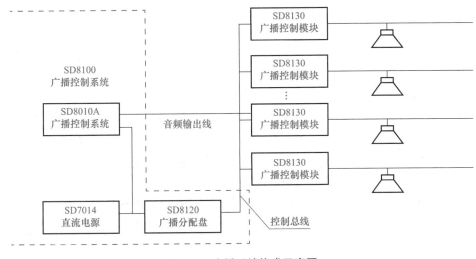

图 6-6　广播系统构成示意图

在布置扬声器的过程中，根据规范要求，在每层的走廊、楼梯间、电梯前室及活动大厅等处设置。保证从一个防火分区的任何部位到最近一个扬声器的距离不大于 25 m。走道内最后一个扬声器至走道末端的距离不应大 12.5 m，并满足规范要求。

■ 五、系统设备选型及主要设备技术指标 ····················

(一)探测器

1. 感光感烟探测器

(1)主要功能特点。如图 6-7 所示。采用单片机技术制造，性能可靠，安装简单，无须调试。精密光电传感器，保证了高度一致性和稳定性，有效避免吸烟等引起的误报火警。全自动检测功能，确保探测器始终处于最佳工作状态，烟室采用防虫设计，使用更耐久，明快高效报警音响≥85 dB，人工测试按钮，方便测试。可临时增加报警灵敏度以检测探测器的报警功能。外壳采用防火 ABS 工程塑料。产品率先通过公安部消防检测中心检测，并取得 CCC 强制性认证。

图 6-7　感光感烟探测器

(2)主要技术参数。

工作供电：DC9 V 碱性电池；

静态电流：≤10 uA；

报警电流：≤10 mA；

报警联动：独立声光报警；

报警音响：≥85 dB；

工作温度：-10 ℃~+50 ℃；

相对湿度：≤95％RH(40 ℃±2 ℃)；

产品尺寸：140 mm×53.5 mm。

2. 感温探测器

JTY-GD-G3 型点型光电感烟火灾探测器采用无极性信号二总线技术，可与各类火灾报警控制器配合使用。

(1)主要功能特点。

1)内置带 A/D 转换的八位单片计算机，具备强大的分析、判断能力。通过在探测器内部固化的运算程序，可自动完成对外界环境参数变化的补偿及火警、故障的判断，存储环境参数变化的特征曲线，极大提高了整个系统探测火灾的实时性、准确性；

2)采用电子编码方式，现场编码简单、方便；

3)采用指示灯闪烁的方式提示其正常工作状态，可在现场观察其运行状况；

4)底部采用密封方式，可有效防水、防尘，防止恶劣的应用环境对探测器造成的损坏。

(2)主要技术参数。

工作电压：总线 24 V；

监视电流：≤0.6 mA；

报警电流：≤1.8 mA；

报警确认灯：红色，巡检时闪烁，报警时常亮；

使用环境：温度：-10 ℃~+50 ℃；相对湿度：≤95％，不结露；

编码方式：十进制电子编码；

外形尺寸：直径：100 mm；高：56.2 mm(带底座)；保护面积：当空间高度为 6 ~12 m 时，一个探测器的保护面积，对一般保护场所而言为 80 ㎡。空间高度为 6 m 以下时，保护面积为 60 ㎡。

(二)按钮

1. 手动火灾报警按钮

手动火灾报警按钮安装在公共场所，当人工确认火灾发生后按下按钮上的有机玻璃片，可向控制器发出火灾报警信号。控制器接收到报警信号后，显示出报警按钮的编号或位置并发出报警音响。手动火灾报警按钮和前面介绍的各类编码探测器一样，可直接接到控制器总线上。

(1)主要功能特点。

1)采用拔插式结构设计，安装简单方便；

2)采用无极性信号二总线，其地址编码可由手持电子编码器在 1~242 内任意设定；

3)有机玻璃片按下后可用专用工具复位；

4)按下玻璃片，可由按钮提供无源输出触点信号，可直接控制其他外部设备。

(2)主要技术参数。

工作电压：总线 24 V；

监视电流：≤0.6 mA；

动作电流：≤1.8 mA；

线制：与控制器无极性信号二总线连接；

无源输出触点容量：DC60 V/100 mA；

使用环境：温度：−10 ℃～+50 ℃；相对湿度：≤95％，不结露；

外形尺寸：90 mm×122 mm×48.5 mm。

任务四 综合布线系统

任务引领

详细学习综合布线系统中各个子系统的概念与要求。

一、综合布线系统概述

综合布线系统是建筑物内以及建筑群之间的信息传输网络。它能使建筑物内以及建筑群之间的语音设备、数据通信设备、信息交换设备、建筑物物业管理设备和建筑物自动化管理设备等与各自系统之间相连，也能使建筑物内的信息传输设备与外部的信息传输网络相连。

(一)综合布线的发展

综合布线的发展与智能建筑的发展是分不开的，智能建筑的出现推动了综合布线的发展。

随着大楼内设备、系统日益增多，每个系统都依靠其供货商来安装符合系统要求的布线系统。由此带来了许多问题，并造成建设过程的冲突，特别是计算机网络技术的成熟，商业机构安装计算机网络系统成为必然，但是各个不同的计算机网络都需要自己独特的布线和连接器，客户开始抱怨他们每次更改计算机平台的同时都要改变其布线方式。

为了赢得及保持市场的信任，美国的电话电报公司贝尔(Bell)实验室的专家经过多年的研究，于20世纪80年代末期在美国率先推出了结构化布线系统(SCS)，1988年国际电子工业协会(EIA)中的通信工业协会(TIA)制定了建筑物GCS综合布线系统(Generic Cabling-System)的标准，这些标准被简称为EIA/TIA标准，EIA/TIA标准诞生后，一直在不断地发展和完善。

综合布线系统主要是将建筑物中的以下各单系统所需要连接的线一起统筹考虑，进行综合布置连线。

(1)CNS通信网络系统(Communication Networks System)；

(2)OAS办公自动化系统(Office Automation System)；

(3)BMS建筑物管理系统(Building Management System)；

(4)SAS安全防范系统(Security Automation System)，也可包含消防系统；

(5)FAS消防自动化系统(Fire Automation System)；

(6)BAS建筑设备监控系统(Building Automation System)；

(7)MAS大厦管理自动化(Management Automation System)。

综合布线系统是一个模块化、灵活性极高的建筑物或建筑群内的信息传输系统，是建筑物内的"信息高速公路"。它既使语音、数据、图像通信设备和交换设备与其他信息管理系统彼此相连，也使这些设备与外部通信网络相连接。它包括建筑物到外部网络或电信局线路上的连接点、与工作区的语音或数据终端之间的所有电缆及相关联的布线部件，综合布线系统分层星形拓扑结构示意图如图6-8所示。

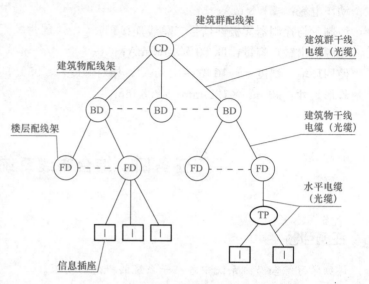

图6-8　综合布线系统分层星形拓扑结构示意图

(二)综合布线系统的特点

综合布线系统的特点是"设备与线路无关"。也就是说，在综合布线系统上，设备可以进行更换与添加，但是设备之间的连线可以不进行更换与添加。具体表现在它的兼容性、开放性、灵活性、可靠性和经济性等方面。

(1)兼容性。指它自身是完全独立的，与应用系统无关，可以适用于多种应用系统。

(2)开放性。指符合国际标准的设备都能连接，不需要重新布线。

(3)灵活性。指综合布线采用标准的传输线缆和相关连接硬件，模块化设计。因此，所有通道都是通用的，均可以接不同的设备。

(4)可靠性。指综合布线采用高品质的材料和组合压接的方式，构成一套高标准信息传输通道，而且每条通道都要采用仪器进行综合测试，以保证其电气性能。

(5)经济性。指综合布线在经济方面比传统的布线方式有其优越性，随着时间的推移，综合布线是不断增值的，而传统的布线方式是不断减值的。

(三)综合布线系统在我国的应用

综合布线系统虽然有很多特点，但在我国的实际工程中并不是所有的系统都在应用，原因主要有以下几种。

1. 行规限制

由于行业规范要求，如消防报警与灭火系统、保安防范系统等要求独立，不能综合在一个网络，以保证运行安全、可靠。

2. 不需过高的灵活性

楼宇中的某些系统一旦定位，在使用中就不再移位和扩充，如楼宇自动控制系统，定位后不再移动，也不需要过高的灵活性。

3. 初投资成本高

综合布线系统所用的线材(3类线、5类线)比某些单系统所用的线材价格高。另外，综合布线的连接要求也高，需要用比较多的连接件，如 RJ45 标准接口等，因而增加了工程成本。

基于上述原因，综合布线和一般布线在楼宇中并存，综合布线系统仅应用于电话通信系统和计算机网络系统。

■ 二、综合布线系统的结构 ··

综合布线系统将整个弱电布线平台划分为六个基本组成部分，通过多层次的管理和跳接线，实现各种弱电通信系统对传输线路结构的要求，其结构示意图如图 6-9 所示。

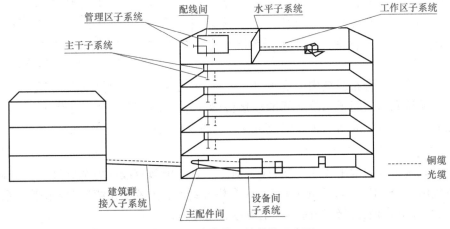

图 6-9　综合布线系统结构示意图

(一)工作区子系统

1. 工作区子系统的基本概念

工作区子系统位于建筑物内水平范围个人办公的区域内，也称为终端连接系统，它将用户的通信设备(电话、计算机、传真机等)连接到综合布线系统的信息插座上。该系统所包含的硬件主要有信息插座和连接跳线(用户设备与信息插座相连的硬件)，也包括一些连接附件，如各种适配器、连接器等，工作区子系统示意图如图 6-10 所示。

在综合布线系统中，一个信息插座称为一个信息点。信息点是综合布线系统中一个比较重要的概念，它是数据统计的基础，一个信息点就是一根水平 UTP 线。

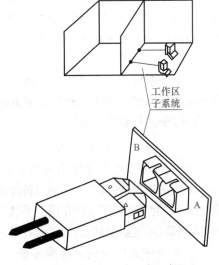

图 6-10　工作区子系统示意图

2. 信息插座

常用的信息插座是 RJ45 插座。信息插座的数量一般为 $6\sim10\ \mathrm{m}^2$ 配置一个。

信息插座是终端设备与水平子系统连接的接口，它是工作区子系统与水平布线子系统之间的分界点，也是连接点、管理点，也称为 I/O 口或通信接线盒。

3. 工作区线缆

工作区线缆是连接插座与终端设备之间的电缆，也称组合跳线，它是在非屏蔽双绞线

(UTP)的两端安装上模块化插头(RJ-45型水晶头)制成。活动场合采用多芯UTP，固定场合采用单芯UTP。

(二)水平子系统

1. 水平子系统的基本概念

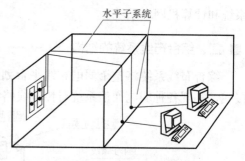

图6-11 水平子系统示意图

水平子系统位于一个平面上，由建筑物楼层平面范围内的信息传输介质(如四对UTP铜缆或光缆)组成，也称为水平配线系统。其特点是水平布线UTP的一端连接在信息插座上，一端集中到一个固定位置的通信间内。水平子系统示意图如图6-11所示。

水平子系统是综合布线结构中重要的一部分，它是同一楼层所有水平布线的一个集合，是工作区子系统和通信间子系统之间的连接桥梁。它与整栋建筑的布线设计有关，且不易改变，因此，它的设置成功与否和综合布线系统的设计成功与否有极大的关系。

2. 水平子系统布线的线缆类型

水平子系统布线的常用线缆类型为：4对100Ω非屏蔽双绞线电缆(UTP)、4对100Ω屏蔽双绞线电缆(STP)、62.5 μm/125 μm多模光纤线缆(多模光缆)。当水平子系统应用62.5 μm/125 μm多模光纤线缆时，就是俗称的光纤到桌。

3. 水平子系统的布线距离

水平子系统对布线的距离有着较严格的限制，它的最大距离不超过90 m。需要明确的是，90 m的水平布线距离是指信息插座到通信间配线架之间的距离，不包括两端与设备相连的设备连线的距离，因为设备生产厂家提供的保证是收发100 m以内，线缆能达到标准所规定的传输技术参数要求。

水平子系统的布线可以采用预埋在本楼层的顶棚内配管或在吊顶内明配管；也可以采用在地面预埋管或地面线槽布线等方式。

(三)干线子系统

1. 干线子系统的基本概念

干线子系统是综合布线系统的主干，一般在大楼的弱电井内，平面位置位于大楼的中部。它将每层楼的通信间与本大楼的设备连接起来，负责将大楼的信号传出。同时，将外界的信号传进大楼内，起到上传下达的作用。干线子系统也称垂直系统、主干子系统或骨干电缆系统。设备间与各通信间也是星形结构，设备间是这个星形结构的"中心位"，各个通信间是"星位"。

2. 干线子系统布线的线缆类型

干线子系统硬件主要有大对数铜缆或光缆，它起到主干传输作用，同时承受高速数据传输的任务，因此，也要有很高的传输性能，应达到相应的国际标准要求。

大对数铜缆是以25对为基数进行增加的，分别是25对、50对、75对、100对等多种规格，类型上分为3类、5类两种。在大对数铜缆中，每25对线为一束，每一束为一独立单元。不论此根铜缆有多少束，都认为束是相对独立的，不同功能的线对不能在同一束电缆中，以避免相互干扰，但可在同一根铜缆的不同束中。大对数铜缆的传输距离为：当带宽大于5 MHz时，只考虑系统在收发之间不超过100 m的最高上线；当带宽小于5 MHz

时，最长可达到 800 m。

光缆应采用 62.5 μm/125 μm 多模光纤，干线光缆一般选择六芯多模光缆，传输距离一般是 2 000 m。

(四)通信间子系统

1. 通信间子系统的基本概念

通信间子系统简称为通信间，也称为楼层管理间、通信配线间，位于大楼的每一层，并且在相同的位置，上、下有一垂直的通道将它们相连。

一般通信间就在本楼层的弱电井内或相邻的房间内，它负责管理所在楼层信息插座(信息点)的使用情况。

2. 通信间子系统的硬件

通信间子系统由配线架及相关安装部件组成。

配线架主要对信息点的使用、停用、转移等进行管理，也起到将各信息点连接到网络设备的作用，是综合布线系统的一个管理点。

铜缆的配线架连接方式有两种，即夹接式(IDC)和插座面板(RJ-45)式。

夹接式(IDC)的配线架以 25 对为一行。例如，300 对的配线架为 12 行组成，由专用的工具将线进行夹接。

插座面板(RJ-45)式是将线连接在 RJ-45 型水晶头上，进行插接，多用在机架上，一行(45 mm 空间)可安排 24 个插座。

光纤的配线架是面板插座式，连接方式是用光纤连接器，常用的光纤连接器是用户连接器(SC)和直尖连接器(ST)。

(五)设备间子系统

设备间子系统也称为设备间或主配线终端，位于大楼的中心位置，是综合布线系统的管理中心，它负责大楼内外信息的交流与管理。另外，设备间也是存放大楼控制设备的地方，如存放网络服务器、网络交换机以及消防控制、保安监控设备等。

设备间子系统和通信间子系统在综合布线系统中的功能相同，只是在层次、环境、面积等方面有区别，也可以认为通信间是设备间的简单化、小型化。通信间是负责本楼层信息点的管理，而设备间是综合布线系统的总控中心、总机房，也是大楼对外进行信息交换的中心枢纽。

但是，设备间的设备特指一些综合布线的连接硬件，如配线架等，不包括机房的有源设备，如数字程控交换机、网络服务器、路由器、网络交换机等。配线架的连接方式与通信间相同，只是数量多一些。

(六)建筑群子系统

建筑群子系统用来连接分散的楼群，也称为建筑物接入系统。建筑群子系统主要负责建筑群中楼与楼之间的相互通信及建筑物、建筑群对外的通信工作，这样就需要各种电缆(铜缆或光缆)把它们连接起来。现代的建筑群子系统主要使用六芯多模光纤。

■ 三、综合布线实例

1. 综合布线系统图

图 6-12 所示为综合布线系统图。系统图中的 MDF 为主配线架(交换机)，1 IDF、

3 IDF~7 IDF 为楼层配线架，电话电缆 WF 的标注为 HYV20-20(2×0.5)G100 FC，说明有 20 对电话线来自市话网，穿钢管 100 mm 埋地暗敷设，即在同一时间内，只能有 20 部电话与市话连接。

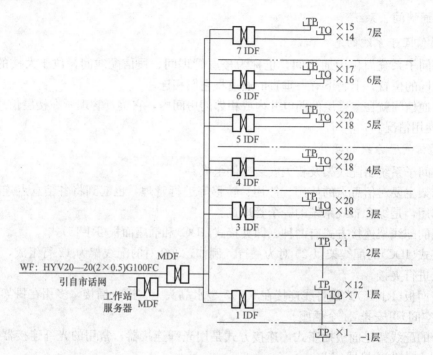

图 6-12　综合布线系统图

本建筑内可安装一台 120~150 门的电话程控用户交换机，因本建筑的电信息点 TP 数量为 14＋3×20＋17＋15＝106(个)。电话程控用户交换机可用 6 条 25 对 UTP 配向 1 IDF、3 IDF~7 IDF 楼层配线架。网络信息点 TO 数量为：7＋3×18＋16＋14＝91(个)。

本建筑内可安装一台 100 门的网络交换机，可用 1 条 10 对 UTP 配向 1 IDF，可用 5 条 20 对 UTP 配向 3 IDF~7 IDF 层配线架。

楼层配线架 1 IDF 安装于一层商务中心，3 IDF~7 IDF 均安装在配电间内，用金属线槽(120 mm×65 mm)在吊顶内敷设。配向配电间内，再用金属线槽(120 mm×65 mm)沿配电井配向各层楼，各层楼也用金属线槽(120 mm×65 mm)在吊顶内敷设，从配电间内配向走廊，因为电话信息点 TP 和网络信息点 TO 安装高度都在 0.3 m，所以三层的金属线槽可以在二层吊顶内敷设，再用钢管 SC15 或 SC20 沿吊顶内敷设到平面图对应的位置沿墙配到各信息点。

因为是综合配线，电话线和网络线均用的是 UTP 线，所以每层楼的 UTP 线缆根数(线缆对数)可以在楼层配线架处综合考虑。

2. 综合布线平面布置图

图 6-13 和图 6-14 所示为综合布线平面布置图。平面图中的 S1 表示一根 8 芯 UTP 线(4 对 100 Ω 非屏蔽双绞线电缆)，S2 表示两根 8 芯 UTP 线(其余类推)，1~2 根穿 SC15，3~4 根穿 SC20 暗敷。

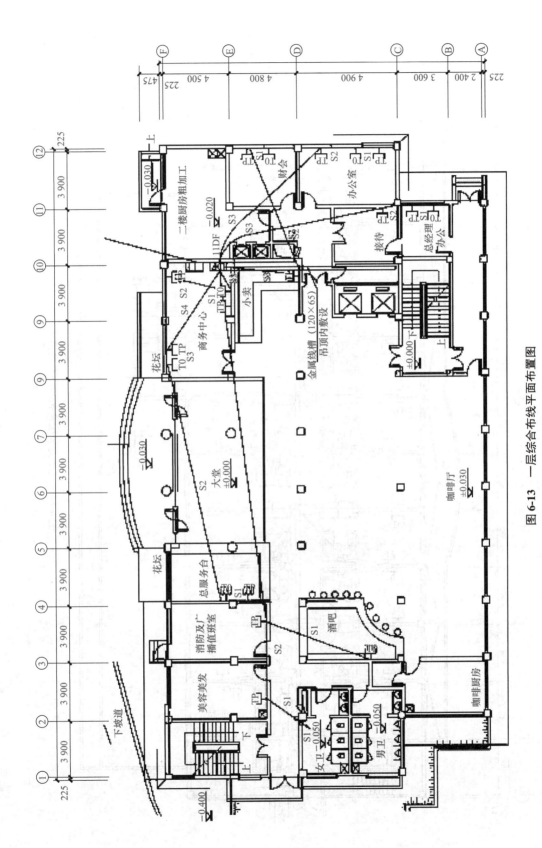

图 6-13　一层综合布线平面布置图

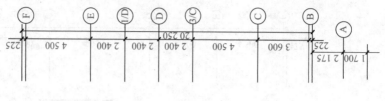

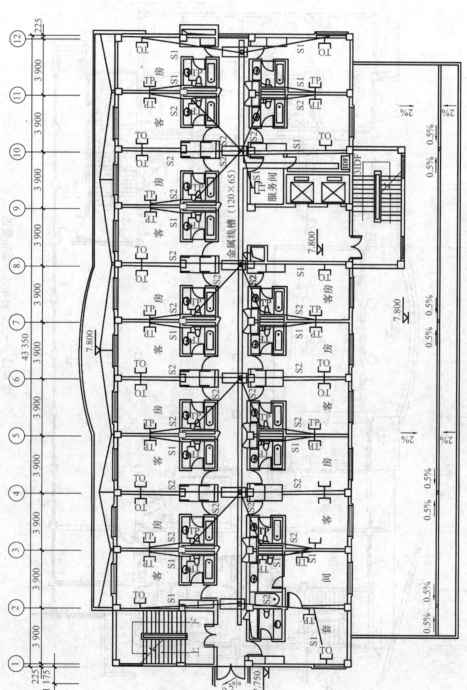

图 6-14 三~五层综合布线平面布置图

任务五　安全防范系统

任务引领

熟悉安全防范系统结构原理，了解主要设备的功能。

现代建筑(商业、餐饮、娱乐、银行和办公楼)出入口多，人员流动大，因此，安全防范管理极为重要。

安全防范系统主要包括防盗安保系统、电视监控系统、访客对讲系统等。

一、防盗安保系统

防盗安保系统是现代化管理、监视、控制的重要手段，其包括防盗报警系统、电视监视系统、电子门锁、巡更系统、对讲电话、求助系统等。图 6-15 所示为防盗安保系统结构图。

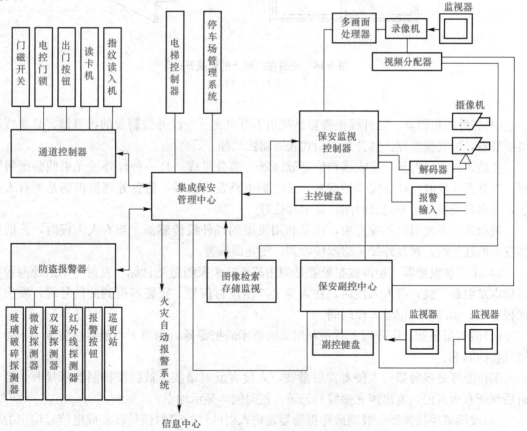

图 6-15　防盗安保系统结构图

· 167 ·

1. 防盗报警器

防盗安保系统主要的设备是防盗报警器、摄像机、监视器、电子门锁等。

防盗报警器的种类有电磁式报警器、红外线报警器、超声波报警器、微波报警器、玻璃破碎报警器和双技术防盗报警器等。

(1)电磁式报警器。电磁式防盗报警器由报警传感器和报警控制器两部分组成。报警控制器包括报警扬声器、报警批示、报警记录等内容；报警传感器由一只电磁开关、永久磁铁和干簧管继电器组成。

当干簧管触点闭合为正常，干簧管触点断开则报警。

在报警器信号输入回路可以串接若干个防盗传感器，传感器可以安装在门、窗、柜等部位。在报警状态时，当有人打开门或窗，则发出声光报警信号，显示被盗位置、被盗时间，如图 6-16 所示。

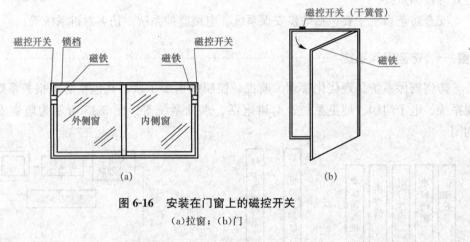

图 6-16　安装在门窗上的磁控开关
(a)拉窗；(b)门

(2)红外线报警器。红外线报警器是利用不可见光——红外线制成的报警器，是非接触型报警器，可昼夜监控。其分为主动式和被动式两种。

主动式：由发射器、接收器和信息处理器三部分组成。是一种红外线光束截断型报警器。当有人入侵时，红外线光束被截断，接收器电路发出信号，信息处理器识别是否有人入侵，发出声光报警，并记录时间，显示部位等。

被动式：不发射红外线光束，而是利用灵敏的红外线传感器。当有人入侵时，人的身体发出的红外线，被红外线传感器接收到，便立即报警。

(3)超声波报警器。超声波报警器是利用超声波来探测运动目标。发射器不断地向警戒区域内发射超声波，有人入侵时，在人身上产生反射信号。报警器得到此信号时，发出声光报警，显示部位，记录入侵时间。

(4)微波报警器。微波报警器是利用微波技术的报警器，相当于小型雷达装置，不受环境气候的影响。

工作原理是报警器向入侵者发射微波，入侵者反射微波，被微波控制器所接收，经分析后判断有否入侵，发出声光报警并记录入侵时间，显示地点。

(5)玻璃破碎报警器。玻璃破碎报警器是将入射的红外辐射信号转变成电信号输出的器件。红外辐射是波长介于可见光与微波之间的电磁波，人眼察觉不到。要察觉这种辐射的存在并测量其强弱，必须把它转变成可以察觉和测量的其他物理量。一般说来，红外辐射照射物体所引起的任何效应，只要效果可以测量而且足够灵敏，均可用来度量红外辐射的强弱。

(6)双技术防盗报警器。为了减少报警器的误报问题，人们提出互补双技术方法，即把两种不同探测原理的探测器结合起来，组成所谓双技术的组合报警器，又称双鉴报警器。

防盗报警系统的设置应符合国家有关标准和防护范围的风险等级及保护级别的要求。

2. 防盗报警系统实例

图 6-17 为某大厦(9 层涉外商务办公楼)的防盗报警系统图。

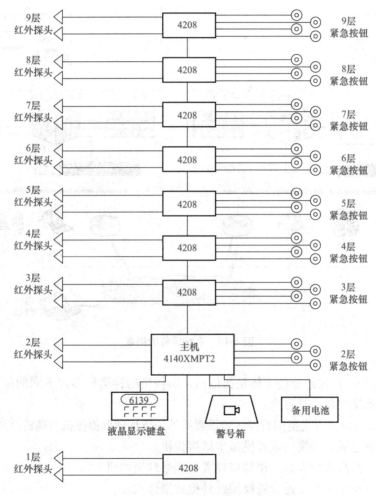

图 6-17　某大厦防盗报警系统图

在首层各出入口各装置 1 个双鉴探测器(被动红外/微波探测器)，共装置 4 个双鉴探测器，对所有出入口的内侧进行保护。2~9 层的每层走廊进出通道各配置 2 个双鉴探测器，共配置 16 个双鉴探测器；同时，每层各配置 4 个紧急按钮，共配置 32 个紧急按钮，其安装位置视办公室具体情况而定。

安保闭路电视监控系统是由摄像、传输、控制、图像处理和显示等部分组成的监视系统。

通过该系统，值守人员可在中心控制室随时观察到小区重要保安部位的动态情况，极大地提高了小区安全防范系统的准确性和可靠性。

1. 系统设备组成

系统常用设备由摄像机、信号传输设备、视频切换设备、监视器、硬盘录像机、网络服务器和平台软件等组成。图 6-18 所示为系统设备的组成。

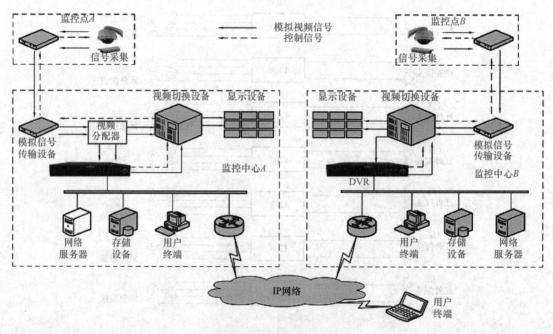

图 6-18　系统设备的组成

(1)摄像部分。摄像部分的主体是摄像机，摄像机的种类较多，不同的位置设置要求也不同，常见的系统监视点设置为：

1)小区主要部位及需大范围监控区域设置高清一体化球形摄像机和高清红外枪式摄像机。

2)楼层主要过道、楼梯口设置模拟半球摄像机。

3)办公区、公寓入户大堂、楼梯口设置模拟半球摄像机。

4)小区地下车库主要车道设置模拟红外枪式摄像机。

5)电梯内设置模拟彩色半球摄像机。

6)室外各主出入口设置模拟球形一体化摄像机，其余部分设置模拟彩色半球摄像机。

7)安保中控室设置电视墙、控制台、平台软件、解码器、数字硬盘录像机，系统所有录像为全实时录像，录像信息保留 30 天。

摄像机的安装如图 6-19 所示。室内宜距地面 2.5～5 m 或吊顶下 0.2 m 处，室外应距地面 3.5～10 m。

在有吊顶的室内，解码箱可安装在吊顶内，但要在吊顶上预留检修口。从摄像机引出的电缆宜留有1 m余量，并不得影响摄像机的转动。室外摄像机支架可用膨胀螺栓固定在墙上。

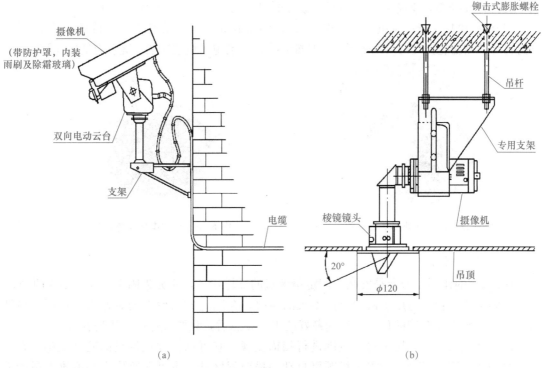

(a)   (b)

图6-19　带电动云台摄像机壁装方法

(a)室外；(b)室内

2. 系统常用摄像机的种类

目前，CCD(电荷耦合器件)型摄像机广泛使用。它具有使用环境照度低、工作寿命长、不怕强光源、重量轻、小型化、便于现场安装和检修等优点。

(1)模拟球式摄像机。镜头由云台带动，支持光纤模块接入，支持自动光圈、自动聚焦、自动自平衡、背光补偿和低照度(彩色/黑白)自动/手动转换功能，支持256个预置位(图6-20)。

(2)模拟红外枪机。水平视场角16.4°(16 mm)，电子彩转黑，红外照射距离为50～60 m(图6-21)。

图6-20　模拟式球摄像机

图6-21　模拟红外枪机

(3)模拟红外半球摄像机。水平视场角 92°～27.2°，调整角度：水平：0°～355°；垂直：0°～80°；旋转：±90°，ICR 红外滤片式，支持隐私保护（最多可达 8 个区域），支持移动侦测，支持背光补偿，支持数字宽动态，红外照射距离为 20～30 m(图 6-22)。

(4)模拟电梯半球摄像机。水平视场角 78°(3.6 mm)，电子彩转黑，支持背光补偿功能，支持自动平衡功能，支持自动电子快门功能，支持自动电子增益功能，亮度自适应(图 6-23)。

图 6-22　模拟红外半球摄像机　　　　　图 6-23　模拟电梯半球摄像机

3. 云台控制器

(1)云台的作用。云台是安装、固定摄像机的支撑设备，它分为固定式和电动式两种。

1)固定式云台。适用于监视范围不大的情况，在固定式云台上安装好摄像机后，可调整摄像机的水平和俯仰的角度，达到最好的工作姿态后，只要锁定调整机构就可以了。

2)电动式云台。适用于对大范围进行扫描监视，它可以扩大摄像机的监视范围。在控制信号的作用下，云台上的摄像机既可自动扫描监视区域，也可在监控中心值班人员的操纵下跟踪监视对象。

云台根据其回转特点可分为水平(左右)单向转动的云台、水平和垂直(上下)双向转动的全方位云台，全方位云台由两台执行电动机来实现，水平旋转角通常为 0°～350°，垂直旋转角通常为±45°，电动机接收来自控制器的信号精确地运行定位。

(2)云台的分类。

1)根据外观有普通型云台、半球型云台和全球型云台；根据安装方式有吸顶云台、侧装云台和吊装云台等。

2)根据摄像机供电电源分为交流 24 V、交流 220 V 和直流 12 V 等。也有直流 6 V 供电的室内用小型云台，可在其内部安装电池，并用红外遥控器进行遥控。

云台的安装位置距控制中心较近且数量不多时，一般从控制台直接输出控制信号进行控制。而当云台的安装位置距离控制中心较远且数量较多时，往往采用总线方式传送编码的控制信号，并通过终端解码器解出控制信号再去控制云台的转动。

解码器需要接 2 根 485 通信总线到监控主机上的 485 端口。

(3)传输系统。传输系统的主要任务是将前端图像信息不失真地传送到终端设备上，并将控制中心的各种指令传送到前端设备上。目前大多采用有线传输方式，系统常采用 SYV-75-3 同轴电缆传输视频信号；常用 RVV 型软线作为传输控制信号和电源线。

较大型的电视监控系统也采用光纤作为传输线。如果摄像机的防护罩有雨刷、除霜、风扇和加热设备时，还要增加其控制线。视频线、控制信号线和电源线均采用线槽或管道敷设方式，且电源线宜与视频线、控制线分开敷设。

（4）控制部分。控制部分是实现整个系统的指挥中心。控制部分主要由总控制台组成，其主要功能为：视频信号的放大与分配；图像信号的处理与补偿；图像信号的切换；图像信号（或包括声音信号）的记录；摄像机及其辅助部件（如镜头、云台、防护罩等）的控制等。

总控制台可以按控制功能和控制摄像机的台数做成积木式的，根据要求进行组合。常用的控制设备有：

1）视频矩阵切换器：可以对多路视频输入信号和多路视频输出信号进行切换和控制。

2）多画面视频处理器：能把多路视频信号合成一幅图像，达到在一台监视器上同时观看多路摄像机信号。

3）多画面分割器：将多个画面通过视频数字处理合并成分割状的一个画面，就出现了多画面分割器。

4）视频分配器：一路视频信号可分成多路视频输出，同时保证线路特性阻抗匹配。

（5）显示部分。显示部分一般由多台监视器（或带视频输入的普通电视机）组成。它的功能是将传输过来的图像显示出来，通常使用的是黑白或彩色专用监视器，一般要求黑白监视器的水平清晰度应大于600线，彩色监视器的水平清晰度应大于350线。用多画面分割器可以将多台摄像机送来的图像信号同时显示在一台监视器上。

总控制台上设有录像机，可以随时把发生情况的被监视场所的图像记录下来，以便备查或作为取证的重要依据。目前已广泛采用数码光盘记录、计算机硬盘录像等技术。

（6）系统功能。微机控制器能进行编程，对整个系统中的活动监控点的云台及可变镜头实现各种动作的控制；并对所有视频信号在指定的监视器上进行固定或时序的切换显示，视频图像上叠加摄像机序号、地址、时间等字符，电梯轿厢图像上叠加楼层显示。系统使用多画面处理器可在一台录像机上记录多达16路视频信号，并可根据需要进行全屏及16、9、4画面回放。

（7）监控机房控制及要求。监控室统一供给摄像机、监视机及其他设备所需要的电源，并由监控室操作通断。监控室应配有内外通信联络设备（如直线电话一部），提供架空地板或线槽，并提供不间断的稳压电源。监控室宜设置于底层，其面积不小于12 m²。

设备机架安装竖直、平稳。机架侧面与墙、背面与墙距离不小于0.8 m，以便于检修。设备安装于机架内牢固、端正。电缆从机架、操作台底部引入，将电缆顺着所盘方向理直，引入机架时成捆绑扎。在敷设的电缆两端留有适度余量，并标有标记。监控室温度控制范围为15 ℃～28 ℃，湿度控制范围为30%～50%。

（8）供电与接地。监视电视系统应由可靠的交流电源回路单独供电，配电设备应设有明显标志。供电电源采用AC220 V、50 Hz的单相交流电源。

整个系统宜采用一点接地方式，接地母线应采用铜质线，接地电阻不得大于4 Ω。当系统采用综合接地时，其接地电阻不得大于1 Ω。

（9）系统管线的敷设。管线的敷设要避开强电磁场干扰，从每台摄像机附近吊顶排管经弱电线槽到弱井，再引到电视监控机房地槽。电源线（AC220 V）与信号线、控制线分开敷设。尽可能避免视频电缆的续接。

当电缆续接时采用专用接插件，并做好防潮处理。电缆的弯曲半径宜大于电缆直径的1.5倍。

在先进的计算机技术、通信技术、控制技术及 IC 卡技术的基础上，采用系统集成方法，逐步建立一个沟通业主与业主、业主与综合管理中心、业主与外部社会的多媒体综合信息交互系统，为业主提供一个安全、舒适、便捷、节能、高效的生活环境，实现以家庭智能化为主的、可持续发展的智能化小区。

1. 门禁系统的工作原理

(1)门禁系统的基本组成。门禁是一种以 CPU 处理器为核心的控制器、信息采集器和电控锁等组成的控制网络系统，通过系统的信息读取、处理，实现对各种门锁开关的自动控制。

按信息读取的方式，可分为插卡式、感应式、图像(指纹)识别式、眼睛虹膜识别式等。它们的科技含量和系统造价次序依次增高。

1)独立式门禁是非网络型的，每个门锁各自独立，其信息读取通常是插卡式和感应式，优点是造价低。

2)网络型门禁系统是由门禁控制器、读卡器、开门按钮、电控锁具、通信转换器、智能卡、电源、管理软件等组成。可以与计算机进行通信，直接使用软件进行管理，有管理方便、控制集中、可以查看记录、对记录进行分析处理等特点。

图 6-24 所示为一个最简单的联网门禁系统。其系统的配置有一台门禁控制器，一个 12 V 电源，一个出门按钮，一把电锁，一个读卡器，一个 485 通信转换器和一台计算机。

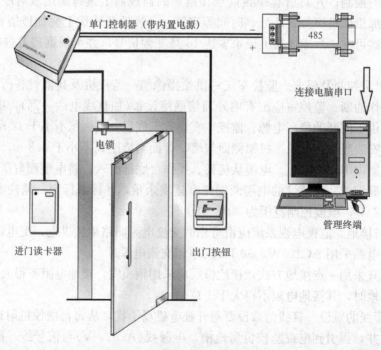

图 6-24　最简单的联网门禁系统

（2）门禁系统的主要设备。

1）控制器。用来收集读卡器传来的信息并进行处理，发出指令，控制电控锁的开启，存储感应卡资料数据，完成总线联网功能等。控制器是整个系统的核心，负责整个系统信息数据的输入、处理、存储和输出，控制器与读卡器之间的通信方式一般常采用 RS485 通信格式。

2）读卡器。负责读取感应卡上的数据信息，并将数据传送到控制器。不同技术的卡要用相同技术的读卡器，例如，用 Mifare 卡就要使用 Mifare 读卡器。它可以专配，也可以选配，只要符合接口要求即可。读卡器安装位置在出入口门的外边框近距离处。

3）智能卡。在智能门禁系统中的作用是充当写入读取资料的介质。用来存储个人信息的 IC 或 ID 感应卡，其内部含有一片集成电路和感应线圈，感应卡接近读卡器时，将其内部存储的信息通过感应的方式传递给读卡器，实现开门的目的。从应用的角度上，卡片分为只读卡和读写卡；从材质和外形上，又分为薄卡、厚卡和异形卡等。

4）电控门锁。电控门锁是门禁系统中的执行部件，控制出入口门的开与关状态。其安装位置是在出入口门房间内的门框上或者门扇上。电控门锁分为电磁锁和电控锁两种类型。

①电磁锁是利用电流通过电磁线圈时，产生的较大电磁吸力，将门上所对应的吸附板吸住而产生关门的动作并达到门禁控制的目的。因为门的关闭需要线圈长期带电而消耗能量，目前应用的较少。

②电控锁有阳极锁（直插式）和阴极锁两类。锁具由锁舌（动态）和锁槽（静态）两部分组成，将锁舌安装在门框上，锁槽安装在门扇上，通常称为阳极锁（直插式）。因为锁具的控制线不用配到活动的门扇上，所以常用于单开门的控制。如果将锁舌安装在门扇上，锁槽安装在门框上，通常称为阴极锁。当阴极锁需要外接电源时，导线要经过活动的门扇，需要通过电合页或电线保护软管进行导线的连接，常用于双开门的控制。

磁卡电控门锁通常是内置电池，不需外接电源线及控制线，锁舌一般安装在门扇上面，常用于酒店的客房门。

电控锁应用比较广泛，各种材质的门均可使用。作为执行部件，锁具的稳定性和耐用性是非常重要的。

5）电控锁开门按钮。电控锁开门按钮是房间内人员的开门开关，安装位置是在被控大厦门厅出入口门的近距离处。目前，市场上的产品有一控 1 门、一控 2 门、一控 4 门（即一个控制器控制 4 个门）等，每个门配 1 个读卡器、1 个电控锁具、1 个房内开门按钮。

（3）门禁系统的工作过程。门禁系统的工作过程是：经过授权的感应卡接近读卡器后，信息传送到控制器，控制器的 CPU 将读卡器传来的数据与存储器中的资料进行比较处理后，会出现以下三种可能结果：

1）传来的数据是经过授权的卡产生的，读卡的时间是允许开门的时段，这两个条件同时满足则向电控锁发出指令，电控锁打开，同时发出声或光进行提示。

2）当传来的数据是未经授权的卡产生的，或是非开门时段，则不向电控锁发指令，读卡无效，门打不开。如果某人的感应卡丢失，取得者无法在非工作时间非法进入。

3）当安保人员巡逻时读卡，系统程序作一次记录，但是电控锁不动作，在巡更管理终端上显示，便于值班员随时掌握巡逻人员的情况。

如果有人需要从房间内出来时，按下开门按钮开关，控制器收到信息后向电控锁发出指令，电控锁打开，闭门器能自动辅助门扇的关闭。

门禁系统的功能设置是在 PC 工作站上以桌面的方式进行的。这些功能包括开门与关门时段的设置、感应卡授权、卡号与受控门的对应设置、考勤统计报表、巡更卡号的设置等。通过修改程序，还可实现门禁系统与其他系统的联动等。网络管理员有权在工作站上进行任何一扇门的开启。

（4）门禁系统的集成。一个网络门禁系统是由许多台门控器组成，各门控器之间通过 RS485 总线与门禁网络控制器相连，组成一个门禁网络系统。该网络通过以太网总线与计算机局域网相连接，形成一个三级系统集成，三层网络结构，可以由上而下实现管理控制。

下层网络既能受上层管理控制，也可以不依赖于上层而独立工作，当上层发生故障或者断开链路时，也不会影响本层和下层的正常工作。这样，既提高了网络门禁管理的智能化程度，又能提高每个控制器的可靠性。

（5）门禁系统的配线。门禁系统的配线由厂家的系统组成决定，但广泛应用聚氯乙烯绝缘聚氯乙烯护套的铜芯软导线 RVV 和屏蔽双绞线 RVVP，根据导线敷设距离选择不同规格的导线。

1）电源：220 V 交流电源，广泛应用聚氯乙烯绝缘聚氯乙烯护套的铜芯软导线 RVV（2×2.5 mm^2）。

2）电源：RVV（2×1.0 mm^2）最长 100 m；RVV（2×0.5 mm^2）最长 35 m。

3）卡器线缆：控制器到读卡器电源线材，屏蔽双绞线 RVVP（2×1.0 mm^2）最长 150 m；RVVP（2×0.5 mm^2）最长 40 m。

4）磁信号线：RVV（2×1.0 mm^2）最长 500 m；RVV（2×0.5 mm^2）最长 300 m。

5）按钮信号线：RVV（2×1.0 mm^2）最长 500 m；RVV（2×0.5 mm^2）最长 300 m。

2. 楼宇可视对讲与门禁系统

为了达到控制人员出入小区、对业主实行安全管理以及各种事故的安全防范的目的，现代的住宅小区广泛应用智能化楼宇可视对讲与门禁系统，为业主提供更安全、方便、放心的小区环境。楼宇可视对讲与门禁系统组成案例示意图如图 6-25 所示。

（1）系统组成。智能化楼宇可视对讲系统由管理中心、单元门口主机、住户室内机、集中供电电源、主机控制器、层间（层间平台）隔离器、主机电源等组成。可实现访客呼叫、对讲、开锁、门禁管理等功能，其具体配置如下：

1）管理中心机。保安室安装 1 台管理中心机（联网汇总机），对整个小区进行管理。

2）单元门口主机。每栋单元门口处都安装一台单元门口主机，对门栋进出进行管理控制。

3）单元联网器。每单元装一台单元联网器，作为单元联网用。

4）住户分机。每户安装一个对讲分机，可实现可视、对讲、开锁、呼叫管理中心等功能。

5）集中供电电源箱。为层间平台和室内分机提供电源。

6）层间平台。隔离保护室内分机，切换音视频。

7）主机电源（集中供电电源）。为单元门口机、围墙主机和电控锁提供电源。

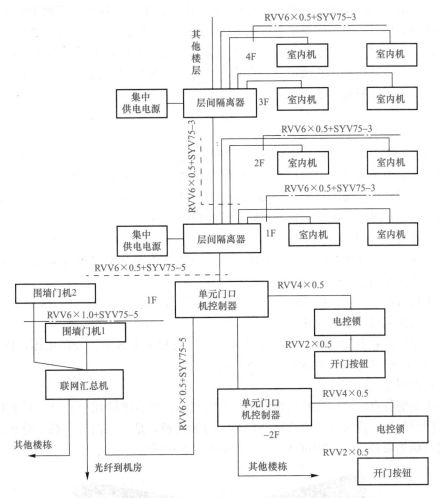

图 6-25 可视对讲与门禁系统示意图

(2)系统功能及特点。智能化楼宇对讲系统具有以下特点和功能：

1)强大的光纤组网能力。系统采用光纤来传输所有信号，不同类型的分机和不同楼栋的主机都可以通过小区以太网互联组网。

2)统一编址。系统采用八位编码，最大容量为 99 999 999，系统内所有设备统一编址，同一小区可接 99 台管理机，一台管理机可方便地管理 9 999 栋楼，而同一栋楼可并联 99 台门口机，一台门口机可连 9 999 台分机。

3)密码设置。系统中互通分机可以通过键盘随意设置或修改用户密码，做到一户一个密码，大大方便了用户的出入。

4)采用可以转动镜头的门口主机。门口主机内设置带有微型云台的摄像机，可以全方位、多角度地看清来访者。避免了固定摄像镜头视角小的弊病，以及很好地解决了工程商安装调试时的苦恼。

5)家庭安全紧急报警功能。住户内安装有紧急求助按钮，可以通过按钮向物管中心发出紧急求助信号。还可以安装感烟探测器或可燃气体探测器，实现火灾报警功能。

6)系统分散供电,断电自动启动后备电源。整个系统每一幢楼、管理中心单独供电,万一出现电源故障,不会影响整个系统的运行。遇到市电断电,自动启动后备电源。

7)系统线路短路不影响整个系统。由于系统外部光纤联网,中间设备采用隔离器,强大的数据运行及自动检测功能使得一旦其中一个端口出现短路,也不会影响到其他设备的正常运行,不至于影响整个系统。

(3)系统主要设备。

1)DF2000-2 VN黑白可视管理机。

①安装在物管中心值班室,主要功能:接收各分机呼叫,并显示来电号码;接收各分机和边界红外对射探测器发出的报警信号,显示报警类型及分机号码和边界位置。

②其能记录每次报警的日期、时间、地点等信息,最大可存储500条信息记录;能随时查询历次报警记录;主机呼叫管理机时,可控制电控锁。

2)黑白可视单元门口机。

①安装在楼栋门的外侧面,主要功能:呼叫分机并能与分机实现可视对讲;接收分机遥控开锁;直接呼叫管理机。

②一栋楼可并接多台主机,多栋楼所有主机也可互联;能给主机进行编码,4位编码;可以利用分机密码或刷卡实施开锁。

③其与主机控制器配合使用,使得进入主机的线材大大减少;金属按键,LCD显示,摄像头:1/3″CDD摄像头,可调整上、下角度。

3)主机控制器。

①主要功能特点:采用总线结构,通信稳定可靠;声音电路相对独立,可实现系统内多组设备同时通话;自动完成关联设备的音、视频切换,是单元门口主机、分机、管理机及小区门口机等设备通信的"中心交换机",如图6-26所示。

图6-26 主机控制器

②其采用接插口方式连接,施工安装方便。

4)免提可视分机。

①安装在住户内,壁挂方式安装,主要功能:分机与管理机之间可双向呼叫通话,住户如有紧急情况,可按报警键向管理机报警;能输入和修改密码,并且能使用密码在门口主机上开锁或撤防。能外接可视、非可视小门口机,也能外接门铃按钮,使分机兼有单纯门铃功能;自带报警功能,可驳接各种探头(如红外、门磁、窗磁、烟感、煤气探头和紧急按钮等)。

②具有图像抓拍功能，当有访客呼叫某台分机时，系统自动抓拍一张图片，业主可轻松方便地在分机上查询各个时间段访客的资料，包括访客图像、呼叫时间等信息；当分机无人接听时，系统自动提示访客进行留言，时间为30 s。图 6-27 所示为免提可视分机的外形图。

5）系统电源。电源设备是整个系统中非常重要的部分，如果电源出现问题，整个系统就会瘫痪或出现各种各样的故障。门禁系统一般都选用较稳定的线性电源。

对讲产品的电源采用性能极为优良的集成电路，具有输出电压稳定、纹波小、带载能力强及自损耗小的优点，内置蓄电池，交流电停电时，系统可以继续工作。图 6-28 所示为系统电源的外形图。

图 6-27　免提可视分机的外形图

图 6-28　系统电源的外形图

6）层间隔离器。其安装在层间平台箱内，主要用于户与户之间或户与层之间设备的隔离，起到隔离故障信号、过滤无用信号的作用。当某一户出现了问题，不会影响整个系统的正常工作。层间隔离器还具有视频分配功能，将门口机视频信号经过隔离器分配到各路分机。它的外形与主机控制器的外形相同。

7）管理软件。其负责整个系统监控、管理和查询等工作。管理人员可通过管理软件对整个系统的状态、控制器的工作情况进行监控管理，并可扩展完成巡更、考勤、停车场管理等功能。

8）系统配线。系统配线为 RVV(6×0.5)＋SYV-75-5，RVV(6×0.5)用于开门按钮控制线 2 根，对讲电话线 2 根，室内报警信号线 2 根，SYV-75-5 为阻抗特性 75 Ω 的同轴电缆视频线，配到层间平台进行转换。

图 6-29 所示为一个多门控制的联网门禁系统综合布线示意图。此图展示了 485 门禁系统综合布线组网的基本规则和出入方案的典型应用，在实际工程应用中可以灵活应用、自由组合。

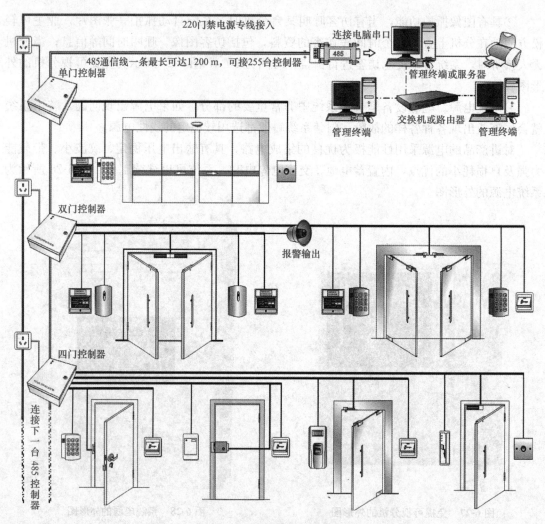

图 6-29　多门控制的联网门禁系统综合布线示意图

■ 四、停车场管理系统

我国机动车的数量增长很快，合理的停车场设施与管理系统不仅能解决城市的市容、交通及管理收费问题，而且是智能楼宇或智能住宅小区正常运营和加强安全的必要设施。

1. 停车场(库)管理系统的主要功能

停车场(库)管理系统的主要功能分为停车和收费(即泊车与管理)两大部分。

(1)泊车。要全面达到安全、迅速停车的目的，首先，必须解决车辆进出与泊车的控制，在停车场内设置车位引导标示，使入场的车辆尽快找到合适的停泊车位，保证停车全过程的安全。最后，必须解决停车场出口的控制，使被允许驶出的车辆能方便、迅速地驶离。

(2)管理。为实现停车场的科学管理并获得更好的经济利益，必须创造停车出入与缴费迅速、简便的管理系统，使停车者使用方便，也能使管理者及时了解车库管理系统整体组成部分的运转情况，能随时读取、打印各组成部分数据情况或进行整个停车场的经济分析。

2. 停车场(库)管理系统的组成

停车场(库)管理系统一般由读卡机、自动出票机、闸门机、感应线圈(感应器)、满位指示灯和计算机收费系统等组成。

(1)车辆感应器。车辆出入的检测与控制，通常采用环形感应线圈方式或光电检测方式。应用数字式检测技术，可感知车辆的有无，用于启动取卡设备、读卡设备和启动图像捕捉。为防砸车功能的主要硬件设备。

图 6-30 所示为出入口分开设置的停车场管理系统管线布置示意图，因管理系统不同，其管线配置略有差异，施工时应根据产品说明或设计图进行调整。

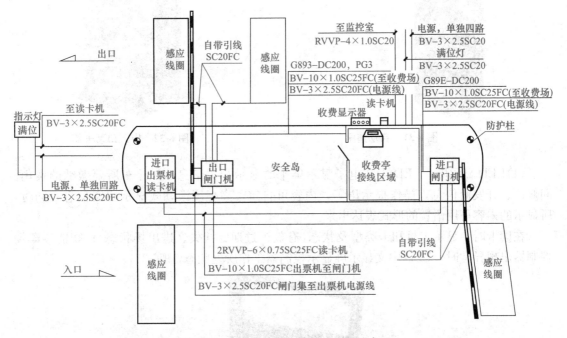

图6-30　停车场管理系统管线布置示意图

感应线圈由多股铜丝软绝缘线做成，导线截面面积为 1.5 mm²。感应线圈一般做成宽 1 800 mm、长 800 mm 的矩形框，其头、尾部分绞起作为连接导线。感应线圈应放在 100 mm 厚的水泥基础上，且基础内无金属物体，四角用木楔固定，也可用开槽机将水泥地面开槽，然后将线圈放入槽内进行安装、固定。

感应线圈的线槽距电气动力线路应为 500 mm 以外，距金属和磁性物体应大于 300 mm。线圈安装好后，在线圈上浇筑与路面材料相同的混凝土或沥青。安全岛在土建施工前应预埋穿线管及接线盒，穿线管口可高出安全岛 100 mm，管口应用塑料帽保护。

(2)自动道闸。一般采用发热小、速度快的直流伺服电动机，进行无级调速、防砸车保护、温度控制等模块使系统动作更加平稳、准确。高度集成了电路自检测、快速数字化，使道闸操作管理智能化、简单化(图 6-31)。

(3)出入口读卡器。读取速度快，操作简便；使用时没有方向性，可以任意方向掠过读卡器表面，即可完成读卡工作。感应卡具有防强磁、防水、防静电等功能，比接触式智能卡具有更好的防污损功能，数据保持可达 10 年以上(图 6-32)。

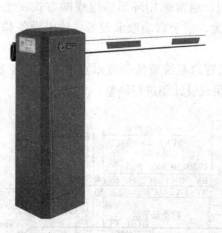

图 6-31 自动道闸

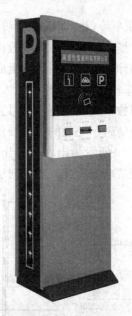

图 6-32 出入口读卡器

（4）LED显示屏。LED中文电子显示屏平时显示相关信息，如停车所要缴纳的费用、问候语、开发商信息，操作提示语等，内容可自定，高亮度滚动式显示中文信息；同时，所显示的内容可用语音的形式表达出来。

在读卡时，显示卡号和卡类型及状态（有效、过期、挂失、进出场状态）；智能停车场控制器出现异常时，LED中文显示屏显示控制器工作所处状态（图 6-33）。

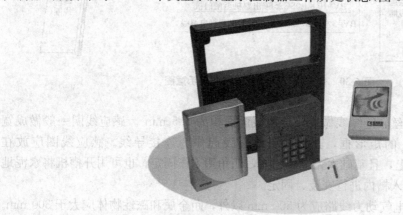

图 6-33 LED显示屏

（5）语音提示。当客户来到出卡机拿卡时，系统会向客户说"欢迎光临"等。当客户离开刷卡时，系统会向客户说"谢谢，再见"等礼貌用语。

（6）车场现场管理器。车场现场管理器是停车场管理系统核心部件之一，记录与存储车辆进出记录。采用闪存（Flash Memory）储存芯片，断电不会引起信息丢失，可脱机独立运作。支持网络通信，可本地或网络通信。

3. 系统流程

(1)业主车。业主开车进场时，只需持卡在入口控制机范围内，读卡器会自动读取车主卡上信息，LED显示屏会滚动显示并伴有语音提示"欢迎光临！"系统确认是否为合法卡，同时图像对比系统启动，摄像机会自动抓拍车辆图片，并存入数据库，自动挡车器打开，当车辆经过挡车器下方的地感线圈后，闸杆会自动落下，若车不过则不落杆，配合闸杆上安装的压力电波，真正实现双重防砸车功能，业主不需任何操作的情况下畅通地进到停车场泊车。

当业主车出场时，同入场时一样只需持卡在出口控制机范围内，读卡器会自动读取车主卡上信息，图像对比系统会自动抓拍车辆图片，并提取出车辆入场时的车牌号和图片信息，由值班人员进行人工比对，确认为同一部车同一张卡时，系统自动开闸放行，LED显示屏会滚动显示并伴有语音提示"谢谢光临，祝您一路顺风！"若卡片信息与车牌信息不相符，由保安人员前来处理，保障车辆进出的安全性。

(2)临时车辆。临时车辆进场时来到控制机前，入口控制机前的地感线圈首先会感应到车辆，LED显示屏会滚动显示并伴有语音提示"欢迎光临，临时租车请取卡并带卡入场！"司机按键取卡后，图像对比系统启动，摄像机自动抓拍车辆图像，存入数据库，自动挡车器打开，当车辆经过挡车器下方的地感线圈后，闸杆会自动落下，临时车辆进入园区内停车场泊车。

临时车辆出场时，出口控制机前的地感线圈感应到车辆后，LED显示屏会滚动显示并伴有语音提示"临时租车请缴费交卡！"车主将IC卡交给值班人员，值班人员在临时租卡读卡器上一刷，计算机根据车辆入场时间和相对应的收费标准自动计费，LED显示屏会滚动显示并伴有语音提示"请缴费××元！"并存入数据库内，方便查询；同时图像对比系统会自动抓拍车辆图片，并且会自动调出入场时车辆的车牌号和图像信息，由值班人员进行人工比对，确认为同一部车、同一张卡，系统自动开闸放行，同时，LED显示屏会滚动显示并伴有语音提示"谢谢光临，祝您一路顺风！"车过后，闸杆自动落下。图6-34所示为停车场车辆进入流程示意图。

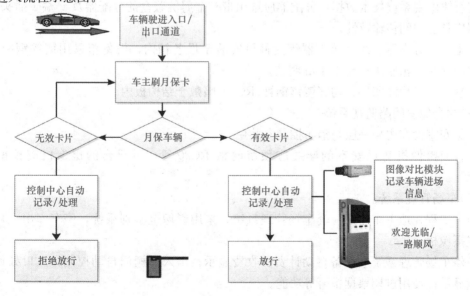

图6-34　停车场车辆进入流程示意图

任务六　建筑弱电工程读图练习

任务引领

通过工程实际案例的读图训练，将建筑弱电知识系统化。

一、设计说明摘录

(1)综合布线系统。

1)综合布线系统是将语音信号、数字信号的配线，经过统一的规范设计，综合在一套标准的配线系统上，此系统为开放式网络平台，方便用户在需要时，形成各自独立的子系统。

综合布线系统可以实现世界范围资源共享，综合信息数据库管理、电子邮件、个人数据库、报表处理、财务管理、电话会议、电视会议等。

2)电话引入线的方向为本建筑北侧，由市政引来外线电缆及中继电缆，进入地下一层模块站。模块站由电信部门设计，本设计仅负责总配线架以后的配线系统。

3)本工程综合布线系统的 5 个子系统。

①普通电视信号由室外有线电视信号引来，屋顶设卫星天线。

②有线电视系统采用 750 MHz 双向数据传输系统。

干线传输系统采用分配—分配或分配—分支系统。

用户分配网络采用分配—分支系统。

③有线电视系统技术数据：分配器应选用带有金属屏蔽盒的分配器及 F 端子插头插座；分支器应具有空间传输特性。

分配器、分支器、线路放大器等元件可安装于设备箱内，设备箱采用镀锌钢板制成，在竖井内安装，箱底边距地 1.4 m 明装。

电视分支线除注明外，均穿镀锌钢管(RC20)暗敷于结构板内。

(2)综合保安闭路监视系统。

1)保安室设在主楼一层与消防控制室共用。

2)普通摄像机与保安室的配线应预留两根 RC20 管，带云台的摄像机应预留 3 根 RC20 管。

(3)车场管理系统。

1)本工程在地下车库设一套车场管理系统，采用影像全鉴别系统，停车库出入口处设固定式摄像机。

2)停车场管理系统应具备自动计费、收费显示；出入口栅门自动控制；入口处设空车位数量显示；使用过期票据报警等功能。

3)停车场管理系统应与消防系统联动，当发生火灾时，进口处挡车杆停止放行车辆，

LED显示屏显示禁止入内。同时，出口处挡车杆自动抬起放行车辆。

(4)电气消防系统。

1)基本组成。消防系统由火灾自动报警、消防联动控制、消防紧急广播、消防系统直通电话和电梯运行监视控制等系统组成。

2)消防控制室主要设备。消防控制室的报警控制设备由火灾报警控制盘、CRT图形显示屏、打印机、紧急广播设备、消防直通对讲电话、电梯运行监视控制盘、UPS不间断电源及备用电源等组成。

本工程在首层设置消防控制室。

■ 二、识图能力训练 ··

见配套图纸附图4。

习 题

一、单项选择题

项目六   参考答案

1. (   )将建筑物或建筑群内的电力、照明、空调、给水排水、防灾、保安、车库管理等设备或系统，以集中监视、控制和管理为目的构成综合系统，从而创造出一个有适宜的温度、湿度、亮度和空气清新的工作或生活环境，满足用户节能、高效、舒适、安全、便利和使用的要求。

   A. 楼宇自动化系统　　　　　　　　　B. 通信自动化系统

   C. 办公自动化系统　　　　　　　　　D. 建筑设备自动化系统

2. 建筑群子系统主要使用(   )。

   A. 双芯光纤　　　B. 四芯光纤　　　C. 五芯光纤　　　D. 六芯多模光纤

3. 消防自动化系统的代号是(   )。

   A. SAS　　　　　B. FAS　　　　　C. BAS　　　　　D. MAS

4. 水平子系统对布线的距离有着较严格的限制，它的最大距离不超过(   )m。

   A. 50　　　　　　B. 80　　　　　　C. 90　　　　　　D. 100

5. (   )是现代化管理、监视、控制的重要手段，有防盗报警系统、电视监视系统、电子门锁、巡更系统、对讲电话、求助系统等。

   A. 电视监控系统　　B. 防盗安保系统　　C. 访客对讲系统　　D. 巡更系统

二、多项选择题

1. 以建筑智能化为特征的智能建筑的类型有(   )。

   A. 办公楼　　　B. 写字楼　　　C. 综合性建筑　　　D. 住宅

   E. 住宅小区

2. 智能建筑一般由以下哪些子系统组成(   )。

   A. 楼宇自动化系统　　　　　　　　　B. 通信自动化系统

   C. 办公自动化系统　　　　　　　　　D. 建筑设备自动化系统

   E. 综合布线系统

3. 安保系统的组成有(　　)。
   A. 防盗报警系统　　　　　　　　B. 巡更对讲系统
   C. 闭路电视　　　　　　　　　　D. 门禁控制
   E. 周界设防系统
4. 防盗安保系统主要的设备是(　　)。
   A. 读卡器　　　B. 防盗报警器　　　C. 摄像机　　　D. 监视器
   E. 电子门锁
5. 停车场(库)管理系统一般由(　　)、感应线圈(感应器)、满位指示灯等组成。
   A. 读卡机　　　B. 自动出票机　　　C. 闸门机　　　D. 计算机收费系统
   E. 人工收费系统

三、简答题

1. 简述智能建筑的概念。
2. 简述火灾自动报警系统建设的原则。
3. 简述感温探测器的主要功能特点。
4. 简述综合布线系统的概念。
5. 简述综合布线系统的组成。
6. 简述安防系统中常见的系统监视点设置。
7. 简述楼宇对讲系统的特点和功能。
8. 简述门禁系统的工作过程。

项目七　建筑供配电系统及电气照明系统

教学目标

1. 能够准确识读建筑电气施工图纸；
2. 了解建筑供配电的组成和负荷级别的分类；
3. 熟悉常用灯具的和配电箱、开关、插座的安装要求；
4. 掌握低压配电系统的接地方式；
5. 了解建筑物的防雷等级分类和防雷装置的组成，并能够掌握建筑物的防雷措施。

任务导入

本任务主要学习建筑电气施工图识读。以某建筑电气照明施工图为任务，通过该套图纸表达的内容深入学习供电配电系统、照明系统、接地系统、防雷系统。

任务一　建筑电气照明施工图识读

任务引领

图纸识读，首先要读懂施工说明，了解整个建筑物概况，然后将系统图与平面图对照，将图纸的内容测绘到实物上，再将实物反馈到图纸上。这样，一套建筑电气施工图就能熟读，即能够指导施工和计价了。

一、电气施工图的组成及识读方法

电气施工图所涉及的内容往往根据建筑物不同的功能而有所不同，主要有建筑供配电、动力与照明、防雷与接地、建筑弱电等方面，用以表达不同的电气设计内容。

（一）电气施工图的特点

(1)建筑电气工程图大多是采用统一的图形符号，并加注文字符号绘制而成。

(2)电气线路都必须构成闭合回路。

(3)线路中的各种设备、元件都是通过导线连接成为一个整体的。

(4)在进行建筑电气工程图识读时，应阅读相应的土建工程图及其他安装工程图，以了解相互之间的配合关系。

(5)建筑电气工程图对于设备的安装方法、质量要求以及使用维修方面的技术要求等往往不能完全反映出来，所以，在阅读图纸时，有关安装方法、技术要求等问题，要参照相关图集和规范。

(二)电气施工图的组成

1. 图纸目录与设计说明

图纸目录与设计说明包括图纸内容、数量、工程概况、设计依据以及图中未能表达清楚的各有关事项。如供电电源的来源、供电方式、电压等级、线路敷设方式、防雷接地、设备安装高度及安装方式、工程主要技术数据、施工注意事项等。

2. 主要材料设备表

主要材料设备表包括工程中所使用的各种设备和材料的名称、型号、规格、数量等，它是编制购置设备、材料计划的重要依据之一。

3. 系统图

如变配电工程的供配电系统图、照明工程的照明系统图、电缆电视系统图等。系统图反映了系统的基本组成，主要电气设备、元件之间的连接情况以及它们的规格、型号、参数等。

4. 平面布置图

平面布置图是电气施工图中的重要图纸之一，如变配电所电气设备安装平面图、照明平面图、防雷接地平面图等，用来表示电气设备的编号、名称、型号及安装位置、线路的起始点、敷设部位、敷设方式及所用导线型号、规格、根数、管径大小等。通过阅读系统图，了解系统基本组成之后，就可以依据平面图编制工程预算和施工方案，然后组织施工。

5. 控制原理图

控制原理图包括系统中各所用电气设备的电气控制原理，用以指导电气设备的安装和控制系统的调试运行工作。

6. 安装接线图

安装接线图包括电气设备的布置与接线，应与控制原理图对照阅读，进行系统的配线和调校。

7. 安装大样图(详图)

安装大样图是详细表示电气设备安装方法的图纸，对安装部件的各部位注有具体图形和详细尺寸，是进行安装施工和编制工程材料计划时的重要参考。

(三)电气施工图的识读方法

(1)熟悉电气图例符号，弄清图例、符号所代表的内容。

(2)针对一套电气施工图，一般应先按以下顺序阅读，然后再对某部分内容进行重点识读。

1)看标题栏及图纸目录。了解工程名称、项目内容、设计日期及图纸内容、数量等。

2)看设计说明。了解工程概况、设计依据等，了解图纸中未能表达清楚的各有关事项。

3)看设备材料表。了解工程中所使用的设备、材料的型号、规格和数量。

4)看系统图。了解系统基本组成，主要电气设备、元件之间的连接关系以及它们的规格、型号、参数等，掌握该系统的组成概况。

5)看平面布置图。如照明平面图、防雷接地平面图等。了解电气设备的规格、型号、数量以及线路的起始点、敷设部位、敷设方式和导线根数等。平面图的识读可按照以下顺序进行：电源进线—总配电箱—干线支线—分配电箱—电气设备。

6)看控制原理图。了解系统中电气设备的电气自动控制原理，以指导设备安装与调试工作。

7)看安装接线图。了解电气设备的布置与接线。

8)看安装大样图。了解电气设备的具体安装方法、安装部件的具体尺寸等。

(3)抓住电气施工图要点进行识读。在识图时，应抓住以下要点进行识读：

1)在明确负荷等级的基础上，了解供电电源的来源、引入方式及路数；

2)了解电源的进户方式是由室外低压架空引入还是电缆直埋引入；

3)明确各配电回路的相序、路径、管线敷设部位、敷设方式以及导线的型号和根数；

4)明确电气设备、器件的平面安装位置。

(4)结合土建施工图进行阅读。电气施工与土建施工结合得非常紧密，施工中常常涉及各工种之间的配合问题。电气施工平面图只反映了电气设备的平面布置情况，结合土建施工图的阅读还可以了解电气设备的立体布设情况。

(5)熟悉施工顺序，便于识读电气施工图。如识读配电系统图、照明与插座平面图时，就应首先了解室内配线的施工顺序。

1)根据电气施工图，确定设备安装位置、导线敷设方式、敷设路径及导线穿墙或楼板的位置；

2)结合土建施工，进行各种预埋件、线管、接线盒、保护管的预埋；

3)装设绝缘支持物、线夹等，敷设导线；

4)安装灯具、开关、插座及电气设备；

5)进行导线绝缘测试、检查及通电试验；

6)工程验收。

(6)识读时，施工图中各图纸应协调配合阅读。对于具体工程来说，为说明配电关系时，需要有配电系统图；为说明电气设备、器件的具体安装位置时，需要有平面布置图；为说明设备工作原理时，需要有控制原理图；为表示元件连接关系时，需要有安装接线图；为说明设备、材料的特性、参数时，需要有设备材料表等。这些图纸各自的用途不同，但相互之间是有联系并协调一致的。在识读时应根据需要，将各图纸结合起来识读，以达到对整个工程或分部项目全面了解的目的。

■ 二、常用电气施工图形符号

(一)图线

电气施工图常用图线见表7-1。

表 7-1　电气施工图常用图线

名称	线型	线宽	用途
粗实线	——————————	b	本专业设备之间电气通路连接线、本专业设备可见轮廓线、图形符号轮廓线
细实线	——————————	$0.25b$	非本专业设备可见轮廓线、建筑物可见轮廓；尺寸、标高、角度等标注线及引出线
相虚线	- - - - - - -	b	本专业设备之间电气通路不可见连接线；线路改造中原有线路
单点画线	—— · —— · ——	$0.25b$	定位轴线、中心线、对称线；结构、功能、单元相同围框线
双点画线	—— ·· —— ·· ——	$0.25b$	辅助围框线、假想或工艺设备轮廓线

(二)图形符号和文字符号

照明施工图中常用图形符号见表 7-2。

表 7-2　照明施工图中常用图形符号

图例	名称	图例	名称	图例	名称	图例	名称
○	灯具一般符号	Ⓐ	探照灯	✎	双联单控防水开关	⌂	单相三极防水插座
●	顶棚灯	▼	墙上座灯	⊨	双联单控防爆开关	⌂	单相三极防爆插座
⊗	四火装饰灯	⊟	疏散指示灯	✎	三联单控暗装开关	⌂	三相四极暗爆插座
⊗	六火装饰灯	⊟	疏散指示灯	✎	三联单控防水开关	⌂	三相四极防水插座
◖	壁灯	▭	出口标志灯	✎	三联单控防爆开关	⌂	三相四极防爆插座
⊢	单管荧光灯	⧆	应急照明灯	✎	声光控延时开关	⊠	双电源切换箱
⊨	双管荧光灯	○	应急照明灯	✎	单联暗装拉线开关	▭	明装配电箱
⊨	三管荧光灯	⊗	换气扇	✗	单联双控暗装开关	■	暗装配电箱
⊗	防水防尘灯	⋈	吊扇	↓	吊扇调速开关	⤬	漏电断路器
○	防爆灯	✎	单联单控暗装开关	▲	单相两极暗装插座	⤬	低压断路器
⊗	泛光灯	✎	单联单控防水开关	⌂	单相两极防水插座	⊸	弯灯
✎	单联单控防爆开关	⌂	单相两极防爆插座	⊙	广照灯	✎	双联单控暗装开关
▲	单相三极暗装插座						

主要电气元件的图形符号和文字符号见表7-3。

表 7-3　主要电气元件的图形符号和文字符号

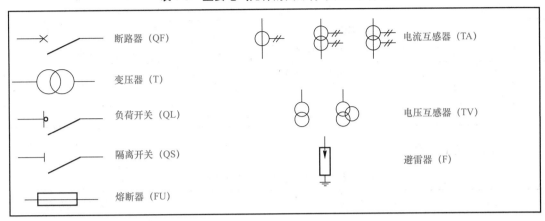

导线敷设方式的标注符号见表7-4。

表 7-4　导线敷设方式的标注符号

代号	线路敷设方式	代号	线路敷设方式
PC	穿硬塑料管敷设	E	明敷设
SC	穿钢管敷设	WC	暗敷设在墙内
MT	穿电线管敷设	K	瓷瓶瓷柱敷设
WL	铝皮长钉敷设	PL	瓷夹板敷设
PR	塑料线槽敷设	SR	沿钢索敷设
MT	电线管配线	M	钢索配线
FPC	穿阻燃半硬聚氯乙烯管敷设	CT	电缆桥架敷设
DB	直接埋设	TC	电缆沟敷设
CE	沿天棚或顶板面敷设	WE	沿墙面敷设
BE	沿屋架敷设	CP	金属软管配线
CLE	沿柱敷设	KPC	穿塑料波纹电线管敷设
FC	沿地板或埋地敷设	CE	混凝土排管敷设

线路敷设部位的文字标注见表7-5。

表 7-5　线路敷设部位的文字标注

序号	敷设部位	标注文字符号
1	暗敷在梁内	BC
2	敷设在柱内	CLC
3	沿墙面敷设	WE
4	暗敷在墙内	WC
5	沿天棚或顶板面敷设	CE
6	暗敷设在屋面或顶板内	CC

序号	敷设部位	标注文字符号
7	吊顶内敷设	SCE
8	暗敷设在地面或地板内	FC
9	沿钢索敷设	SR
10	沿屋架或跨屋架敷设	BE
11	沿柱或跨柱敷设	CLE
12	暗敷设在人不能进入的吊顶内	ACC

灯具安装方式的代号见表 7-6。

表 7-6　灯具安装方式的代号

代号	线路敷设方式	代号	线路敷设方式
Ch	链吊式	CP	线吊式
P	管吊式（吊杆式）	CL	柱上安装
W	壁式	S	吸灯式
R	嵌入式（也适用于暗装配电箱）		

（三）单线和多线的表示方法

单线表示方法：将同方向同位置的多根电线用一条线表示。多线表示方法：将每根电线都画出来。

（四）照明灯具及配电线路的标注

1. 配电箱的标注

一般格式
$$a\ \frac{b}{c}\quad a-b-c$$

标注加引入线
$$a\ \frac{b-c}{d(e\times f)-g}$$

式中　a——设备编号；

　　　b——设备型号；

　　　c——设备功率(kW)；

　　　d——导线型号；

　　　e——导线根数；

　　　f——导线横截面面积(mm^2)；

　　　g——导线敷设方式和敷设部位。

例 1： AP4 $\dfrac{XL-3-2}{40}$ 表示 4 号动力配电箱，其型号为 XL−3−2，功率为 40 kW。

例 2： AL4−2 $\dfrac{XRM-302-20}{10.5}$ 表示第四层的 2 号照明配电箱，其型号为 XRM−302−20，功率为 10.5 kW。

2. 配电线路上的标注

格式　　　　　　　　　$a-b(c\times d)e-f$

式中　a——线路编号或线路用途的符号；

　　　b——导线型号；

　　　c——导线根数；

　　　d——导线截面面积(mm^2)；

　　　e——线路敷设方式及保护管管径(mm)；

　　　f——线路敷设部位。

如某配电线路上标注有：BV$(4\times 25)1\times 16$FPC32−WC，表示有 4 根截面面积为 25 mm^2 的铜芯塑料绝缘导线；1 根截面面积为 16 mm^2，直径为 32 mm 的塑钢管敷设；WC 表示暗敷在墙内。

3. 照明灯具的标注

一般安装方式　$a-b\dfrac{c\times d\times L}{e}f$

吸顶式安装　$a-b\dfrac{c\times d\times L}{—}$

式中　a——灯具的数量；

　　　b——灯具的型号或编号或代号(一般灯具标注，常不写型号)；

　　　c——每盏灯具的灯泡数；

　　　d——每个灯泡的容量(W)；

　　　e——灯泡安装高度(m)；

　　　f——灯具安装方式；

　　　L——光源的种类(可省略)。

■ 三、照明基本线路 ···

1. 一只开关控制一盏灯

一只开关控制一盏灯如图 7-1 所示。

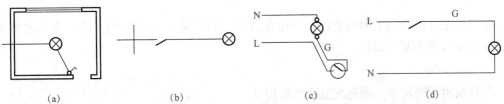

(a)　　　　　　　(b)　　　　　　　(c)　　　　　　　(d)

图 7-1　一只开关控制一盏灯

(a)平面图；(b)系统图；(c)透视接线图；(d)原理图

2. 多个开关控制多盏灯

多个开关控制多盏灯如图 7-2 所示。

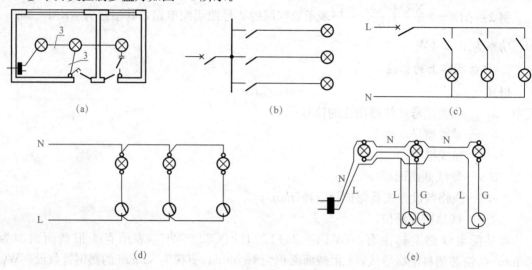

图 7-2 多个开关控制多盏灯

(a)平面图；(b)系统图；(c)原理图；(d)原理图接线图；(e)透视接线图

3. 两个开关控制一盏灯

两个开关控制一盏灯如图 7-3 所示。

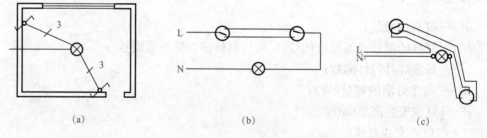

图 7-3 两个开关控制一盏灯

(a)平面图；(b)原理图；(c)透视接线图

■ 四、电气施工图识读实例实训 ···

1. 实训目的

通过对电气照明施工图的识读，学生掌握电气照明施工图识读的方法，能够理解及运用所学的电气照明基本知识。

2. 实训准备

某建筑电气照明施工图见配套图纸附图 5。

3. 实训内容

根据实训准备的内容，在老师的指导下，学生独立识读电气照明施工图。

4. 识读内容提要

(1)对于《电气设计说明》内容，应使学生了解设计范围及各子系统设计内容。

(2)对于低压配电系统，应使学生掌握负荷分类、供电电源、供电方式、接地系统方式及线路敷设方式。

(3)对于照明系统，应使学生掌握本工程灯具选择，开关、插座布置及消防应急照明灯、消防应急疏散指示灯、消防事故照明灯具等内容。

(4)对于电话系统，应使学生主要掌握光纤入户管线要求及室内线路敷设要求。

(5)对于防雷系统，应使学生主要掌握避雷带、引下线及接地极的制作要求。

(6)对于接地系统，应使学生主要掌握本接地系统类型及等电位连接要求。

任务二　电工学的基本知识

任务引领

本任务主要学习电路的组成和相交流电的基本知识。根据任务一给定的施工图纸，知道 220 V/380 V 电压的应用。

一、电路的组成

电路由电源、负载和中间环节三个部分组成，如图 7-4 所示。

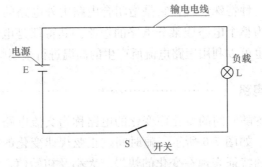

图 7-4　电路的组成

(1)电源的作用是为电路提供能量，是把其他形式的能转换为电能的装置。如发电机利用机械能或核能转化为电能，蓄电池利用化学能转化为电能，光电池利用光能转化为电能等。

(2)负载则将电能转化为其他形式的能量加以利用，如电炉将电能转化为热能，电动机将电能转化为机械能等。

(3)中间环节用作电源和负载的连接体，包括导线、开关、控制线路中的保护设备等。

对电源而言，负载、输电导线、开关、控制线路中的保护设备称为外电路，电源内部称为内电路。

■ 二、电路的工作状态 ……………………………………………………………

电路一般有三种工作状态：通路、断路和短路，如图 7-5 所示

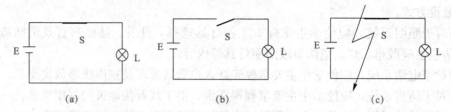

图 7-5 电路三种状态

(a)通路；(b)断路；(c)短路

(一)通路

将内外电路接通，构成闭合电路，电路中就有电流通过。在内电路中，电流方向由负到正，是电位升的方向，即电动势的正方向；在外电路中，电流方向由正到负，是电位降的方向，即电压的正方向。可以看出，闭合电路中，内、外电路中的电流是相等的。

(二)断路(开路)

整个电路中的某一部分断开，表现出无限大的电阻，使电路呈不闭合、无电流通过的状态。断路可以是外电路的断路，如利用开关故意造成的断路；或者是内电路的断路，即电路内部的断路。

(三)短路

短路是闭合电路的一种特殊形式，它是指闭合电路中外电路的总电阻或者某分电路的电阻接近零的状态，称为整个电路或某分电路的短路。其特征是电流往往很大，它会烧坏绝缘、损坏设备，当然也可以利用短路电流所产生的高温进行金属焊接等。

■ 三、单相正弦交流电路 ……………………………………………………………

电压的大小和方向均随时间的变化而变化的电路称为交流电路，单相交流电路是指只有一个交流电压的电路，如图 7-6 所示。随时间按正弦规律变化的电压、电流称为正弦电压和正弦电流。正弦量的特征表现在变化的快慢、大小及初始值，它们分别由角频率、幅值和初相位来确定，因此，角频率、幅值和初相位为正弦交流电的三要素。

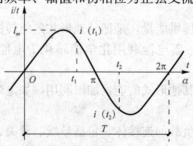

图 7-6 电流随时间变化的正弦波形

正弦交流电的函数表达式为：$i = I_m\sin(\omega t + \varphi_0)$

式中，i 为瞬时电流（A）；I_m 为电流幅值（A）；ω 为角频率（rad/s）；φ_0 为初相位（rad）；t 为时间（s）。

（一）频率、周期与角频率

正弦量变化一周所需要的时间称为周期，用符号 T 表示，而 $1/T$ 是每秒钟完成的周期数，称为频率，用符号 f 表示，其单位是赫兹（Hz）。

$$f = \frac{1}{T} \text{ 或 } T = \frac{1}{f}$$

正弦交流电每秒内变化的角度称为角频率 ω，其单位是弧度/秒（rad/s）。

$$w = 2\pi f = \frac{2\pi}{T}$$

在我国的供电系统中，交流电的频率是 50 Hz，这种频率在工业应用广泛，所以，习惯上也叫作工频，周期是 0.02 s，角频率是 314 rad/s。

（二）幅值与有效值

正弦交流电在任一瞬间的值称为瞬时值，用小写字母表示，如 i、u、e 分别表示电流、电压、电动势的瞬时值。瞬时值中最大的值称为幅值或最大值，用带下标 m 的大写字母来表示，如 I_m、U_m、E_m 分别表示电流、电压、电动势的幅值或最大值 P201 正弦量是一个随时间按正弦规律作周期性变化的物理量，可以用瞬时值和最大值来表示。但瞬时值描述较烦琐，最大值又只能反映瞬间情况，不能确切表达它的效果。为此，工程上引入一个新概念，即有效值。下面从等效能量概念来定义有效值。

如果交流电通过一个电阻时，在一个周期内产生的热量与某直流电通过同一个电阻在同样的时间内产生的热量相等，就将这一直流电的数值定义为交流电的电流有效值。

$$I = \frac{I_m}{\sqrt{2}} = 0.707 I_m$$

同样，还有电压有效值。

$$U = \frac{U_m}{\sqrt{2}} = 0.707 I_m$$

（三）相位、初相位与相位差

以交流电流 $i = I_m\sin(w_t + \varphi)$ 为例，我们把 $(w_t + \varphi)$ 称为正弦交流电的相位角或相位，φ 是 $t = 0$ 时刻正弦量的相位角，称为正弦量的初相位或初相角（图7-6）。

对于两个同频率正弦交流电的相位角之差，称为相位差。

一个正弦量由最大值、角频率和初相位三者确定，故幅值、角频率和初相位称为正弦量的三要素。

■ 四、三相电源

三相电源是指三个角频率相同、最大值相等、相位相差为 120° 的正弦电压，如图7-7所示。

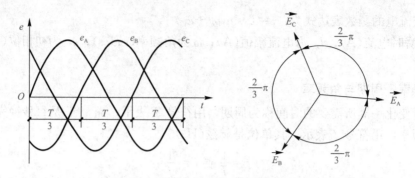

图 7-7　三相电动势的波形图和矢量图

目前，低压系统中多采用三相四线制供电方式，如图 7-8 所示。

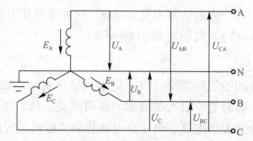

图 7-8　三相四线制供电方式

三相四线制是把发电机的三个线圈的末端连接在一起，成为一个公共端点（称中性点），用符号 N 表示。由中性点引出的输电线称为中性线，简称中线。中线通常与大地相连，并把中线的接地点称为零点，而把接地的中性线叫作零线。从三个线圈的始端引出的输电线叫作端线或相线，俗称火线。

三相四线制可输送两种电压：一种是端线与端线之间的电压，称为线电压；另一种是端线与中线间的电压，称为相电压，并且线电压是相电压的 3 倍。在相位上，线电压总超前相电压 30°。

三相五线制供电线路。三相五线制供电方式如图 7-9 所示。

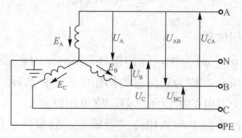

图 7-9　三相五线制供电方式

■ 五、三相负载的连接 ···

使用交流电的电器很多，属于单相负载的有白炽灯、荧光灯、小功率电热器、单相感应电动机等。此类单相负载是连接在三相电源的任意一根相线和零线上工作的，三相负载可由单相负载组成，也可由单个三相负载构成。各相负载性质（感性、容性或阻性）相同、阻值相等叫作对称的三相负载，如三相电动机、三相电炉等；各相负载不同叫作不对称三相负载，如三相照明负载。

三相负载的连接方法有两种：星形连接和三角形连接。

（一）星形连接

把三相负载分别接在三相电源的一根相线和中线之间的接法称为三相负载的星形连接，如图 7-10 所示。其中，电源线 A、B、C 为三根相线，N 为中线，Z_a、Z_b、Z_c 为各相线的阻抗值。

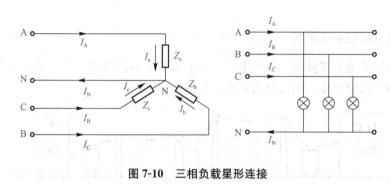

图 7-10　三相负载星形连接

把通过各相负载的电流称为负载的相电流，负载两端的电压称为负载的相电压。负载的相电压就等于电源的相电压，三相负载的线电压就是电源的线电压。负载的线电压等于相电压的 $\sqrt{3}$ 倍。

星形负载接上电源后就有电流产生。流过每相负载的电流叫作相电流。流过相线的电流叫作线电流。线电流的大小等于相电流。

由于中线为三相电路的公共回线，所以中线电流为三个电流的矢量和。

（二）三角形连接

把三相负载分别接在三相电源每两根相线之间的接法称为三角形连接（图 7-11）。在三角形连接中，由于各相负载是接在两根相线之间，因此，负载的相电压就是电源的线电压。各相负载对称的情况下，线电流为相电流的 $\sqrt{3}$ 倍。

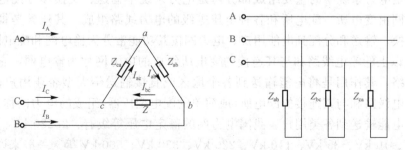

图 7-11　三相负载三角形连接

任务三　建筑供配电系统

任务引领

本任务主要学习确定建筑物中用电设备的负荷分类、负荷等级；确定建筑物供电电源。根据任务一所给的图纸，了解负荷等级、三相供电源的类型、配电方式等。

一、建筑供配电系统组成

由各种电压的电力线路将一些发电厂、变电所和电力用户联系起来的一个发电、输电、变电、配电和用电的整体，叫作电力系统，如图 7-12 所示。

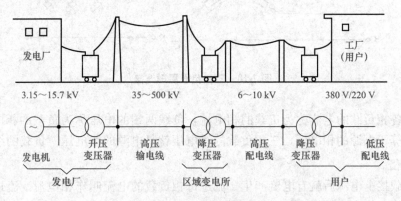

图 7-12　电力系统

电力系统中各级电压的电力线路及其联系的变电所，称为电力网或电网。

发电厂是将自然界蕴藏的各种一次能源（水力、火力、风力等）转换为用户可以直接使用的电能（二次能源）的工厂。包括火力发电厂、水力发电厂、核能发电厂、太阳能发电厂、风力发电厂等。

电力网是电力系统中的重要组成部分，是电力系统中输送、交换和分配电能的中间环节。电力网由变电所、配电所和各种电压等级的电力线路组成。其任务是将发电厂生产的电能变换、输送和分配到电能用户。电力网按其功能常分为输电网和配电网两大类。由 35 kV 及以上的输电线路和与其连接的变电所组成的电力网称为输电网，它是电力系统的主要网络，其作用是将电能输送到各个地区或直接输送给大型企业用户；由 10 kV 及以下的配电线路和与其连接的配电所（或简单的配电变压器）组成的电力网称为配电网，其作用是将电能输送到各类用户。我国电力网的额定电压等级有：0.220 kV、0.38 kV、3 kV、6 kV、10 kV、35 kV、110 kV、220 kV、330 kV、500 kV 等。一般来说，额定电压在 1 000 V 及以下者为低压线路；额定电压在 1 000 V 及以上者为高压线路。

电力用户是消耗电能的所有用电设备的总称，又称电力负荷。按其用途可分为动力用电设备(如电动机)、工艺用电设备(如电解、电焊等)、电热用电设备(电炉)和照明等。

■ 二、电力负荷的分类 ···

电力负荷是指电力网上用电设备所消耗的电功率或线路中通过的电流大小。负荷级别按用电设备(负荷)对供电可靠性的要求及中断供电造成的危害程度分为一级负荷、二级负荷和三级负荷。

1. 一级负荷

一级负荷是指中断供电将造成人身伤亡者；或在政治、经济上造成重大损失者，如重大设备损坏、重大产品报废、用重要原料生产的产品大量报废、国民经济中重点企业的连续生产过程被打乱需要长时间才能恢复等。

要求供电系统无论是正常运行还是发生事故时，都应保证其连续供电。因此，一级负荷应由两个独立电源供电。

独立电源是指其中任一个电源发生故障或停电检修时，都不致影响另一个电源继续供电。

2. 二级负荷

二级负荷是指中断供电将在政治、经济上造成较大损失者，如主要设备损坏、大量产品报废、连续生产过程被打乱需较长时间才能恢复、重点企业大量减产等。

二级负荷一般采用双回路供电。

3. 三级负荷

不属于一级或二级负荷，停电造成的影响和损失不大的一般建筑。无特殊的供电要求。

一个建筑物中的用电设备，可能含有几种级别的负荷。某些设备需要双电源供电，某些设备只需要单电源供电。

一切消防用电设备均属于一级或二级负荷。

■ 三、民用建筑供电 ···

小型民用建筑设施的供电：一般只需要设立一个简单的降压变电所，把电源进线 10 kV 经过降压变压器变为 380 V/220 V 低压，如图 7-13 所示。

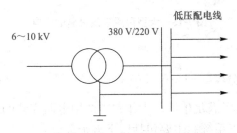

图 7-13　小型民用建筑设施的供电

中型民用建筑设施的供电：一般电源进线为 10 kV，经过高压配电所，再用几路高压配电线，将电能分别送到各建筑物变电所，降为 380 V/220 V 低压，供给用电设备，如图 7-14 所示。

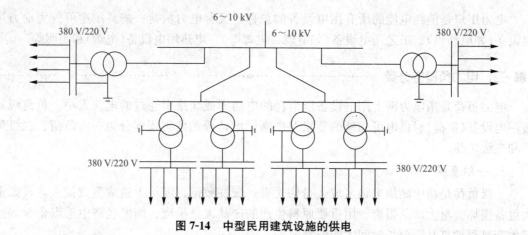

图 7-14　中型民用建筑设施的供电

大型民用建筑设施的供电：电源进线一般为 110 kV 或 35 kV，需经过两次降压。首先将电压降为 10 kV，然后用高压配电线送到各建筑物变电所，再降为 380 V /220 V 电压，如图 7-15 所示。

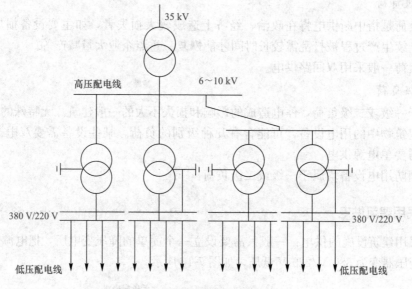

图 7-15　大型民用建筑设施的供电

■ 四、建筑电气系统的分类 ···

(1)现代建筑物中，为了满足生活、工作、生产用电而安装的与建筑物本体结合在一起的各类电气设备，称为电气系统。主要包括以下五个部分：

1)变电与配电系统。建筑物内各类用电设备，一般使用低电压即 380 V 以下，对使用高压线路(10 kV 以上)的独立建筑物就需自备变压设备，并装设低压配电装置。

2)动力设备系统。建筑物内的动力设备如电梯、水泵、空调设备等，这些设备及其供电线路、控制电路、保护继电器等组成动力设备系统。

3) 电气照明系统。利用电能转变成光能进行人工照明的各种设施，主要由照明电光源、照明线路和照明灯具组成。

4) 避雷和接地系统。避雷装置是将雷电泄入大地，使建筑物免遭雷击；用电设备不应带电的金属部分需要接地装置。

5) 弱电系统。主要用于信号传输，如电话系统、有线电视系统、闭路监视系统、计算机网络系统等构成弱电系统。

(2) 建筑电气系统从电压等级划分，又分为建筑强电系统和建筑弱电系统。

1) 建筑强电系统：包括建筑供配电系统、建筑照明系统和防雷接地系统。

2) 建筑弱电系统：包括火灾自动报警系统、安全防范系统、建筑设备自动化系统、有线电视系统、综合布线系统、有线广播及扩声系统和会议系统。

任务四　电气照明系统

任务引领

本任务主要学习室内电气照明供电方式；建筑照明配电系统；照明配箱的安装，灯具、开关和插座的安装。根据任务一中给的图纸，了解配电箱、照明灯具、开关、插座的安装要求和施工工艺。

一、室内电气照明供电方式

对用电量不多的建筑可采用 220 V 单相二线制供电系统(图 7-16)，对较大的建筑或厂房常采用三相四线制供电系统。

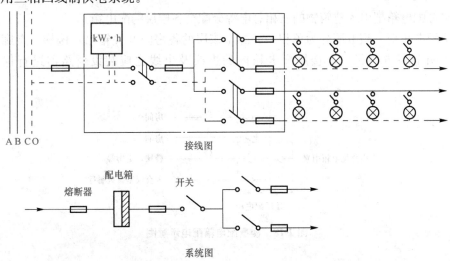

图 7-16　220 V 单相二线制供电系统

照明线路供电电压通常采用 380 V/220 V 的三相四线制供电（图 7-17），即由用户配电变压器的低压侧引出三根相线和一根零线。

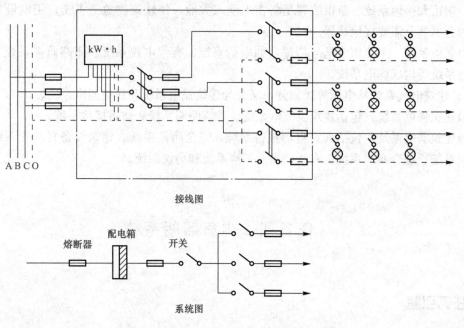

接线图

熔断器　配电箱　　开关

系统图

图 7-17　380 V/220 V 三相四线制供电系统

■ 二、建筑照明配电系统 ·····

建筑照明配电系统通常按照"三级配电"的方式进行，由照明总配电箱、楼层配电箱、房间开关箱及配电线路组成。

1. 照明总配电箱

照明总配电箱把引入建筑物的三相总电源分配至各楼层的配电箱。

楼层配电箱把三相电源分为单相，分配至该层的各房间开关箱以及楼梯、走廊等公共场所的照明电器进行供电。楼层配电箱内的进线及出线也应装设断路器进行保护，如图 7-18 所示。

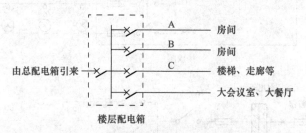

由总配电箱引来

A　房间
B　房间
C　楼梯、走廊等
　　大会议室、大餐厅

楼层配电箱

图 7-18　楼层配电箱配电示意图

房间开关箱分出插座支线、照明支线以及专用支线（如空调器、电热水器等）给相应电器供电。插座支线应在开关箱内装设断路器及漏电保护器，其他支线应装设断路器，如图 7-19 所示。

图 7-19　房间开关箱配电示意图

(a)小房间配电；(b)大房间配电

2. 照明配电线路

引入建筑物的照明总电源一般用 VV 型电缆埋地引入，或用 BVV 型绝缘导线沿墙架空引入。

由总配电箱至楼层配电箱的照明干线一般用 VV 型电缆或 BV 型绝缘导线，穿钢管或穿 PVC 管沿墙明敷设或暗敷设，或敷设在电气竖井内。

由楼层配电箱至房间开关箱的线路一般用 BV 型绝缘导线使用塑料线槽沿墙明敷设，或穿管暗敷设。

内照明线路一般用 BV 型绝缘导线使用塑料线槽沿墙明敷设，或穿管暗敷设。

3. 特殊照明

通向楼梯的出口处应有"安全出口"标志灯，走廊、通道应在多处地方设置疏散指示灯。楼梯、走廊及其他公共场所应设置应急照明灯具，在市电停电时起到临时照明的作用。

■ 三、高层建筑的供配电系统 ·······································

高层建筑供电电压一般采用 10 kV，其供电要求是可靠性好、供电质量高、电能损耗小。

1. 负荷分布及变压器的配置

高层建筑的用电负荷一般可分为空调、动力、电热、照明等。对于全空调的各种商业性楼宇，空调负荷属于大宗用电，占 40%～50%。空调设备一般放在大楼的地下室、首层或下部。

而在 40 层以上的高层建筑中，电梯设备较多，此类负荷大部分集中在大楼的顶部，竖向由于中段层数较多，通常设有分区电梯和中间泵站。在这种情况下，宜将变压器上、下层配置或者上、中、下层分别配置，供电变压器的供电范围为 15～20 层。

2. 高层建筑的低压配电系统

高层建筑垂直配电主要采用电气竖井内敷设。

高层建筑中主要负荷分为动力和照明、消防动力和应急照明。

楼层按分区配电，整个楼层按负荷分为若干个供电区，每区为一个配电回路，各层总配电箱直接用链式接线至各分配电箱。

■ 四、建筑物内低压配电方式 ···

1. 放射式配电

放射式配电［图 7-20(a)］特点：各楼层的配电箱(柜)与配电房的总配电柜之间是单独敷设的线路，各配电线路故障互不影响，供电可靠性高。该方式主要用于多层建筑，或高层建筑的部分配电。

2. 树干式配电

树干式配电［图 7-20(b)］特点：多个配电箱(柜)共用一条干线与配电房总配电柜连接。该方式系统灵活性好，干线故障时影响范围较大。主要应用于设备分布比较均匀的场合，尤其适用于高层建筑的照明配电。

3. 混合式配电

高层建筑的干线配电方式一般均为树干式、放射式配电的混合，如图 7-20(c)所示。

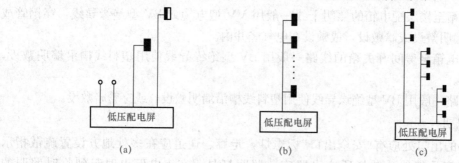

图 7-20　三种低压配电方式
(a)放射式配电；(b)树干式配电；(c)混合式配电

■ 五、室内照明配电箱 ···

配电箱是接收和分配电能的装置，内部装有记录用电量的电度表、进行总控制的总开关和总保护熔断器以及各分支线路的分开关和分路保护熔断器，其外形图如图 7-21所示。

图 7-21　配电箱外形图

终端配电的主要负荷是照明器具、普通插座、小型电动机负荷等，负荷较小，多为单相供电(总电流一般小于 63 A，单出线回路电流小于 15 A)。一般允许非专业人员操作。

低压电箱按用途不同分为动力配电箱和照明配电箱两种；按安装方式可分为明装(悬挂式)和暗装(嵌入式)；按制作材质可分为铁质、木制及塑料制品配电箱。还有标准与非标准之分，标准箱是由工厂成套生产组装，非标准箱是根据实际需要自行设计、制作或定制加工而成。按位数(回路数)可分为：12、24、36、48位等。照明配电箱中1位的宽度为18 mm，1个单相断路器占有1～2位，一个三相断路器占有3～4位。各厂家型号不一，常见型号有PZ-30等。

(一)配电箱内线路

配电支线是指末端配电箱的输出回路(即末端配电箱至用电设备之间的连接线路)。

1. 配电支线的类型

配电支线可以是单相出线支路，也可以是三相出线支路。灯具、插座一般不共用同一条支路。住宅楼厨、卫、空调应分别单独设置支路。

2. 每条出线支路的导线根数

单相电：灯具回路：2～3根线(一般为2根)，插座回路：3根线。

三相电：4～5根线，接三相插座，原则上4根线；接三相用电设备的控制箱，原则上5根线；从控制箱接电动机类设备，4根线。

3. 出线支路的导线截面面积

单相电：灯具回路：2.5 mm²，插座回路：2.5 mm²、4 mm²，三相电：2.5 mm²、4 mm²。

4. 总体原则

每条灯具回路的电流不宜大于15 A，一条回路灯具串接数量不超过25只。

每条单相插座回路电流一般不超过15 A(有时也可为20 A)，插座数量不超过10只。三相回路的电流按所连接设备的功率计算得到。多数情况下一条回路只连接一台设备。

(二)配电箱识图

例如，型号为XRM1-A312 M的配电箱，XRM表示该配电箱为低压照明配电箱，为嵌墙安装，箱内装设一个型号为DZ20的出线主开关，进线主开关为3极开关，出线回路12个，单相照明。

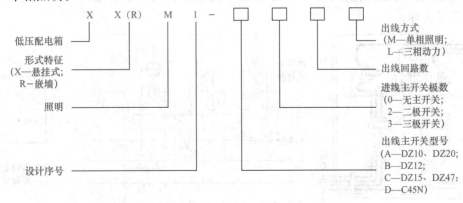

(三)照明配电箱中常用器件

1. 电能表

电能表是用来测量用户在一定时间内消耗多少电能的装置。电能表上标有"220 V 10(40)A"，其意义是正常使用电压为220 V，标定电流为10 A，最大允许电流为40 A。电能表有单相电能表和三相电能表两种，它们的接线方法各不相同。

单相电能表的接线单相电能表共有4个接线桩头，从左到右1、2、3、4编号。接线方法一般按编号1、3接电源进线，2、4接电源出线，如图7-22所示。

也有些单相电能表的接线方法是按编号1、2接电源进线，3、4接电源出线，所以，具体的接线方法应参照电能表接线桩盖子上的接线图。千万不可接错，否则将造成严重的短路事故。单相电能表在配电板上。

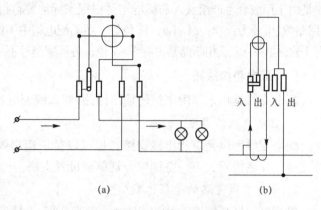

图7-22 单相电能表的接线
(a)直接连线；(b)经电流互感器连线

2. 三相电能表的接线

三相电能表有三相三线制和三相四线制电能表两种；按接线方法可分为直接式和间接式两种。常用直接式三相电能表的规格有10 A、20 A、30 A、50 A、75 A和100 A等多种，一般用于电流较小的电路上；间接式三相电能表的常用规格是5 A，与电流互感器连接后，可用于电流较大的电路上。

(1)直线式三相三线制电能表的接线。折中电能表共有8个接线桩头，其中，1、4、6是电源相线进线桩头；2、7两个接线桩可空着。

(2)直接式三相四线制电能表的接线。这种电能表共有11个接线桩头，从左到右按1～11编号，其中，1、4、7是电源相线进线桩头，用来连接从总熔丝盒下桩头引出来的三根相线；3、6、9是相线出线桩头，分别连接总开关的三个进线桩头；10、11是电源中性线的进线桩头和出线桩头，2、5、8三个接线桩头可空着，如图7-23所示。注意：连接片不可拆卸。

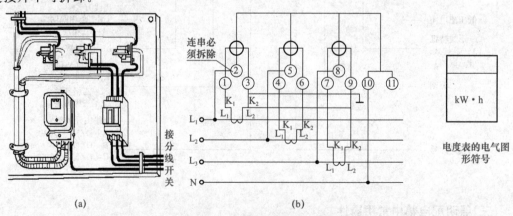

图7-23 直接式三相四线制电能表的接线和电度表的电气图形符号
(a)接线外形图；(b)接线原理图

3. 低压隔离开关

隔离开关有高压、低压、单极、三极、室内及室外之分，它没有专门的灭弧装置，不能用来接通、切断负荷电流和短路电流，只能在电气线路切断的情况下，才能进行操作。其主要作用是隔离电源，使电源与停电电气设备之间有一明显的断开点，所以不必考虑灭弧。为了保证可靠地隔离电源，防止过电压击穿或相间闪络，其刀一般做得较长，相间距离也较大。总之，隔离开关不能当作刀闸使用，而刀闸也只允许在电压不高的情况下用来隔离电路，且必须与熔断器等串联使用。

电气图形符号如下：

4. 低压断路器

低压断路器又称自动空气开关，它具有良好的灭弧性能。既可带负荷通断电路，又能在短路、过负荷和失压时自动跳闸。低压断路器按结构形式不同，可分为塑料外壳式和框架式两种。断路器主要由主触头、灭弧系统、储能弹簧、脱扣系统、保护系统及辅助触头组成。塑料外壳式又称装置式，型号代号为DZ，其全部结构和导电部分都装设在一个外壳内，仅在壳盖中央露出操作手柄，供操作用(图 7-24)。框架式断路器是敞开装设于塑料或金属框架上，由于其保护方式和操作方式很多，安装地点灵活，因此，又称这类断路器为万能式低压断路器，其型号代号为DW。目前常用的新型断路器还有 C 系列、S 系列、K 系列等。低压断路器的文字符号为 QF。图 7-25 所示为低压断路器的原理图和符号表达。

图 7-24　塑料外壳式低压断路器外形图

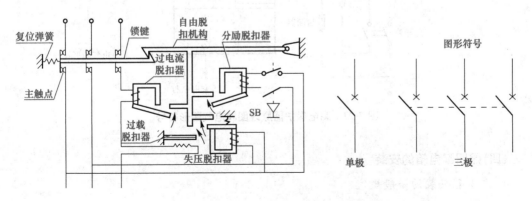

图 7-25　低压断路器原理图和符号表达

额定电流主要有 6、10、16、20、25、32、40、50、63、80、100、125(A)等规格。

断路器宽度：(1 P＝18 mm，又称 1 位宽度)单相断路器宽度有 1 P、2 P 两种，应用最广泛的有施耐德产品 DPN 系列(1 P、零线、相线同时断开)、C65 系列(1 P、2 P)。三相断路器宽度有 3 P、4 P 两种，应用最广泛的有施耐德产品 C65 系列、NC100 系列。并有 C 曲线、D 曲线两种。

低压断路器依据形体、通过的额定电流大小、保护功能等可分为：

微型断路器：主要用于 125 A 以下的配电保护。

塑壳式断路器：主要用于 630 A 以下的配电保护。

框架式断路器：主要用于 2 500 A 以下建筑物进线处大电流的保护。

5. 漏电保护器

漏电保护器(漏电保护开关)是一种电气安全装置。将漏电保护器安装在低压电路中，当发生漏电和触电时，且达到保护器所限定的动作电流值时，就立即在限定的时间内动作自动断开电源进行保护。其外形图如图 7-26 所示，原理图和电气图形符号如图 7-27 所示。

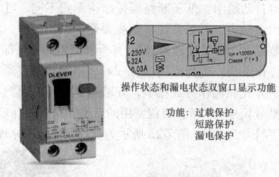

图 7-26　漏电保护器外形图

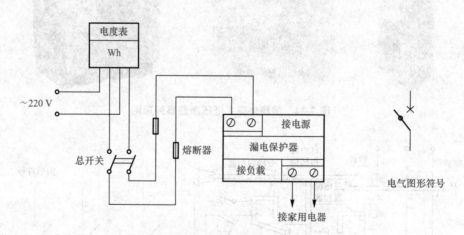

图 7-27　漏电保护器原理图和电气图形符号

(四)照明配电箱的安装

1. 配电箱安装的一般规定

在配电箱内，有交流、直流或不同电压时，应有明显的标志或分设在单独的板面上；

导线引出板面，均应套设绝缘管；三相四线制供电的照明工程，其各相负荷应均匀分配，并标明用电回路名称；配电箱安装垂直偏差不应大于 3 mm。暗设时，其面板四周边缘应紧贴墙面，箱体与建筑物接触的部分应刷防腐漆；照明配电箱安装高度，底边距地面一般为 1.5 m；配电板安装高度，底边距地面不应小于 1.8 m。

2. 照明配电箱的安装方式

(1)暗装配电箱的安装。暗装配电箱应按图样配合土建施工进行预埋。配电箱运到现场后应进行外观检查和检查产品合格证。在土建施工中，到达配电箱安装高度时，将箱体埋入墙内，箱体要放置平正，箱体放置后，用托线板找好垂直使之符合要求。配电箱宽度为 300 mm 及其以上时，在顶部应设置钢筋砖过梁；配电箱宽度超过 500 mm 时，其顶部要安装混凝土过梁。

(2)明装配电箱的安装。明装配电箱须等待建筑装饰工程结束后进行安装。可安装在墙上或柱子上，直接安装在墙上时应先埋设固定螺栓，用燕尾螺栓固定箱体时，燕尾螺栓宜随土建墙体施工预埋。配电箱安装在支架上时，应先将支架加工好，支架上钻好安装孔，然后将支架埋设固定在墙上，或用抱箍固定在柱子上，再用螺栓将配电箱安装在支架上，并调整其水平和垂直度。

对于配电箱中配管与箱体的连接，盘面电气元件的安装，盘内配线、配电箱内盘面板的安装，导线与盘面器具的连接参考相关施工规范。

注意：配电箱的安装是指成套配电箱的安装，低压断路器、漏电保护器的安装已由有资质的生产厂家安装完成并经检验合格出厂。配电箱的明装包括落地式安装，在施工时应考虑支架制作与安装。

3. 配电箱的安装过程

(1)配电箱位置的确定。配电箱的设置应根据设计图样要求确定，当设计图样无明确要求时，一般应按以下原则确定：

1)配电箱的安装位置。配电箱应安装在靠近电源的进口处，以使电源进户线尽量短些，并应在尽量接近负荷中心的位置上，配电箱的供电半径一般为 30 m 左右。

配电箱应装在清洁、干燥、明亮、不宜受损、不易受振、无腐蚀性气体及便于抄表、维护和操作的地方。

配电箱不宜设在建筑物的纵横墙交接处，建筑物外墙内侧，楼梯踏步的侧墙上，散热器的上方，水池或水门的上、下侧。如果必须安装在水池、水门的两侧时，其垂直距离应保持在 1 m 以上，水平距离不得小于 0.7 m。

现场安装的照明配电箱(板)一般都是成套装置，主要是进行箱体预埋、管路与配电箱的连接、导线与盘面器具的连接及调试等工作。

2)箱体的预埋及安装。由于箱体预埋和进行箱内盘面安装接线的时间间隔较长，箱体应先和箱盖(门)、盘面解体，并做好标记存放，以防盘内电器元件及箱盖(门)损坏或油漆剥落。要按其安装位置和先后顺序分别存放好，待安装时对号入座。

在土建施工中，到达配电箱或配电板安装高度(箱底边距地面高度宜为 1.5 m，照明配电板底边距地面高度不宜低于 1.8 m)时，将箱体埋入墙内。箱体放置要平正、垂直(偏差应不大于 3 mm)，四周应无空隙，其面板四周边缘应紧贴墙面，不能缩进抹灰层内，也不得凸出抹灰层。配电箱外壁与墙、构筑物有接触的部分均须涂防腐漆。

配电箱的宽度超过 500 mm 时，要求土建时在其顶部安装混凝土过梁；箱宽度为 300 mm 及其以上时，在顶部应设置钢筋砖过梁，以使箱体本身不受压。箱体周围应用水泥砂浆填实。

在厚度为 240 mm 的墙上安装配电箱时，要将箱后背凹进墙内不小于 20 mm，后壁要用 10 mm 厚的石棉板或用网孔为 10 mm×10 mm 的钢丝(直径为 2 mm)网钉牢，再用 1∶2 的水泥砂浆抹好，以防墙面开裂。

挂墙式(明装式)终端组合电器按其安装尺寸先钻出螺栓孔或预埋木砖，然后打开电器箱上盖，按实际需要将箱体上敲落孔敲穿，不用预埋箱体即可将其固定。对嵌墙式终端组合电器，当不用预埋套箱时，应根据外形尺寸的大小在墙上留预置孔，安装方法与挂墙式相同；当用预埋套箱时，应将套箱直接砌于墙内，并根据实际需要将套箱上敲落孔敲穿，要求套箱与粉刷层平并，不得歪斜，然后固定箱体，当采用套箱时，在安装初期套箱内应撑以本条，以免墙砖荷重压坏套箱，影响终端电器箱的安装。采用预埋套箱后，可以保证产品的整洁、美观，开关元件不散落。故安装嵌入式终端组合电器时应优先选用预埋套箱。

(2)管路与配电箱的连接。配电箱箱体埋设后应进行管路与配电箱的连接。

1)钢管与铁质配电箱进行连接时，应先将管口套螺纹，拧入锁紧螺母(根母)，然后插入箱体内，再拧上锁紧螺母，露出 2~4 牙的长度拧上护圈冒(护口)，并焊好跨接接地线。

2)暗配钢管与铁质配电箱连接时，可以用焊接方法固定，管口露出箱体长度应小于 5 mm，把管与跨接接地线先做横向焊接连接，再将接地线与配电箱焊接牢固。

3)塑料管进入配电箱时应保持顺直，长短一致，一管一孔。管入箱的长度应小于 5 mm，也可固定箱体，当采用套箱时，在安装初期套箱内应撑以本条，以免墙砖荷重压坏套箱，影响终端电器箱的安装。采用预埋套箱后，可以保证产品的整洁、美观，开关元件不散落。故安装嵌入式终端组合电器时应优先选用预埋套箱。

4)箱体严禁开长孔和用电、气焊开孔，要做到开口合适，切口整齐。

(3)配电箱内设备的检查及其与导线的连接。

1)盘内设备的检查。

①根据设计图样要求检查盘内的元器件规格选用得是否正确，数量是否齐全，安装是否牢固。

②检查盘内导线引出面板的面板线孔是否光滑、无毛刺，金属面板应装设绝缘保护套加强绝缘。

③检查照明配电箱(板)内的零线(N 线)和保护地线(PE 线)汇流排是否分开设置，且零线和保护线在汇流排上应采用螺栓连接，并应有编号。

④检查盘内设备是否齐全，安装是否有歪斜处，固定是否牢固，瓷插式熔断器底座和瓷插件有无裸露金属螺钉，螺旋式熔断器电源线是否接在底座中心触头的端子上，负荷线是否接在螺纹的端子上。刀开关的动、静触头接触是否良好。

⑤检查有电流互感器(一般负荷电流在 30 A 及以上时应装电流互感器)的二次线是否采用单股铜芯导线，电流回路的导线截面面积应不小于 4 mm；电压回路的导线截面面积应不小于 2.5 mm。

电能计量用的二次回路的连接导线中间不应有接头，导线与电器元件的压接螺钉要牢固，压线方向要正确。电能表的电流圈必须与相线连接，三相电能表的电压线圈不能虚接。二次线必须排列整齐，导线两端应有明显标记和编号。

2)导线与箱内设备的连接。

①导线与箱内设备连接之前，应对箱体的预埋质量、线管配置情况进行检查，确认符合设计要求及施工验收规范的规定后，先清除箱内杂物，再进行安装接线。

②整理好配管内的电源线和负荷导线，引入、引出线应有适当余量，以便检修。管内导线引入盘面时应理顺整齐。多回路之间的导线不应有交叉现象。导线应以一线一孔穿过盘面，并一一对应与器具或端子等，盘面上接线应整齐、美观，同一端子上的导线应不超过两根，导线芯线压头应牢固。

工作零线经过汇流排(或零线端子板)连后，其分支回路排列位置应与开关或熔断位置对应，面对配电箱从左到右编排为1、2、3、…，零母线在配电箱内不得串联。

凡多股吕芯线和截面面积超过2.5 mm的多股铜芯线与电气器具的端子连接时，应焊接或压接端子后再连接。

③开关、互感器、熔断器等应由上端进电源、下端接负荷，或左侧接电源、右侧接负荷。排列相序时，面对开关从左侧起应为 L1、L2、L3 或 L1(L2、L3)，N；其导线的相(L1、L2、L3)色依次为黄、绿、红色，保护接地(PE 线)为黄绿相间色，工作零线(N 线)为淡蓝色绝缘导线。开关及其他元件的导线连接应牢固，芯线无损伤。

④漏电保护器前端 N 线上不应装设熔断器，防止 N 线熔体熔断后，相线漏电时开关不动作。

■ 六、照明线路

(一)导线的类型

1. 裸电线

裸电线一般为架空线路的主体，担负着输送电流的作用。它不仅要具有良好的导电性，而且还要有一定的机械强度和耐腐蚀性。

裸电线的材料有铜、铝和钢，形状有圆单线、扁线和绞线。绞线的种类比较多，有铝绞线(LJ)、硬铜绞线(TJ)、铝合金绞线(LHJ)、钢芯铝绞线(LGJ)、钢芯铝合金绞线(LHGJ)等。钢芯铝绞线是最常用的架空导线，其线芯是钢线。

2. 绝缘电线

绝缘电线按导电线芯有铜芯和铝芯两种。根据绝缘材料和用途可分为聚氯乙烯绝缘电线、聚氯乙烯绝缘屏蔽电线、橡皮绝缘电线等。绝缘电线分类、型号说明及主要用途见表7-7。

表 7-7 绝缘电线分类、型号说明及主要用途

分类	型号名称	型号说明	主要用途
V-聚氯乙烯绝缘电线	BV	铜芯聚氯乙烯绝缘电线	适用于交流额定电压450/750 V及以下动力装置的固定敷设
	BLV	铝芯聚氯乙烯绝缘电线	
	BVR	铜芯聚氯乙烯绝缘软电线	
	BVV	铜芯聚氯乙烯绝缘聚氯乙烯护套圆形电线	
	BLVV	铝芯聚氯乙烯绝缘聚氯乙烯护套圆形电线	
	BVVB	铜芯聚氯乙烯绝缘聚氯乙烯护套平型电线	
	BV-105	铜芯聚氯乙烯耐高温绝缘电线	

分类	型号名称	型号说明	主要用途
VP-聚氯乙烯绝缘屏蔽电线	AVP	铜芯聚氯乙烯绝缘屏蔽电线	适用于交流额定电压300 V及以下电器、仪表、电子设备及自动化装置
	RVP	铜芯聚氯乙烯绝缘屏蔽软电线	
	RVVP	铜芯聚氯乙烯绝缘屏蔽聚氯乙烯护套电线	
	RVVP1	铜芯聚氯乙烯绝缘缠绕屏蔽聚氯乙烯护套电线	
X-橡皮绝缘电线	BLXF	铝芯氯丁橡皮线，固定敷设用(适用于户外)	适用于交流额定电压500 V及以下或直流1 000 V及以下的电气设备及照明装置
	BLF	铜芯氯丁橡皮线，固定敷设用(适用于户外)	
	BLX	铝芯橡皮线，固定敷设用	
	BX	铜芯橡皮线，固定敷设用(适用于户外)	

3. 电缆

电缆是一种多芯导线，一般埋设于土壤中或敷设于沟道、隧道中，不用杆塔，占地少，且传输稳定，安全性能高，它在电路中起着输送和分配电能的作用。在电力系统中最常见的电缆有两大类：一是电力电缆；二是控制电缆。

电缆按绝缘材料不同，有油浸纸绝缘电力电缆、橡皮绝缘电力电缆、聚氯乙烯绝缘电力电缆和交联聚乙烯绝缘电力电缆。油浸纸绝缘电力电缆额定工作电压有 1 kV、3 kV、6 kV、10 kV、20 kV 和 35 kV 六种。橡皮绝缘电力电缆额定工作电压有 0.5 kV 和 6 kV 两种。聚氯乙烯绝缘电力电缆额定工作电压有 1 kV 和 6 kV 两种。

任何一种电缆都是由导电线芯、绝缘层及保护层三部分组成。导电线芯用来输送电流；绝缘层以隔离导线线芯，使线芯与线芯、线芯与铅(招)包之间有可靠的绝缘。

(1)导电线芯通常采用高电导率的油浸纸。绝缘电力电缆线芯的截面分为 2.5 mm²、4 mm²、6 mm²、10 mm²、16 mm²、25 mm²、35 mm²、50 mm²、70 mm²、95 mm²、120 mm²、150 mm²、185 mm²、240 mm²、300 mm²、400 mm²、500 mm²、625 mm²、800 mm² 共 19 种规格。电缆线芯数有单芯、双芯、三芯和多芯等几种。控制电缆芯数由 2～40 芯不等。线芯的形状很多，有圆形、半圆形、椭圆形等。当线芯面积大于 25 mm² 时，通常采用多股导线绞合并压紧而成，这样可以增加电缆的柔软性并使结构稳定。

(2)绝缘层通常采用纸绝缘、橡皮绝缘、塑料绝缘等材料作绝缘层，其中，纸绝缘应用最广，它具有耐压强度高、耐热性能好和使用年限长等优点。塑料绝缘电缆具有抗酸碱、防腐蚀和质量轻等特点，将逐步取代油浸纸绝缘电缆，它能节约大量的铅(或铝)，适用于有化学腐蚀及高度差较大的场所。目前塑料电缆有两种：一种是聚氯乙烯绝缘及护套电缆；另一种是交联聚乙烯绝缘护套电缆。

(3)保护层。纸绝缘电力电缆的保护层分为内护层和外护层两部分。内护层是在绝缘层外面包上一定厚度的铅包或铝包，保护电缆的绝缘不受潮湿和防止电缆浸渍剂外流以及轻度的机械损伤。外护层是在电缆的铅包或铝包的外面包上浸渍过沥青混合物的黄麻、钢带或钢丝，保护内护层，防止铅包或铝包受到机械损伤和强烈的化学腐蚀。

我国的电缆型号由汉语拼音字母和阿拉伯数字组成，其代表符号含义见表 7-8。外护层数字分别表示不同材质的铠装层和外护层，每一数字表示材料见表 7-9。

表 7-8　电缆型号字母含义

类型、用途	导线材料	绝缘层	内护层	特性	外护层
Z—纸绝缘电缆 YJ—交联聚乙烯电缆 V—塑料电缆 K—控制电缆 Y—移动电缆	L—铝芯 T(旧)—铜芯 (新省略)	Z—纸绝缘 X—橡皮绝缘 V—聚氯乙烯绝缘 Y—氯乙烯绝缘 YJ—交联聚乙烯绝缘	H—橡皮套 Q—铅包 L—铝包 Y—聚乙烯 V—聚氯乙烯	CY—充油 D—不滴油 F—分相铅包 C—重型	02、03、20、 22、30、33、 40、42 等

表 7-9　铠装层和外护层第一字母表示材料

标记	铠装层	外护层
0	无	无
1	—	纤维层
2	双钢带(24-钢带、粗圆钢丝)	聚氯乙烯套
3	细圆钢丝	聚乙烯套
4	粗钢带(44-双粗圆钢丝)	

例如，KXQ_{23}——铜芯橡皮绝缘铅套双钢带铠装聚乙烯外护套控制电缆。

4. 母线

母线主要用于工业配线线路的主干导线，或用作大型电气设备的绕组线及连接线。它分为硬态和软态两个品种。在高低压配电所、车间的配电裸导线，一般采用硬态母线结构，其截面有圆形、管形和矩形等。材料分别有铜、铝和钢等。

(二)线路敷设方法

室内电器照明线路的敷设有明线布置和暗线布置两种方法。

明线布置是指用绝缘的槽板、瓷夹、线夹等将导线牢固地固定在建筑物的墙面或顶棚的表面。

暗线布置是指将塑料管或金属管预设在建筑物的墙体内、楼板内或顶棚内，然后再将导线穿入管中。

(三)常用敷设导管

由金属材料制成的导管称为金属导管，分为水煤气管、金属软管、薄壁钢管等。由绝缘材料制成的导管称为绝缘导管，分为硬塑料管、半硬塑料管、软塑料管、塑料波纹管等。

(1)焊接管。焊接管在配线工程中适用于有机械外力或轻微腐蚀气体的场所，作明敷设或暗敷设。

(2)金属软管。金属软管又称蛇皮管。它由双面镀锌薄钢带加工压边卷制而成，轧缝处有的加石棉垫，有的不加。金属管既有相当好的机械强度，又有很好的弯曲性，常用于弯曲部位较多的场所和设备出口处。

(3)薄壁钢管。薄壁钢管又称电线管，其管壁较薄，管子的内、外壁涂有一层绝缘漆，适用于干燥场所敷设。

(4)PVC硬质塑料管。PVC硬质塑料管适用于民用建筑或室内有酸碱腐蚀性介质的场所。

PVC 硬质塑料管规格见表 7-10。

表 7-10　PVC 硬质塑料管规格

标准直径/mm	16	20	25	32	40	50	63
标准壁厚/mm	1.7	1.8	1.9	2.5	2.5	3.0	3.2
最小内径/mm	12.2	15.8	20.6	26.6	34.4	43.1	55.5

(5)半硬塑料管。半硬塑料管多用于一般居住和办公室建筑等场所的电气照明，暗敷设配线。

■ 七、灯具、开关、插座的识图与安装 ···

(一)室内照明方式

1．一般照明

一般照明是灯具比较规则地布置在整个场地的照明方式。

2．局部照明

局部照明是为满足某些部位的特殊光照要求，在较小范围内或有限空间内，采用辅助照明设施的布置方式。

3．混合照明

混合照明是由一般照明和局部照明共同组成的照明布置方式，在一般照明的基础上再加强局部照明，有利于提高照度和节约能源。

(二)照明的种类

1．正常照明

正常照明是指满足一般生活、生产需要的室内外照明。所有居住的房间和供工作、运输、人行的走道以及室外场地，都应设置正常照明。

2．应急照明

应急照明是指因正常照明的电源发生故障而启用的照明。它又可分为备用照明、安全照明和疏散照明等。

3．警卫照明

警卫照明是指在一般工厂中不必设置，但对某些有特殊要求的厂区、仓库区及其他有警戒任务的场所应设置的照明。

4．值班照明

值班照明是指在非工作时间内，为需要值班的场所提供的照明。

5．障碍照明

障碍照明是指为了保障飞机起飞和降落安全以及船舶航行安全，而在建筑物上装设的用于障碍标志的照明。

6．装饰照明

装饰照明也称气氛照明，主要是通过一些色彩和动感上的变化，以及智能照明控制系统等，在有了基础照明的情况下，加以一些照明来装饰，令环境增添气氛。装饰照明能产生很多种效果和气氛，给人带来不同视觉上的享受。

(三)电光源的种类

1. 常见电光源

根据光产生的原理，电光源可分为两大类，即热辐射光源和气体放电光源。热辐射光源是利用电流将灯丝加热到白炽程度而产生热辐射发光，如白炽灯和卤钨灯，都是用钨丝为辐射体，通电后使之达到白炽温度，产生热辐射。气体放电光源是利用电流通过灯管中气体而产生放电发光的一种光源。通过掺入不同的气体可有荧光灯、高压汞灯、高压钠灯、金属卤化物灯等。

(1)白炽灯。白炽灯由灯丝(钨丝)、玻璃泡、灯头、支架和填充气体等构成。

工作原理：白炽灯是利用通过电流的钨丝被加热到白炽状态而发光的一种热辐射光源。

特点及应用：白炽灯具有体积小、结构简单、造价低、不需要其他附件、使用时受环境影响小而且方便、光色优良、显色性好、无频闪现象、调光性能好等特点。普通白炽灯常用于日常生活照明，工矿企业照明，剧场、宾馆、商店、酒吧等照明。装饰白炽灯多用于会议室、客厅、节日装饰照明等。反射型灯泡是在白炽灯玻璃泡的内壁上涂有部分反射层，能使光线定向反射，适用于灯光广告、橱窗、体育设置、展览馆等需要光线集中的场合。

白炽灯的安装方式有卡口式和螺旋式，如图 7-28 所示。

(2)卤钨灯。卤钨灯由钨丝、充入卤素的玻璃泡和灯头等构成。

工作原理同白炽灯相似。按充入灯泡内的卤素不同可分为碘钨灯和溴钨灯。按灯泡外壳材料的不同可分为硬质玻璃卤钨灯和石英玻璃卤钨灯。按工作电压的高低不同可分为高电压型卤钨灯(220 V)和低电压型卤钨灯(6 V、12 V、24 V)。按灯头结构的不同分为双端、单端卤钨灯。

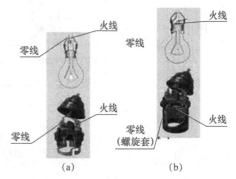

图 7-28　白炽灯的安装方式
(a)卡口式；(b)螺旋式

与白炽灯相比，卤钨灯体积小、光效高、便于控制，且具有良好的色温和显色性，寿命长，输出光通量稳定，输出功率大，所以应用广泛。卤钨灯广泛应用在大面积照明与定向投影照明场所，如建筑工地施工照明、展厅、广场、舞台、影视照明和商店橱窗照明及较大区域的泛光照明等。

使用注意事项：为了使在灯泡壁生成的卤化物处于气态，卤钨灯不适用于低温场合，双端卤钨灯工作时，灯管应水平安装，其倾斜度不应超过 4°，否则会缩短其使用寿命。

由于卤钨灯工作时产生高温(管壁温度 600 ℃)，因此，卤钨灯附近不准堆放易燃物质，且灯脚引线应用耐高温的导线。另外，由于卤钨灯灯丝细长又脆，故卤钨灯使用时，要避免振动和撞击，也不宜作为移动照明灯具。

（3）荧光灯。

1）结构：荧光灯由灯管和钨丝电极组成，并在管内壁涂荧光粉，将管内抽成真空后加入一定量的汞、氩、氖、氪等气体。其结构和工作原理图如图 7-29 所示。

2）电路组成：灯管、启辉器、镇流器、灯座和灯架等。

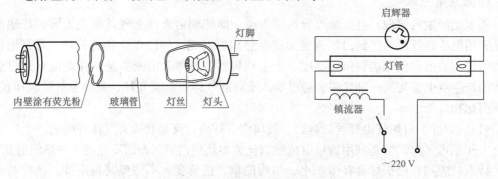

图 7-29　荧光灯的结构和工作原理图

启辉器：起到一个自动开关的作用，其结构和工作原理如图 7-30 所示。

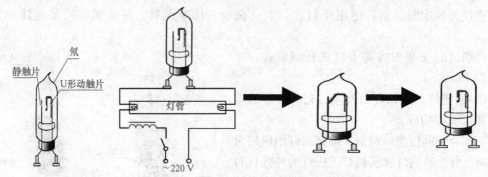

图 7-30　启辉器的结构和工作原理图

3）工作原理：

①启辉阶段：接通电源→启辉器辉光放电→电路接通→灯丝预热辉光放电停止后→双金属片冷却收缩→与静触片断开→镇流器产生较高的脉冲电压→灯管内水银蒸汽弧光放电→辐射出紫外线发出白光。

②工作阶段：灯管启辉后，镇流器由于其高电抗，两端电压增大；启辉器两端电压大为减少，氖气不再辉光放电，电流由灯管内气体导电形成回路，灯管进入工作状态。

4）荧光灯的优缺点：荧光灯具有光效高、寿命长、显色性好（$R_a = 70$）、表面温度低、表面亮度低等优点，但有效功率因数低、发光效率与环境温度和电源频率有关，且有频闪效应、附件多、有噪声、不宜频繁开关等缺点。它广泛应用于图书馆、教室、办公室照明，也可用于隧道、地铁、商店照明。异型荧光灯、反射式荧光灯、彩色荧光灯常用于室内装饰照明。

荧光灯与白炽灯比较：

1）比白炽灯省电。发光效率是白炽灯的 5～6 倍。

2）荧光灯的发光颜色比白炽灯更接近日光，光色好，且发光柔和。

3)白炽灯：寿命短，普通白炽灯的寿命只有1 000～3 000 h。荧光灯寿命较长，一般有效寿命为3 000～6 000 h。

(4)钠灯。钠灯是利用钠蒸汽放电发光的气体放电灯。按钠蒸汽的工作压力分为低压钠灯和高压钠灯两大类。

1)低压钠灯。低压钠灯由抽成真空的玻璃壳、放电管、电极和灯头构成。其光色呈橙黄色，显色性差，发光效率最高，使用寿命长。由于低压钠灯穿透云雾能力强，故常用于铁路、公路、广场照明。

2)高压钠灯。高压钠灯由放电管、硬玻璃外壳、双金属片、铌帽、金属支架、电极和灯头构成。放电管用半透明的氧化铝陶瓷或全透明刚玉制成，耐高温，管内空气排出后充入钠、汞和氙气。其光色为金黄色，优于低压钠灯，显色指数(R_a=30)较低，体积小，亮度高，紫外线辐射少，寿命长，发光效率高，透雾性好，属节能型电光源。广泛应用于大厂房、车站、广场、体育馆、城市道路等照明。

(5)汞灯。汞灯是利用汞蒸汽放电发光原理制成的气体放电灯。按汞蒸汽气压的大小不同，可分为低压汞灯和高压汞灯。

(6)金属卤化物灯。金属卤化物灯按掺入的金属原子种类分为碘化钠-碘化铊-碘化铟灯（简称钠铊铟灯）、镝灯、卤化锡灯与碘化锡灯等；按发光颜色分为白色金属卤化物灯（如钠铊铟灯）和彩色金属卤化物灯（如绿光光源铊灯、红光光源铟灯等）。金属卤化物灯具有发光体积小、亮度高、质量轻、显色性较好及发光效率高等特点。它具有很好的发展前景，常作为室外场所的照明，如广场、车站、码头等大面积场所的照明。

2. 灯具

灯具自身的作用是固定和保护光源，并使光源与电源可靠地连接，灯具的另外一个作用就是合理分配光输出、美化和装饰环境。

(1)灯具的分类。照明灯具的分类方法有很多，这里主要介绍以下四种分类方法。

1)按安装方式和用途分类。

①按安装方式分为：顶棚嵌入式、顶棚吸顶式、悬挂式、壁灯、高杆灯、落地式、台式、庭院式等。

②按灯具用途分为：实用照明灯具(工作照明)，指符合高效率低眩光的要求，并以照明功能为主的灯具。大多数常用灯具为实用照明灯具；应急、障碍照明灯具；临时照明灯具；装饰照明灯具（如大型吊灯、草坪灯等）。

2)按灯具的外壳结构和防护等级分类。

①按外壳结构分为：开启式灯具(光源与外界环境直接相通)；闭合型灯具；密闭型灯具(内外空气不能流通，可作为防潮、防水、防尘场所的照明灯具)；防爆安全型灯具(可避免灯具正常工作中产生的火花而引起爆炸)；隔爆型灯具(结构特点结实，并有一定的隔爆间隙)；防腐型灯具(外壳用防腐材料制成，且密封性好，适用于含有有害腐蚀性气体的场所)。

②按灯具外壳防护等级分为：防止人体触及或接近外壳内部的带电部分；防止固体异物进入外壳内部，防止水进入外壳内部达到有害程度；防止潮气进入外壳内部达到有害程度。

3)按防触电保护分类。为了保证电气安全，灯具所有带电部分必须采用绝缘材料加以隔离，灯具的这种保护人身安全的措施称为防触电保护，根据防触电保护方式，灯具可分为0、Ⅰ、Ⅱ和Ⅲ共四类，从电气安全角度看，0类灯具的安全保护程度低，Ⅰ、Ⅱ类较高，Ⅲ类最高。在使用条件或使用方法恶劣的场所应使用Ⅲ类灯具，一般情况下可采用Ⅰ类或Ⅱ类灯具。

4)按光通量在空间的分布分为：直接照明型、半直接型漫射照明型和半间接型灯具。

（2）灯具的选择。灯具选择的基本原则如下：

1)合适的配光特性，如光强分布、灯具的表面亮度、保护角等。

2)符合使用场所的环境条件，如在潮湿房间或含有大量灰尘的场所，则应选用防水防尘灯具；在有易燃气体的场所，应采用防爆型灯具。

3)符合防触电保护要求。

4)经济性好，如灯具光输出比、电气安装容量、初投资及维护运行费用。

5)外形与建筑风格相协调。

(四)灯具的安装

1. 照明灯具安装一般规定

(1)安装的灯具应配件齐全，无机械损伤和变形，油漆无脱落，灯罩无损坏；螺口灯头接线必须将相线接在中心端子上，零线接在螺纹的端子上；灯头外壳不能有破损和漏电。

(2)照明灯具使用的导线按机械强度最小允许截面应符合表7-11的规定。

表7-11 按机械强度最小允许截面

用途		线芯的最小截面/mm²		
		铜芯软线	铜线	铝线
照明用灯头引下线	民用建筑室内	0.4	0.5	1.5
	工业建筑室内	0.5	0.8	2.5
	室外	1.0	1.0	2.5
移动式用电设备	生产用	0.2		
	生活用	1.0		
架设在绝缘支持件上的绝缘导线，其支持点间距为	1 m以下，室内		1.0	1.5
	1 m以下，室外		1.5	12.5
	2 m及以下，室内		1.0	2.5
	2 m及以下，室外		1.5	2.5
	6 m及以下	1.0	2.5	4.0
	12 m及以下		2.5	6.0
	12~25		4.0	10
	穿管敷设的绝缘导线		1.0	2.5

（3）灯具安装高度按施工图样设计要求施工，若图样无要求时，室内一般在2.5 m左右，室外在3 m左右；地下建筑内的照明装置应有防潮措施；配电盘及母线的正上方不得安装灯具；事故照明灯具应有特殊标志。

（4）嵌入顶棚内的装饰灯具应固定在专设的框架上，电源线不应贴近灯具外壳，灯线应留有余量，固定灯罩的框架边缘应紧贴在顶棚上，嵌入式日光灯管组合的开启式灯具、灯管应排列整齐，金属间隔片不应有弯曲、扭斜等缺陷。

（5）灯具质量大于3 kg时，要固定在螺栓或预埋吊钩上，并不得使用木楔，每个灯具固定用螺钉或螺栓不少于 2 个，当绝缘台直径在 75 mm 及以下时，可采用 1 个螺钉或螺栓固定。

(6)软线吊灯，灯具质量在 0.5 kg 及以下时，采用软电线自身吊装，大于 0.5 kg 的灯具用吊链，软电线编叉在吊链内，使电线不受力；吊灯的软线两端应做保护扣，两端芯线搪锡；顺时针方向压线。当装升降器时，要套塑料软管，并采用安全灯头；当采用螺口头时，相线要接于螺口灯头中间的端子上。

(7)除敞开式灯具外，其他各类灯具灯泡容量在 100 W 及以上者采用瓷质灯绝缘外壳，不应有破损和漏电；带有开关的灯头，开关手柄应无裸露的金属部分的吸顶灯具，灯泡不应紧贴灯罩；当灯泡与绝缘台间距离小于 5 mm 时，灯泡应采取隔热措施。

2. 吊灯的安装

(1)在混凝土顶棚上安装。要事先预埋铁件或放置穿透螺栓，还可以用胀管螺栓紧固，安装时要特别注意吊钩的承重力，按照国家标准规定，吊钩必须能挂超过灯具质量 14 倍的重物，只有这样，才能被确认是安全的。大型吊灯因体积大、灯体重，必须固定在建筑物的主体棚面上(或具有承重能力的构架上)，不允许在轻钢龙骨吊棚上直接安装。采用胀管螺栓紧固时，胀管螺栓规格最小不宜小于 M6，螺栓数量至少要 2 个，不能采用轻型自攻胀管螺钉。

(2)在吊顶上安装。小型吊灯在吊顶上安装时，必须在吊顶主龙骨上设灯具紧固装置。可将吊灯通过连接件悬挂在紧固装置上，其紧固装置与主龙骨上的连接应可靠，有时需要在支持点处对称加设与建筑物主体棚面间的吊杆，以抵消灯具加在吊顶上的重力，使吊顶不至于下沉、变形。吊杆出顶棚面最好加套管，这样可以保证顶棚面板的完整；安装时一定要注意保证牢固性和可靠性。

3. 吸顶灯的安装

(1)在混凝土顶棚上安装。在浇筑混凝土前，根据图样要求把木砖预埋在里面，也可以安装金属胀管螺栓。在安装灯具时，把灯具的底台用木螺钉安装在预埋木砖上，或者用紧固螺栓将底盘固定在混凝土顶棚的金属胀管螺栓上，吸顶灯再与底台、底盘固定。如果灯具底台直径超过 100 mm，往预埋木砖上固定时，必须用两个螺钉。圆形底盘吸顶灯紧固螺栓数量不得少于 3 个；方形或矩形底盘吸顶灯紧固螺栓不得少于 4 个。

(2)在吊顶上安装。小型、轻型吸顶灯可以直接安装在吊顶上，但不得用吊顶的罩面板作为螺钉的紧固基面。安装时应在罩面板的上面加装木方，木方规格为 60 mm×40 mm，木方要固定在吊棚的主龙骨上。安装灯具的紧固螺钉拧紧在木方上。较大型吸顶灯安装，原则是不让吊棚承受更大的重力，可以用吊杆将灯具底盘等附件装置悬吊固定在建筑物的主体顶棚上或者固定在吊顶的主龙骨上，也可以在轻钢龙骨上紧固灯具附件，而后将吸顶灯安装至吊顶上。

4. 荧光灯的安装

荧光灯电路由三个主要部分组成，即灯管、镇流器和起辉器。安装时应按电路图正确接线；开关应装在镇流器侧；镇流器、启辉器、电容器要相互匹配。其安装工艺主要有两种：一种是吸顶式安装；另一种是吊链式安装。

(1)吸顶荧光灯的安装。根据设计图确定出荧光灯的位置，将荧光灯贴紧建筑物表面，荧光灯的灯架应完全遮盖住灯头盒，对着灯头盒的位置打好进线孔，将电源线甩入灯架，在进线孔处套上塑料管以保护导线。找好灯头盒螺孔的位置，在灯架的底板上用电钻打好孔，用螺钉拧牢固，在灯架的另一端用胀管螺栓加以固定。如果荧光灯安装在吊顶上，应将灯架固定在龙骨上。灯架固定好后，将电源线压入灯架内的端子板上。把灯具的反光板固定在灯架上，并将灯架调整顺直，最后把荧光灯管接好。

（2）吊链荧光灯的安装。在建筑物顶棚上安装好的塑料（木）台上，根据灯具的安装高度，将吊链编好挂在灯架挂钩上，并且将导线编叉在吊链内，引入灯架，在灯架的进线孔处套上软塑料管以保护导线，压入灯架内的端子板内。将灯具的导线和灯头盒中甩出的导线连接，并用绝缘胶布分层包扎紧密，理顺接头扣于塑料（木）台上的法兰盘内，法兰盘（吊盒）的中心应与塑料（木）台的中心对正，用木螺钉将其拧牢。将灯具的反光板用机螺钉固定在灯架上，最后调整好灯脚，将灯管装好。

5. 应急照明灯具的安装

（1）应急照明灯的电源除正常电源外，另有一条电源供电站；或者是由独立于正常电源的柴油发电机组供电；或由蓄电池柜供电或选用自带电源型应急灯具。应急照明在正常电源断电后，电源转换时间应符合规定。

（2）疏散照明由安全出口标志灯和疏散标志灯组成。安全出口标志灯距地高度不低于 2 m，且安装在疏散出口和楼梯口里侧的上方。

（3）疏散标志灯安装在安全出口的顶部，楼梯间、疏散走道及其转角处应安装在 1 m 以下的墙面上，不易安装的部位可安装在上部。疏散通道上的标志灯间距不大于 20 m（人防工程不大于 10 m）。

（4）应急照明灯具、运行中温度大于 60℃的灯具，当靠近可燃物时，应采取隔热、散热等防火措施。当采用白炽灯、卤钨灯等光源时，不应直接安装在可燃装修材料或可燃物件上。

（五）开关的安装

开关的作用是接通或断开照明灯具电源。根据安装形式可分为明装式和暗装式两种。明装式有拉线开关、扳把开关等；暗装式多采用扳把开关（翘板式开关）。

开关的分类，按极数分为单极开关、双极开关和三极开关；按操作方式分为扳把开关、翘板开关和声控开关；按控制方式分为声光控延时开关、紧急报警开关、触摸延时开关和风扇调速开关，如图 7-31 所示。

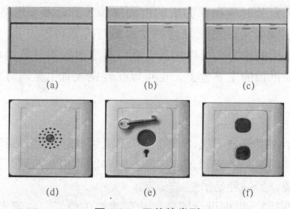

图 7-31　开关的类型
(a)单极开关；(b)双极开关；(c)三极开关；
(d)声光控延时开关；(e)紧急报警开关；(f)触摸延时开关

(g) (h) (i)

图 7-31　开关的类型(续)

(g)扳把式开关；(h)翘板开关；(i)声光控制开关

(六)照明开关的安装

1. 照明开关安装一般规定

同一场所开关的标高应一致，且应操作灵活、接触可靠；照明开关安装位置应便于操作，各种开关距地面一般为 1.3 m，开关边缘距门框为 0.15～0.2 m，且不得安在门的反手侧。翘板开关的扳把应上合下分，但一灯多开关控制者除外；照明开关应接在相线上。

在多尘和潮湿场所应使用防水防尘开关；在易燃、易爆场所，开关一般应装在其他场所，或用防爆型开关；明装开关应安装在符合规格的圆方或木方上；住宅严禁装设床头开关或以灯头开关代替其他开关开闭电灯，不宜使用拉线开关。

2. 照明开关安装

目前的住宅装饰几乎都是采用暗装翘板开关，常见的还有调光开关、调速开关、触摸开关、声控开关，它们均属暗开关，其板面尺寸与暗装翘板开关相同。暗装开关通常安装在门边。触摸开关、声控开关是一种自控关灯开关，一般安装在走廊、过道上。暗装开关在布线时，考虑用户今后用电的需要，一般要在开关上端设一个接线盒，接线盒距墙顶的距离为 15～20 cm。开关安装位置应便于操作，开关边缘距门框边缘的距离为 0.15～0.2 m，开关距地面高度为 1.3 m，拉线开关距地面高度为 2～3 m，层高小于 3 m 时，拉线开关距顶板不小于 100 mm，拉线出口垂直向下。并列安装及同一室内开关安装高度应一致，且控制有序。并列安装的拉线开关的相邻间距不小于 20 mm。

开关接通和断开电源的位置应一致，面板上有指示灯的，指示灯应在上面，翘板上有红色标记的应朝上安装，"ON"字母是开的标志，当翘板或面板上无任何标志时，应装成开关往上扳是电路接通，往下扳是电路切断。开关不允许横装。扳把开关接线时，把电源相线接到静触点接线柱上，动触点接线柱接灯具导线。双联开关有三个接线柱，其中两个分别与两个静触点连通，另一个与动触点接通。双控开关的共用极(动触点)与电源的 L 线连接，另一个开关的共用桩与灯座的一个接线柱连接，灯座另一个接线柱应与电源的 N 线相连接，两个开关的静触点接线柱，用两根导线分别进行连接。

(1)同一场所开关的标高应一致，且应操作灵活、接触可靠。

(2)照明开关安装位置应便于操作，各种开关距地面一般为 1.3 m，开关边缘距门框为 0.15～0.2 m，且不得安在门的反手侧。翘板开关的扳把应上合下分，但双控开关除外。

(3)照明开关应接在相线上。

(4)在多尘和潮湿场所应使用防水防尘开关。

(5)在易燃、易爆场所，开关一般应装在其他场所控制，或用防爆型开关。

(6)明装开关应安装在符合规格的圆方或木方上，住宅严禁装设床头开关或以灯头开关代替其他开关开闭电灯，不宜使用拉线开关。

(七)插座的安装

插座的作用是为移动式电器和设备提供电源。有单相三极三孔插座、三相四极四孔插座等种类。开关、插座安装必须牢固、接线要正确，容量要合适。它们是电路的重要设备，直接关系到安全用电和供电。

1. 插座安装一般规定

(1)住宅用户一律使用同一牌号的安全型插座，同一处所的安装高度宜一致，距地面高度一般应不小于1.3 m，以防小孩用金属丝探试插孔面发生触电事故。

(2)车间及试验室的明暗插座，一般距地面高度不应低于0.3 m，特殊场所暗装插座不应低于0.15 m，同一室内安装位置高低差不应大于5 mm；并列安装的相同型号的插座高度差不宜大于0.5 mm；托儿所、幼儿园、小学校等场所宜选用安全插座，其安装高度距地面应为1.8 m；潮湿场所应使用安全型防溅插座。

(3)住宅使用安全插座时，其距地面高度不应小于200 mm，如设计无要求，安装高度可为0.3 m；对于用电负荷较大的家用电器，如电磁炉、微波炉等应单独安装插座。在住宅客厅安装的窗式空调、分体空调，一般是就近安装明装单相插座。

2. 插座接线

单相二孔插座，面对插座的右孔或上孔与相线连接，左孔或下孔与零线连接；单相三孔插座，面对插座的右孔与相线连接，左孔与零线连接；单相三孔和三相四孔或五孔插座的接地或接零均应在插座的上孔；插座的接地端子不应与零线端子直接连接；住宅插座回路应单独装设漏电保护装置。带有短路保护功能的漏电保护器，应确保有足够的灭弧距离；电流型漏电保护器应通过试验按钮检查其动作性能。插座的常见类型如图7-32所示。

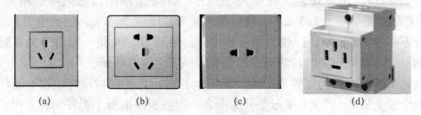

图7-32　插座的常见类型

(a)单相三孔插座；(b)单相五孔插座；(c)单相两孔插座；(d)三相四线四孔插座

当交流、直流或不同电压等级的插座安装在同一场所时，应有明显的区别，且必须选择不同结构、不同规格且不能互换的插座；配套的插头应按交流、直流或不同电压等级区别使用。

插座的接线原则：左零右火；下零上火。如图7-33所示。

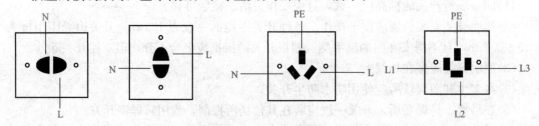

图7-33　插座的接线原则

任务五 接地系统保护系统

任务引领

本任务主要学习接地的类型、低压接地系统方式。根据任务一图纸中的内容，了解接地系统的类型和接地电阻的要求。

■ 一、接地的类型

1. 接地概念

电气设备的任何部分与土壤间作良好的电气连接，称为接地。

2. 接地的分类

(1)工作接地。工作接地是为保证电力系统和设备达到正常工作要求而进行的一种接地，例如，三相电源中性点的接地、防雷装置的接地等，如图 7-34 所示。

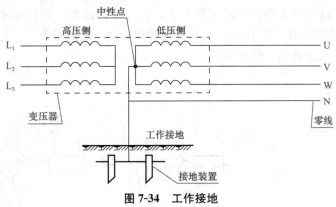

图 7-34 工作接地

(2)保护接地。保护接地是为保障人身安全、防止间接触电而将设备的外露可导电部分接地，如图 7-35 所示。

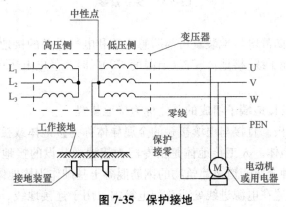

图 7-35 保护接地

(3)重复接地。在中性点直接接地的系统中，为确保公共线安全、可靠，除在中性点进行工作接地外，还应在零线的其他地方进行再一次接地，称为重复接地。如架空线路终端及沿线每 1 km 处，电缆和架空线引入车间或大型建筑物处，如图 7-36 所示。

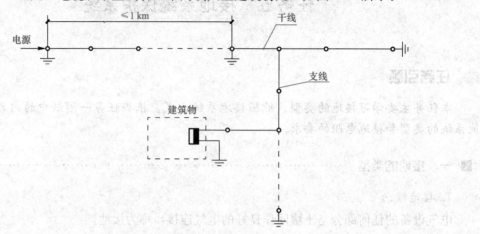

图 7-36　重复接地

(4)保护接零。把电气设备的金属外壳及与外壳相连的金属构架与中性点接地的电力系统零线连接起来，以保护人身安全的保护方式，称为保护接零，简称接零。其连线称为保护线(PE)，保护接零如图 7-37 所示。一旦发生单相短路，电流很大，于是自动开关切断电路，电动机断电，从而避免了触电危险。

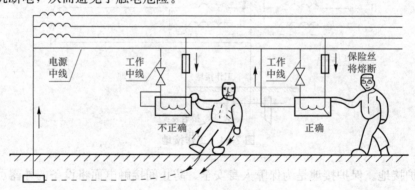

图 7-37　保护接零

(5)防静电接地。防静电接地装置可与防感应雷和电气设备的接地装置共同设置。防静电接地线宜单独与接地干线/接地体相连(当湿度＜30％时，静电电压可达 1 kV 左右)。

3. 接地装置

接地体和接地线及接地端子组成的总体称为接地装置。

(1)接地体或接地极。直接与土壤接触的金属导体称为接地体或接地极。接地体可分为人工接地体和自然接地体。人工接地体是指专门为接地而装设的接地体；自然接地体是指利用与大地接触的各种金属管道及建筑物的钢筋混凝土基础作为接地体。

(2)接地端子。设置在电源进线处或总配电箱内，用于连接地线、保护线或等电位连接线干线的接电端子。

（3）接地线。连接接地端子与接地体间的金属导线称为接地线。

■ 二、低压接地系统 ···

按国际电工委员会(IEC)的规定，低压电网有三种接地系统。

（1）TN 系统。电力系统有一点直接接地(中性线 N 接地)，用电设备的外露可导电部分通过保护线与接地点连接。按照中性线与保护线组合情况，又可分为三种形式：

1)TN-S 系统。如图 7-38 所示，图中 L1、L2、L3 为三根火线，整个系统的中性线(N)与保护线(PE)是分开的，俗称三相五线制系统。这种系统消耗导线多，投资大，多用于环境较差，对安全、可靠性要求较高的场所。

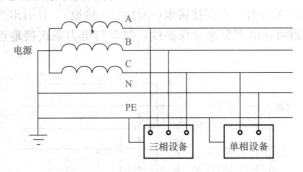

图 7-38　TN-S 供电系统(三相五线制)

2)TN-C 系统。整个系统的中性线(N)与保护线(PE)是合一的，为一根 PEN 线，如图 7-39 所示。这种系统的优点是节约有色金属，节约投资，得到广泛应用。

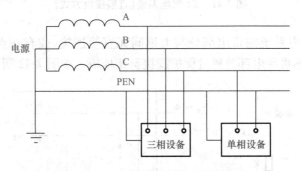

图 7-39　TN-C 供电系统(三相四线制)

3)TN-C-S 系统。系统中前一部分线路的中性线与保护线是合一的，后边是分开的，如图 7-40 所示。这种系统兼有上述两种系统的优点，常用于配电系统的末端，环境条件较差的场所。

在 TN 系统的接地形式中，所有用电设备的外露可导电部分必须用保护线(或共用中性线，即 PEN 线)与电力系统的接地点相连，并且须将能同时触及的外露可导电部分接至同一接地装置上。采用 TN-C-S 系统时，当保护线与中性线从某点(一般为进户线)分开后就不能再合并，且中性线绝缘等级应与相线相同。

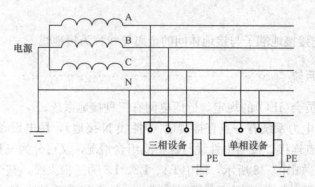

图 7-40　TN-C-S 供电系统(三相四线五线制)

(2)TT 系统。电力系统有一点直接接地(中性线 N 接地),且引出 N 线,属三相四线制系统。用电设备的外露可导电部分通过保护线,接至与电力系统接地点无直接关联的接地极,如图 7-41 所示。

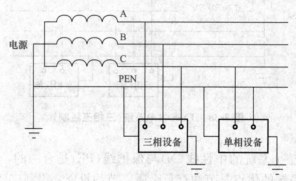

图 7-41　TT 供电系统(直接接地方式)

(3)IT 系统。电力系统的带电部分与大地间无直接连接(或有一点经足够大的阻抗接地),用电设备的外露可导电部分通过保护线接至接地极,如图 7-42 所示。

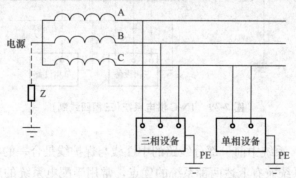

图 7-42　IT 系统

在 IT 系统中的任何带电部分严禁直接接地。IT 系统中的电源系统对地应保持良好的绝缘状态。在正常情况下,从各项测得的对地短路电流值均不得超过 70 mA(交流有效值)。所有设备的外露可导电部分均应通过导线与接地线连接。

IT 系统必须装设绝缘监视及接地故障报警或显示装置。在无特殊要求的情况下，IT 系统不宜引出中性线。

必须注意，不允许在同一系统中采用不同的接地保护形式。应根据系统安全保护所具备的条件并结合工程的实际情况，确定其中一种。如在同一低压配电系统中，不能既采用 TN 系统又采用 TT 系统，只能全部采用其中的一种系统。

任务六　防雷装置

任务引领

本任务主要学习雷电的形成和危害；建筑物的防雷分类及相应的防雷措施；防雷装置的安装。根据任务一图纸中的内容，了解防雷装置组成、安装要求和接地电阻的要求。

一、雷电的形成

通常所谓的雷击，是指一部分带电的云层与另一部分带异种电荷的云层，或者是带电的云层对大地之间迅猛的放电。这种迅猛的放电过程产生强烈的闪光并伴随巨大的声音。当然，云层之间的放电主要对飞行器有危害，对地面上的建筑物和人、畜没有很大影响。然而，云层对大地的放电，则对建筑物、电子电气设备和人、畜危害甚大。

二、雷电的表现形式

(1)直击雷：带电的云层与大地上某一点之间发生迅猛的放电现象。

(2)感应雷(也叫作二次雷)：带电云层由于静电感应作用，使地面某一范围带上异种电荷，当直击雷发生以后，云层带电迅速消失，而地面某些范围由于散流电阻大，以致出现局部高电压，或者由于直击雷放电过程中，强大的脉冲电流对周围的导线或金属物产生电磁感应，发生高电压以致发生闪击的现象。

(3)雷电波侵入(传导雷)：雷电流(几公里之外)沿着户外架空导体侵入建筑物内，危及人身安全或损坏设备。雷电波侵入的事故在雷害事故中占相当大的比例。

三、雷电的危害

(1)机械效应：雷电流流过建筑物时，使被击建筑物缝隙中的气体剧烈膨胀，水分充分汽化，导致被击建筑物破坏或炸裂甚至击毁，以致伤害人、畜及设备。

(2)热效应：雷电流通过导体时，在极短的时间内产生大量的热能，可烧断导线，烧坏设备，引起金属熔化、飞溅而造成火灾及停电事故。

(3)电气效应：雷电引起大气过电压，使得电气设备和线路的绝缘破坏，产生闪烁放电，以致开关掉闸，线路停电，甚至高压窜入低压，造成人身伤亡。

■ 四、雷电活动规律

雷电活动从季节来讲以夏季最活跃，冬季最少，从地区分布来讲是赤道附近最活跃，随着纬度升高而减少，极地最少。

评价某一地区雷电活动的强弱，通常用两种方法。其中一种是习惯使用的"雷电日"，即以一年当中该地区有多少天发生耳朵能听到雷鸣来表示该地区的雷电活动强弱，雷电日的天数越多，表示该地区雷电活动越强，反之则越弱。

我国平均雷电日的分布，可以分为四个区域：西北地区一般在15日以下；长江以北地区在15~40天；长江以南在40天以上；北纬23°以南地区超过80天。广东的雷州半岛地区及海南省，是我国雷电活动最剧烈的地区，年平均雷电日高达120天及以上。

另一种评价雷电活动强弱的方式为"雷闪频数"，也就是说1 000 km² 内一年共发生雷闪击的次数。

■ 五、雷击的选择性

(1)雷击区：在同一地区内，雷电活动有所不同，有些局部地区，雷击要比邻近地区多得多。如广东的沙河，北京的十三陵等地。

(2)雷击的选择性：雷击区与地质结构有关，如果地面土壤电阻率的分布不均匀，则在电阻率特别小的地区，雷击的概率较大。

雷击经常发生在有金属矿床的地区、河岸、地下水出口处、山坡与稻田接壤的地上和具有不同电阻率土壤的交界地段。

在湖沼、低洼地区和地下水位高的地方也容易遭受雷击；另外，地面上的设施情况，也是影响雷击选择性的重要因素。如地面上有较高的尖的建筑物，或在旷野有比较孤立、凸出的建筑物也易遭受雷击。

■ 六、建筑物的防雷分类

建筑物根据其重要性、使用性质、发生雷电事故的可能性和后果，按防雷要求分为三类。

第一类防雷建筑物一般是易爆炸的建筑物或环境，如加油站、火药仓库等。

第二类防雷建筑物一般是国家级的建筑物或环境，雷击次数大于0.06次/年的建筑物。

第三类防雷建筑物一般是以上两种以外的防雷建筑物。

(1)一类防雷建筑物措施。

1)应装设独立的避雷针或架空避雷线(网)，使被保护的建筑物及其相关装置牌处于接闪器的保护范围内。架空避雷网的网格尺寸不应大于5 m×5 m或6 m×4 m。

2)独立避雷针的杆塔、架空避雷线的端部和架空避雷网的各支柱处应至少设一根引下线。对用金属制成或有焊接、绑扎连接钢筋网的杆塔、支柱，宜利用其作为引下线。

3)独立避雷针和架空避雷线(网)的支柱及其接地装置至被保护建筑物及与其有联系的管道、电缆等金属之间的距离不得小于3 m。

4)架空避雷线至屋面和各种凸出屋面的风帽、放散管等物体之间的距离不得小于3 m。

5)当建筑物高于 30 m 时，还应采取防侧击措施。

6)当树木高于建筑物且不在接闪器保护范围之内时，树木与建筑物之间的净距不应小于 5 m。

（2）二类防雷建筑物措施。

1)宜采用装设在建筑物上的避雷针或架空避雷线（网）或由其混合组成的接闪器，避雷网（带）应沿屋角、屋脊和檐角等易受雷击的部位敷设，并应在整个屋面组成不大于 10 m×10 m 或 12 m×8 m 的网格。

2)引下线不少于两根，并应沿建筑物四周均匀或对称布置，其间距不应大于 18 m。

3)高度超过 45 m 的建筑物，应采取防侧击和等电位保护措施。

4)有爆炸危险的露天钢质封闭气罐，当其壁厚不小于 4 mm 时，可不装设接闪器，但应接地，且接地点不应少于两处；两接地点间距不宜大于 30 m，冲击接地电阻不应大于 30 Ω。

（3）三类防雷建筑物措施。

1)宜采用装设在建筑物上的避雷针或架空避雷线（网）或由其混合组成的接闪器，避雷网（带）应沿屋角、屋脊和檐角等易受雷击的部位敷设，并应在整个屋面组成不大于 20 m×20 m 或 24 m×16 m 的网格。平屋面的建筑物，当其宽度不大于 20 m 时，可仅沿周边敷设一圈避雷带。

2)引下线不少于两根，并应沿建筑物四周均匀或对称布置，其间距不应大于 25 m。周长不超过 25 m，高不超过 40 m，可只设一根引下线。

■ 七、建筑物防雷系统的组成

防雷系统由接闪器、引下线和接地装置三部分组成。

（一）接闪器

避雷针、避雷带统称接闪器，安装在建筑物的顶端，以引导雷云与大地之间放电，使强大的雷电流通过引下线进入大地，从而保护建筑物免遭雷击。

1. 接闪器材料要求

（1）避雷针宜采用圆钢或焊接钢管制成，其直径不应小于下列数值：

针长 1 m 以下：圆钢为 12 mm；钢管为 20 mm。

针长 1～2 m：圆钢为 16 mm；钢管为 25 mm。

烟囱顶上的针：圆钢为 20 mm；钢管为 40 mm。

（2）避雷网和避雷带宜采用圆钢或扁钢，优先采用圆钢。圆钢直径不应小于 8 mm。扁钢截面不应小于 48 mm²，其厚度不应小于 4 mm。

当烟囱上采用避雷环时，其圆钢直径不应小于 12 mm。扁钢截面不应小于 100 mm²，其厚度不应小于 4 mm。

（3）架空避雷线和避雷网宜采用截面不小于 35 mm² 的镀锌钢绞线。

2. 避雷针安装注意事项

（1）砖木结构的房屋，可把避雷针敷设在山墙顶部或屋脊上，用抱箍或对锁螺丝固定于梁上，固定部分的长度为针高的 1/3。也可以将避雷针嵌于砖墙或水泥中，插在墙中的部分为针高的 1/3，插在水泥中的部分为针高的 1/4～1/5。

(2)对于平顶屋上的避雷针，应安上底座与屋顶层连接，并用螺丝固好，用水泥座子固定。

(3)避雷针超过 12 m 高时，一定要用拉线，拉线应围绕避雷针呈 60°角分布。

3. 避雷带安装注意事项

(1)避雷带的支柱应为 0.2～0.25 m 高，相距以 1 m 为宜。

(2)避雷带无法保护到的四角，应装设小型避雷针进行保护。

(3)避雷带尽量不要采用暗装方式。

(二)引下线

1. 引下线材料选择

(1)引下线宜采用圆钢或扁钢，宜优先采用圆钢，圆钢直径不应小于 8 mm。扁钢截面不应小于 48 mm²，其厚度不应小于 4 mm。

当烟囱上的引下线采用圆钢时，其直径不应小于 12 mm；采用扁钢时，其截面不应小于 100 mm²，厚度不应小于 4 mm。

(2)引下线应沿建筑物外墙明敷，并经最短路径接地；建筑艺术要求较高者可暗敷，但其圆钢直径不应小于 10 mm，扁钢截面不应小于 80 mm²。

(3)在易受机械损坏和防人身接触的地方，地面上 1.7 m 至地面下 0.3 m 的一段接地线应采取暗敷或镀锌角钢、改性塑料管或橡胶管等保护设施。

2. 测试点设置

(1)测试点的设置是有必要的，有利于每年的维护和测试地网阻值。

(2)测试点通常采用钢质断接卡子，放置于安装盒中。

(三)接地装置

1. 接地装置要求

(1)直击雷接地装置(接地地网)阻值要求不大于 10 Ω，在土壤电阻率高的地区，可以适当降低要求。

(2)埋于土壤中的人工垂直接地体宜采用角钢、钢管或圆钢；埋于土壤中的人工水平接地体宜采用扁钢或圆钢。圆钢直径不应小于 10 mm；扁钢截面不应小于 100 mm²，其厚不应小于 4 mm；角钢厚度不应小于 4 mm；钢管壁厚不应小于 3.5 mm。在腐蚀性较强的土壤中，应采取热镀锌等防腐措施或加大截面。接地线应与水平接地体的截面相同。

(3)人工垂直接地体的长度宜为 2.5 m。人工垂直接地体间的距离及人工水平接地体间的距离宜为 5 m，当受地方限制时可适当减小。

(4)人工接地体在土壤中的埋设深度不应小于 0.5 m。接地体应远离由于砖窑、烟道等高温影响使土壤电阻率升高的地方。

(5)在高土壤电阻率地区，降低防直击雷接地装置接地电阻宜采用下列方法：

1)采用多支线外引接地装置，外引长度不应大于有效长度。

2)接地体埋于较深的低电阻率土壤中。

3)采用降阻剂。

4)换土。

(6)防直击雷的人工接地体距建筑物出入口或人行道不应小于 3 m。当小于 3 m 时，应采取下列措施之一：

1)水平接地体局部深埋不应小于 1 m。

2)水平接地体局部应包绝缘物,可采用 50～80 mm 厚的沥青层。

3)采用沥青碎石地面或在接地体上面敷设 50～80 mm 厚的沥青层,其宽度应超过接地体 2 m。

(7)埋在土壤中的接地装置,其连接应采用焊接,并在焊接处作防腐处理。

2. 防雷装置维护

(1)直击雷防护装置在每年雷雨季节前应进行检查。

(2)检查的内容主要包括焊接点是否生锈,接地电阻是否还能达到要求,针体是否松动。

3. 接地体

(1)接地体概念。接地体是埋入土壤中或混凝土基础中作散流作用的导体,包括自然接地体和人工接地体。

1)自然接地体:具有兼作接地功能的但不是为此目的而专门设置的与大地有良好接触的各种金属物件、金属井管、钢筋混凝土中的钢筋、埋地金属管道和设施等的统称。

2)人工接地体:直接埋入土壤中的热镀锌角钢、钢管或圆钢,分为人工垂直接地体和人工水平接地体。

3)共用接地系统:将各部分防雷装置、建筑物金属构件、低压配电保护线(PE)、等电位连接带、设备保护地、屏蔽体接地、防静电接地及接地装置等连接在一起的接地系统。

(2)各项接地要求。直击雷防护装置接地电阻要求小于 10 Ω;感应雷防护装置接地电阻要求小于 4 Ω;各种不同性质的接地装置联合接地时,接地电阻要求小于 1 Ω。

接地装置应优先利用建筑物的自然接地体,当自然接地体的接地电阻达不到要求时,应增加人工接地体。

(3)接地地网位置选择。接地地网位置应选择在建筑物旁空地处,如果为直击雷接地地网,则应选择距建筑物进出口或人行道 3 m 以外的地方;如无法达到 3 m 的要求,则应深埋不小于 1 m 或采用绝缘措施。地网位置的选择应远离埋放建筑垃圾的地方,并应在直击雷地网位置处设置标识牌。

(4)接地线要求。接地装置与室内总等电位连接带的连接导体截面面积,铜质接地线不应小于 50 mm²,钢质接地线不应小于 80 mm²。

建筑物接地装置宜采用共用接地装置,但直击雷与感应雷入地点不能共点。直击雷地线与感应雷地线接线如图 7-43 所示。

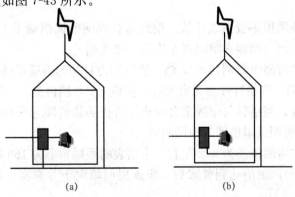

图 7-43 直击雷地线与感应雷地线正确接法和错误接法

(a)正确接法;(b)错误接法

（5）接地装置材料选择。接地材料分水平接地体和垂直接地体两种：

水平接地体一般采用 4×40(mm) 的热镀锌扁钢，垂直接地体一般采用 5×50×50×1 500(mm) 的热镀锌角钢。

遇土壤电阻率高的地区，应采用降阻剂、接地模块、电解离子接地极等降阻材料。

人工接地体在土壤中的埋设深度不应小于 0.5 m，宜埋设在冻土层以下。水平接地体应挖沟埋设，沟宽以 0.4 m 为宜，钢质垂直接地体宜直接打入沟内，其间距不宜小于其长度的 2 倍并均匀布置，如图 7-44 所示。铜质和石墨接地体宜挖沟埋设。

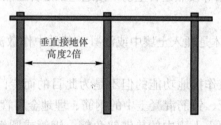

图 7-44 人工接地体

（6）接地体焊接要求。接地装置连接应可靠，连接处不应松动、脱焊、接触不良。铜质接地装置应采用焊接或熔接，钢质和铜质接地装置之间连接应采用熔接或采用搪锡后螺栓连接，连接部位应作防腐处理。

钢质接地装置宜采用焊接连接，其搭接长度应符合下列规定：

1）扁钢与扁钢搭接为其宽度的 2 倍，不少于三面施焊。

2）圆钢与圆钢的搭接为其直径的 6 倍，双面施焊。

3）圆钢与扁钢搭接为圆钢直径的 6 倍，双面施焊。

4）扁钢、圆钢与钢管、角钢互相焊接时，除应在接触部位两侧施焊外，还应增加圆钢搭接件。

4. 电阻测试仪使用

手摇式测阻器的使用方法：

（1）打桩。将铜桩插入地网附近的泥土中，留 10 cm 在地上并夹好长短线。

（2）接长短线。长线接在测阻器右边的 C1 接线端上，短线接在测阻器右边的 P1 接线端上，长短线要放直。

（3）将测阻器与地网用多股铜线连接。铜线接在地网的铜铝端子上（边接处要用锉子锉干净并且连接牢固），另一端接在测阻器左边任一接线端上。

（4）开始测试。先将测阻器调到 ×10 档，然后用力且均匀地摇动摇把，当指针往左无穷小时，换成 ×1 档再测。当指针往右无穷大时，换成 ×100 档再测。

（5）用手移动档盘，当指针与中线重合时指针所指的数值即为所测阻值，用所测阻值减去连接地网和测阻器的铜线阻值即为地网阻值。

（6）电子表与手摇表的误差为 0.2 左右。手摇表的手摇频率为 150 次/分。

地网回填，接地地网阻值达到要求后，应逐层回填泥土并夯实，建筑垃圾、石头等不应回填到地网沟中。

一、单项选择题

1. 照明线路暗敷设的文字符号是(　　)。

    A. A   B. C

    C. E   D. SC

项目七　参考答案

2. 把三相负载进行三角形连接时，各相负载对称的情况下，线电流为相电流的(　　)倍。

    A. $\sqrt{2}$ B. $\sqrt{3}$ C. 3   D. 无法确定

3. 在电力系统中，一般将额定电压在(　　)kV 及以下者称为低压线路。

    A. 0.220   B. 0.380   C. 1   D. 10

4. 一级负荷供电要求(　　)。

    A. 两个以上独立回路供电   B. 两个以上独立电源供电

    C. 无特殊要求   D. 一个独立电源供电

5. 三相五线制供电系统中，接地保护线的颜色为(　　)。

    A. 红色   B. 浅蓝色

    C. 绿色   D. 黄绿相间

6. 灯具质量大于(　　)kg 时，要固定在螺栓或预埋吊钩上，并不得使用木楔，每个灯具固定用螺钉或螺栓不少于 2 个，当绝缘台直径在 75 mm 及以下时，可采用 1 个螺钉或螺栓固定。

    A. 0.5   B. 1   C. 2   D. 3

7. 为保证电力系统和设备达到正常工作要求而进行的一种接地称为(　　)。

    A. 工作接地   B. 保护接地   C. 重复接地   D. 保护接零

8. 各种不同性质的接地装置联合接地时，接地电阻要求小于(　　)Ω。

    A. 1   B. 4   C. 10   D. 30

9. 人工垂直接地体间的距离及人工水平接地体间的距离宜为(　　)m，当受地方限制时可适当减小。

    A. 2.5   B. 3   C. 5   D. 10

二、多项选择题

1. 电路的三种状态(　　)。

    A. 通路   B. 无路   C. 断路   D. 短路

    E. 磁路

2. 交流电的三要素(　　)。

    A. 电压   B. 初相位   C. 频率   D. 幅值

    E. 电流

3. 低压配电系统的配电方式有(　　)。

    A. 放射式   B. 树干式   C. 混合式   D. 电缆式

    E. 埋地式

4. 按用电设备(负荷)对供电可靠性的要求及中断供电造成的危害程度分为(　　)。

　A. 一级负荷　　　　B. 二级负荷　　　　C. 三级负荷　　　　D. 四级负荷

　E. 五级负荷

5. 防雷装置的组成包括(　　)。

　A. 避雷针　　　　　B. 接闪器　　　　　C. 引下线　　　　　D. 避雷网

　E. 接地装置

三、简答题

1. 简述电气施工图识图步骤。

2. 简述电气系统的组成。

3. 简述室照明系统供配电的组成。

4. 简述常用电光源的类型及常用光源的适用场合。

5. 简述照明配电箱内有哪些设备。并画出单相电度表的接线图。

6. 简述荧光灯的工作原理并画出接线原理图。

7. 简述开关和插座的安装一般规定。

8. 简述照明灯具安装一般规定。

9. 简述低压配电系统的类型。

10. 接闪器的作用是什么？常见的接闪器类型有哪些？

11. 接体焊接时，搭接长度应符合哪些要求？

12. 简述摇式测阻器的使用方法。

参 考 文 献

[1] 高绍元. 房屋卫生设备[M]. 3 版. 北京：高等教育出版社，2007.

[2] 谭翠萍. 建筑设备安装工艺与识图[M]. 哈尔滨：哈尔滨工业大学出版社，2013.

[3] 张英. 建筑设备与识图[M]. 北京：高等教育出版社，2005.

[4] 李涛锋，王丽辉. 建筑设备工程[M]. 北京：国防科技大学出版社，2013.

[5] 张萍. 建筑设备工程[M]. 北京：北京邮电大学出版社，2013.

[6] 龙福贵，何永强. 建筑设备工程[M]. 天津：天津科学技术出版社，2013.

[7] 蒋英. 建筑设备[M]. 北京：北京理工大学出版社，2011.

[8] 邵正荣，李浙波，金鹏涛. 建筑设备[M]. 2 版. 北京：北京理工大学出版社，2014.

[9] 王鹏. 建筑设备[M]. 北京：北京理工大学出版社，2013.

[10] 鲁雪利，许晓军，关晓宇. 建筑设备施工技术（水暖部分）[M]. 北京：北京师范大学出版社，2010.

[11] 汤万龙，刘玲. 建筑设备安装识图与施工工艺[M]. 北京：中国建筑工业出版社，2004.

[12] 褚锡星，王利霞. 建筑设备基础知识与识图[M]. 天津：天津科学技术出版社，2014.

[13] 中华人民共和国住房和城乡建设部. GB 50019—2015 工业建筑供暖通风与空气调节设计规范[S]. 北京：中国计划出版社，2016.

[14] 中华人民共和国住房和城乡建设部. GB 50016—2014 建筑设计防火规范[S]. 北京：中国计划出版社，2014.

[15] 中华人民共和国住房和城乡建设部. GB 50243—2016 通风与空调工程施工质量验收规范[S]. 北京：中国计划出版社，2014.

[16] 中华人民共和国住房和城乡建设部. JGJ 134—2010 夏热冬冷地区居住建筑节能设计标准[S]. 北京：中国建筑工业出版社，2010.

[17] 辛长平. 中央制冷冷水机组操作与维修教程[M]. 北京：电子工业出版社，2012.

[18] 李建华. 制冷工艺设计[M]. 北京：机械工业出版社，2007.

[19] Johnson Controls. YEWS 水冷螺杆式冷水（热泵）机组安装、操作和维护手册[Z]. 2009.

[20] 张璐璐，张欢，由世俊，孙贺江. 闭式冷却塔用于冬季直接供冷的设计及节能分析[J]. 山东建筑大学学报. 2007，（2）.

[21] 郑庆红，高湘，王慧琴. 现代建筑设备工程[M]. 北京：冶金工业出版社，2004.

《建筑设备》配套图纸

主　编　寇红平

副主编　邹义珍　周　靓

参　编　张　仓　莫建俊　张晓红　陈嘉卉

　　　　孙喜玲　朱亚力　高天号

北京理工大学出版社

BEIJING INSTITUTE OF TECHNOLOGY PRESS

附图1　建筑给水排水施工图

给水排水施工说明

一、设计依据

1. 已批准的方案设计文件。

2. 建设单位提供的本工程有关资料及设计任务书。

3. 建筑和有关工种提供的作业图及有关资料。

4. 国家现行有关给水排水和卫生等设计规范及规程。

二、设计范围

1. 设计范围包括本建筑内的生活给水排水管道系统。

2. 本工程的室外给水排水系统另见总平面图。

3. 本工程雨水系统属于外排水系统,详见建筑施工图。

三、工程概况

本建筑耐火等级为二级,本工程总建筑面积约为4 116.12 m²,建筑高度为17.05 m。

四、系统说明

本工程设有生活给水系统、生活污水废水系统、雨水系统、空调冷凝水系统、生活热水系统和太阳能给水系统。

1. 生活给水系统:

(1) 室内生活给水方式采用下行上给式。

(2) 给水分户水表设置于室外地下水表井内。

2. 生活污水废水系统:

(1) 本工程住宅卫生间污水废水采用合流制排水。室内污水废水重力自流排入室外污水检查井。

(2) 本工程二~五层卫生间采用同层排水系统,采用降板(下沉楼板)排水方式。根据卫生器具的布置形式,采用下排式卫生器具配件组合构成的排水系统,排水支管设在降板上,在同一楼层与排水立管相连成为同层排水系统,管道采用专用同层排水配件:

1) 同层排水系统中设置具有防返溢等功能的JSD-T同层多功能密闭地漏,水封大于等于50 mm;

2) 为防止沉箱积水,立管穿越楼板处设置专有JSP积水排除器;

3) 三通采用JSJ漩流低噪三通,以降低排水立管噪声;

4) 支管采用承压型塑料排水管及配件。

(3) 排水立管靠近与卧室相邻的内墙时,采用双壁消声螺旋管。

3. 雨水系统:

屋面雨水经外落水管重力自流排至室外地面散水。

4. 空调冷凝水系统:

空调排水设置冷凝水管集中收集,排至室外地面散水。

5. 生活热水系统:

(1) 本住宅热水系统热源为电热水器及太阳能热水器。

(2) 本工程每个卫生间内给水热水管道均为电热水器预留接口。

(3) 本住宅每户设置太阳能热水系统,分户设置太阳能给水管及回水管。

6. 太阳能给水系统:

(1) 本工程采用集中设置分户供热式太阳能热水系统,太阳能集热器采用整体式太阳能热水器。

(2) 最大日用热水量Q_{rd}=120 L,q=40 L/(人·d)。

(3) 采用整体式(家用)太阳能集热器,真空管规格为ϕ58 mm×1 600 mm,每组集热器有20根全玻璃真空管,水箱容量为127 L。水箱内胆材质采用不锈钢SUS304,采用聚氨脂发泡保温,发泡层厚55 mm;水箱外壳为镀铝锌板,集热面积为2.30 m。太阳能保证率为50%。

(4) 太阳能热水器机房层布置及预留混凝土支座间距设计尺寸均参考太阳能集热器的规格尺寸,安装及支座等做法均详见苏J28-2007。屋顶太阳能热水系统冷水上水管及热水管共用一根,由电磁阀控制冷水的进水,当水箱内水低于警戒水位时自动进水。

(5) 太阳能热水器上、下水管道均置于管道井内,热水器四周距离女儿墙的距离不小于1.00 m,在太阳能热水器的进水管上添加止回阀和过滤器。

五、施工说明

(一) 管材

1. 生活给水管、生活热水管、太阳能给水管:

(1) 生活给水管均采用聚丙烯(PP-R)塑料给水管,热熔连接,管道工作压力为0.24 MPa。

(2) 热水管及太阳能给水管均采用2.0 MPa聚丙烯(PP-R)管、热熔连接、工作温度小于95℃。

(3) 生活给水系统的管材、管件、接口填充材料及胶粘剂,必须符合饮用水卫生标准的要求。

2. 排水管道:

生活污水废水、太阳能套管及空调冷凝水管道均采用硬聚氯乙烯塑料排水管,胶粘剂粘接。排水立管及横管的伸缩节设置安装详见《建筑排水硬聚氯乙烯管道工程技术规程》(CJJ/T29)及《建筑排水塑料管道安装》(10S406)。

3. 给水排水管材、管件产品质保书上的规格、品牌、生产日期等内容与进场实物的标注必须一致。

4. 管材、管件进场后,应按照产品标准的要求对其外观、管径、壁厚、配合公差进行现场检验,见证取样,委托有资质的检测单位复试,合格后方可使用。

(二) 阀门、水表及附件

1. 阀门:生活给水管管径小于等于DN50时采用截止阀,管径大于DN50时采用蝶阀,工作压力为1.0 MPa。

2. 水表:分户水表采用LXS-20型旋翼湿式水表。

3. 附件:

(1) 住宅卫生间采用多通道防返溢地漏,洗衣机采用洗衣机专用地漏,地漏均需要自带水封,水封高度不小于50 mm。如地漏不自带水封,需要补做管道水封,水封高度不小于50 mm,空调板采用无水封地漏。

(2) 洗衣机水龙头采用DN15铜镀铬皮带水嘴。

(3) 全部给水配件均采用节水型产品,不得采用淘汰型产品。

（三）卫生洁具：（卫生洁具均不安装）

1. 本工程所用卫生洁具均采用陶瓷制品，颜色由业主确定。

2. 住宅卫生间洁具采用坐箱式坐便器、台下式洗脸盆、淋浴器。

3. 卫生洁具给水及排水五金配件应采用与卫生洁具配套的节水型配件。

4. 卫生洁具安装详《卫生设备安装》（09S304）。

（四）管道敷设

1. 本工程所有给水管均暗敷于墙槽、地面找平层或管道井内。

2. 给水和热水立管穿楼板时，应设安装在楼板内的套管，其顶部应高出装饰地面20 mm；安装在卫生间内的套管，其顶部高出装饰地面50 mm。底部应与楼板底面相平；套管与管道之间缝隙应用阻燃密实材料和防水油膏填实，端面光滑，穿过防火墙的管道，应用不燃烧材料将其周围空隙填塞密实。

3. 排水管穿楼板时采用WXFS型防渗水管件，立管穿越楼板处的下方设阻火圈。

4. 管道穿钢筋混凝土墙和楼板、梁时，应根据图中所注管道标高位置配合土建工种预留孔洞或预埋套管；管道穿地下室外墙屋面时，应预埋刚性防水套管。

5. 排水管道（DN100）穿越楼层时，于楼板下设置阻火圈、阻火圈采用ZHQ110型、阻火圈的耐火极限≥120 min。

6. 管道支架：

（1）管道支架或管卡应固定在楼板上或承重结构上，立管底部悬空出墙部分设置混凝土墩。

（2）塑料管水平安装支架间距按《建筑给水排水及采暖工程施工质量验收规范》（GB 50242—2002）的规定施工。

（3）立管每层装一管卡，其安装高度距地面为1.5～1.8 m。

7. 排水管上的吊钩或卡箍应固定在承重结构上，固定件间距：横管不得大于2 m、立管不得大于3 m。层高小于或等于4 m时，立管中部可安装一个固定件。

8. 排水立管检查口距地面或楼板面1.0 m，消火栓栓口距地面或楼板面1.1 m。

9. 管道穿过伸缩缝处采用不锈钢波纹管。

10. 给水管直线管段每隔50 m直线距离设置金属纹管。

（五）管道和设备保温，防结露

1. 屋顶太阳能给水管等明露管道保温采用泡沫橡塑制品（PVC/NBR），厚度为32 mm，使用密度为40～95 kg/m³，施工温度为40 ℃～105 ℃，耐火性能为B1级，施工详见16S401。

2. 给水排水管道系统敷设在可能出现结露场所时，应采取防结露措施，外包泡沫橡塑制品（PVC/NBR），厚度为40 mm，施工详见16S401。

（六）管道试压

1. 生活给水管试压方法应按《建筑给水排水及采暖工程施工质量验收规范》（GB 50242—2002）的规定执行。生活给水管试验压力为1.0 MPa，热水管试验压力为1.5 MPa。

2. 污水及雨水管的灌水及通球试验应按《建筑给水排水及采暖工程施工质量验收规范》（GB 50242—2002）的规定执行。

（七）管道冲洗

1. 给水管道在系统运行前须用水冲洗和消毒，要求以不小于1.5 m/s的流速进行冲洗，并符合《建筑给水排水及采暖工程施工质量验收规范》（GB 50242—2002）中4.2.3条的规定。

2. 雨水管和排水管冲洗以管道通畅为合格。

（八）其他

1. 图中所注尺寸除管长、标高以m计外，其余均以mm计。

2. 本图所注管道标高：给水管等压力管指管中心；污水管、废水管、雨水管等重力流管道和无水流的通气管指管内底。

3. 本设计施工说明与图具有同等效力，二者有矛盾时，业主及施工单位应及时提出，并以设计单位解释为准。

4. 施工中应与土建公司和其他专业公司密切合作，合理安排施工进度，及时预留孔洞及预埋套管，以防碰撞和返工。

5. 除本设计说明外，施工中还应遵守《建筑给水排水及采暖工程施工及质量验收规范》（GB 50242—2002）及《给水排水构筑物工程施工及验收规范》（GB 50141—2008）的相关规定。

6. 建设单位在接收到图纸后，需及时送相关部门进行审查，因建设单位延迟送审，而产生的一切费用（设计修改费，消防处罚费等）将由建设单位全部承担。

7. 建设单位在施工图送规划、建设、消防、测绘等主管部门审查时，需提前通知设计单位，设计单位积极配合，共同完成报审工作。

塑料给水管管径对照表

公称外径	公称直径	公称外径	公称直径
φ20	DN15	φ40	DN32
φ25	DN20	φ50	DN40
φ32	DN25	φ63	DN50

图例

1	—J—	生活给水管
2	—W—	污水管
3	—F—	废水管
4	—R—	热水管
5	—N—	空调冷凝水
6	—Y—	重力雨水管
7	⋈　⊤	截止阀
8	⋈	闸阀
9	⬎	止回阀
10	⬗	碟阀
11	⊘　▽	地漏
12	⊙　⊤	清扫口
13	↑	通气帽
14	⊥	检查口

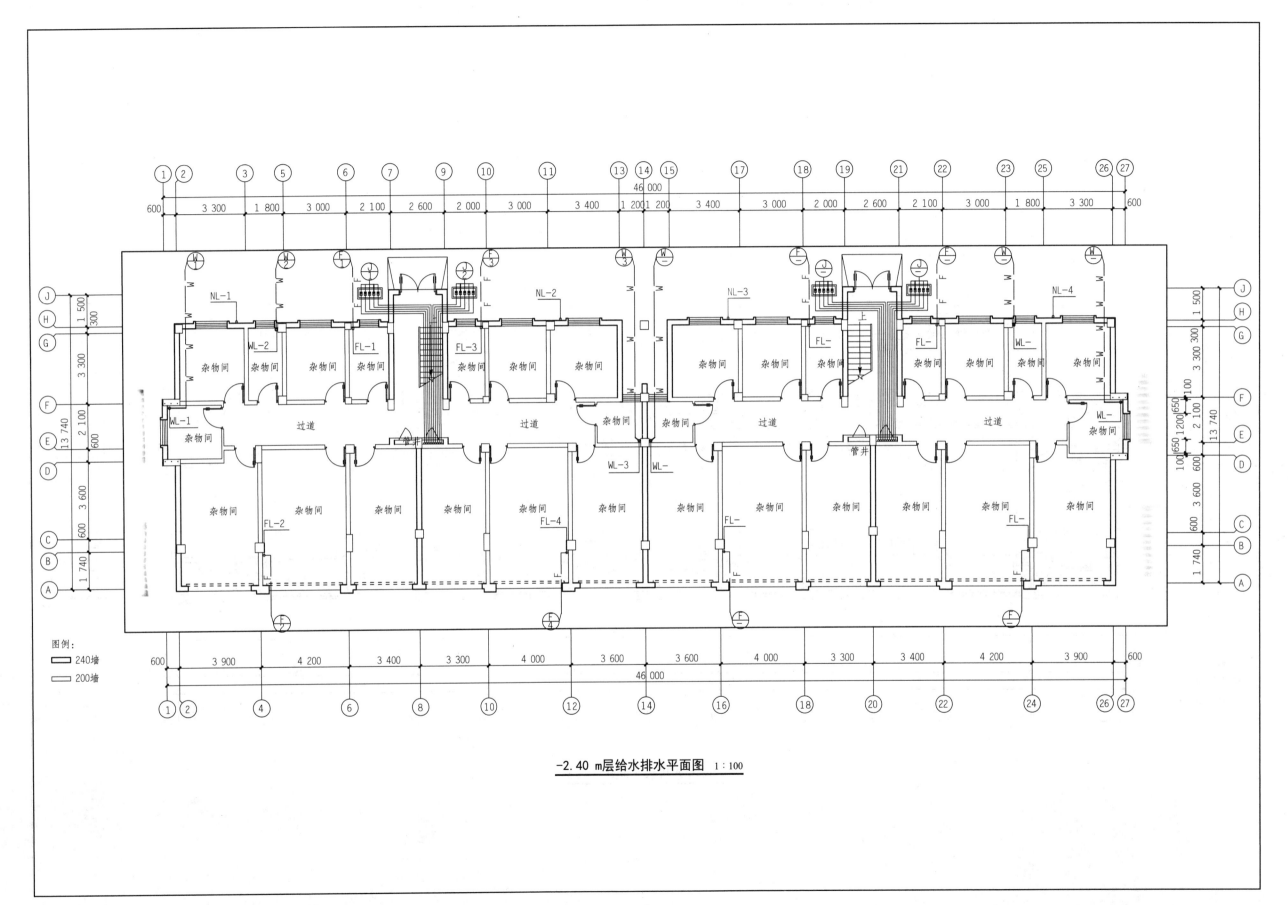

−2.40 m层给水排水平面图 1:100

图例:
▭ 240墙
▭ 200墙

−3−

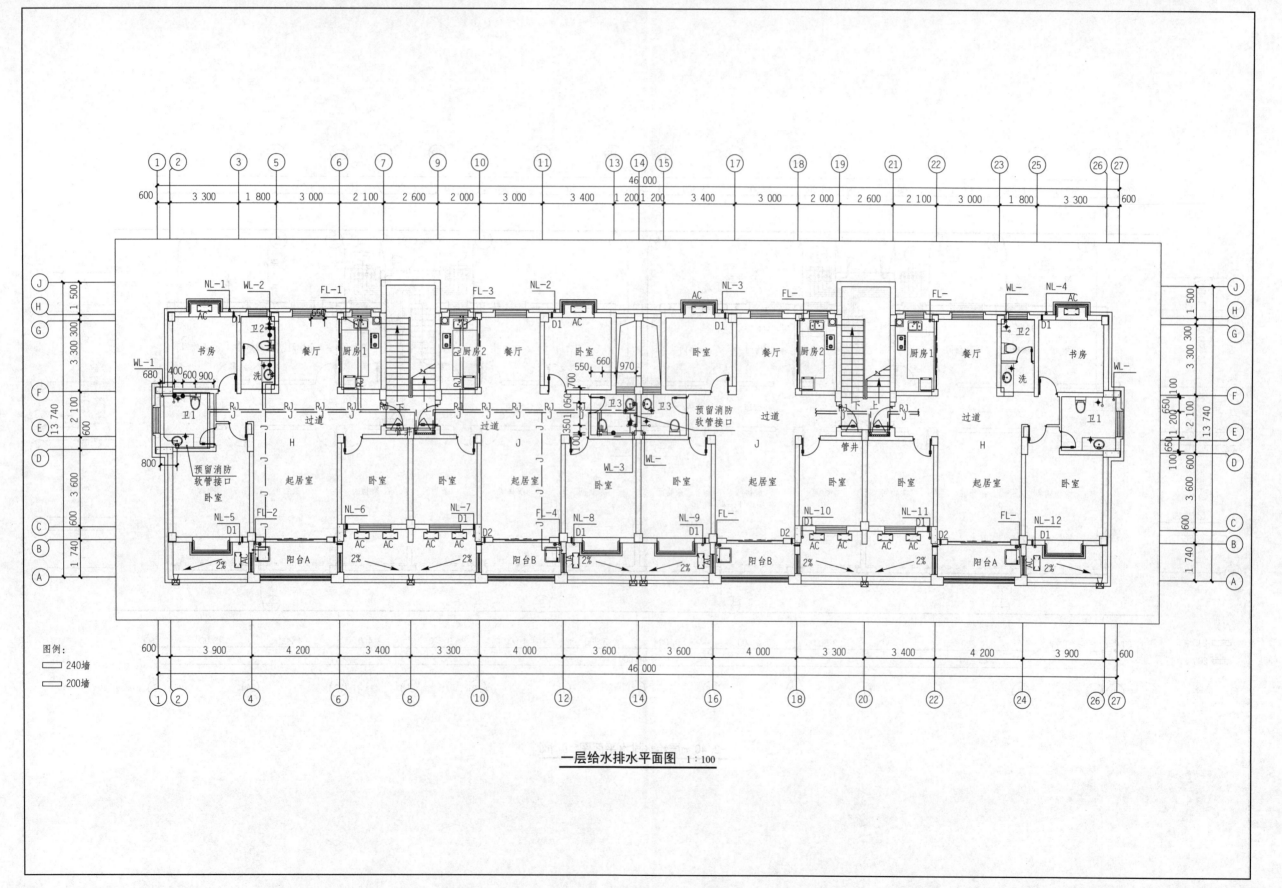

一层给水排水平面图 1:100

图例:
▭ 240墙
▭ 200墙

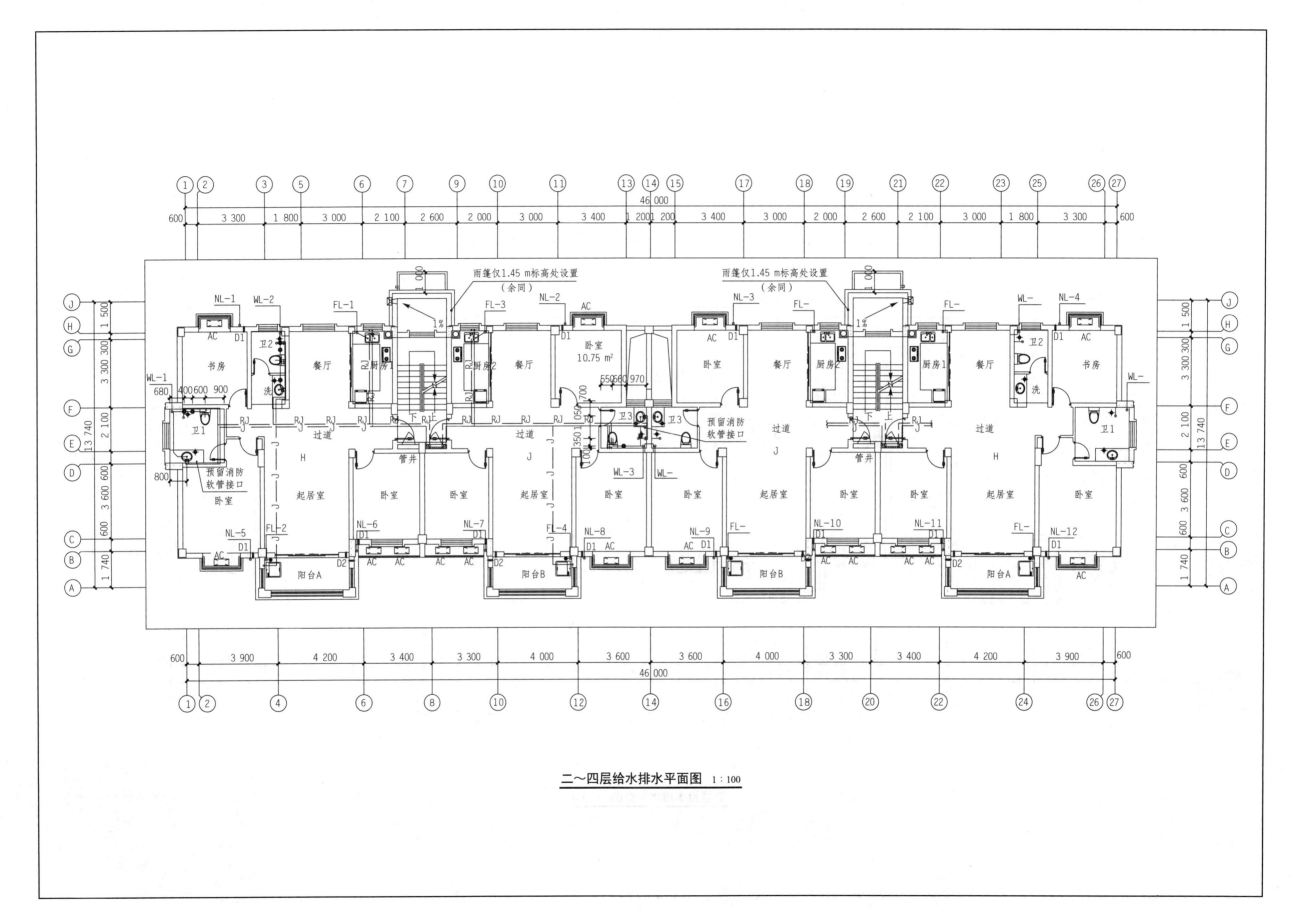

二～四层给水排水平面图 1:100

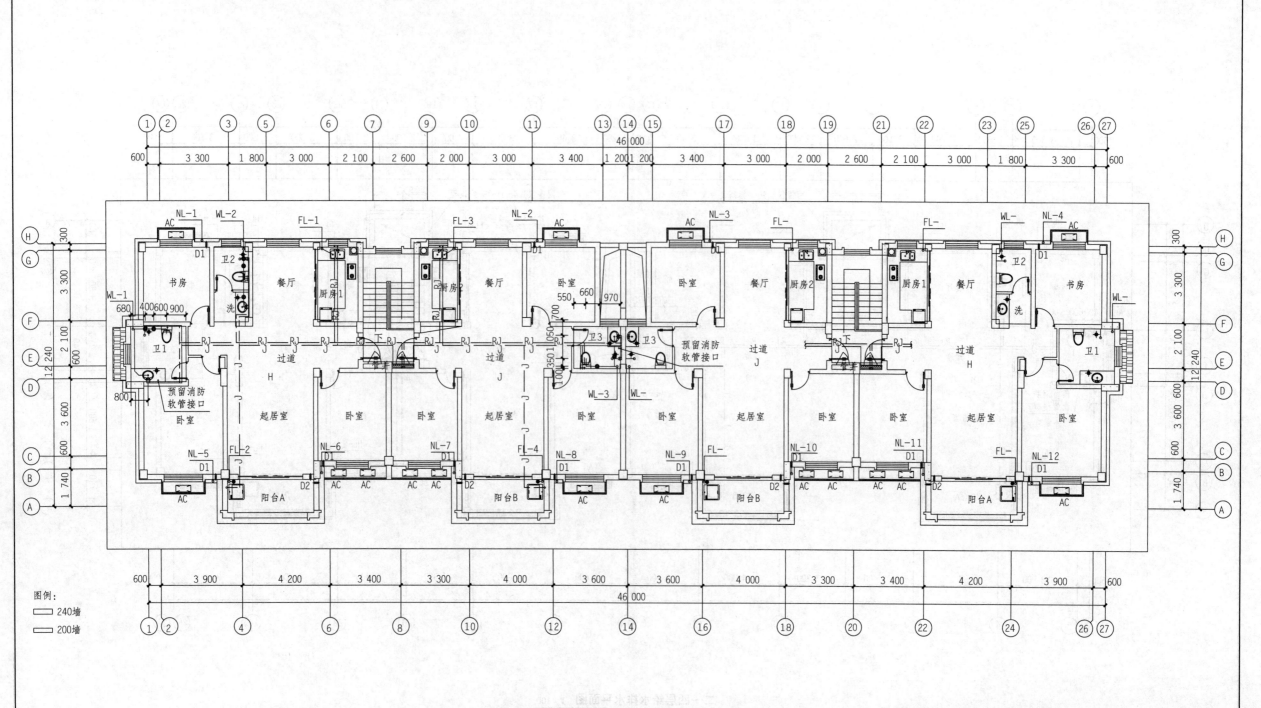

五层给水排水平面图 1:100

图例:
□ 240墙
□ 200墙

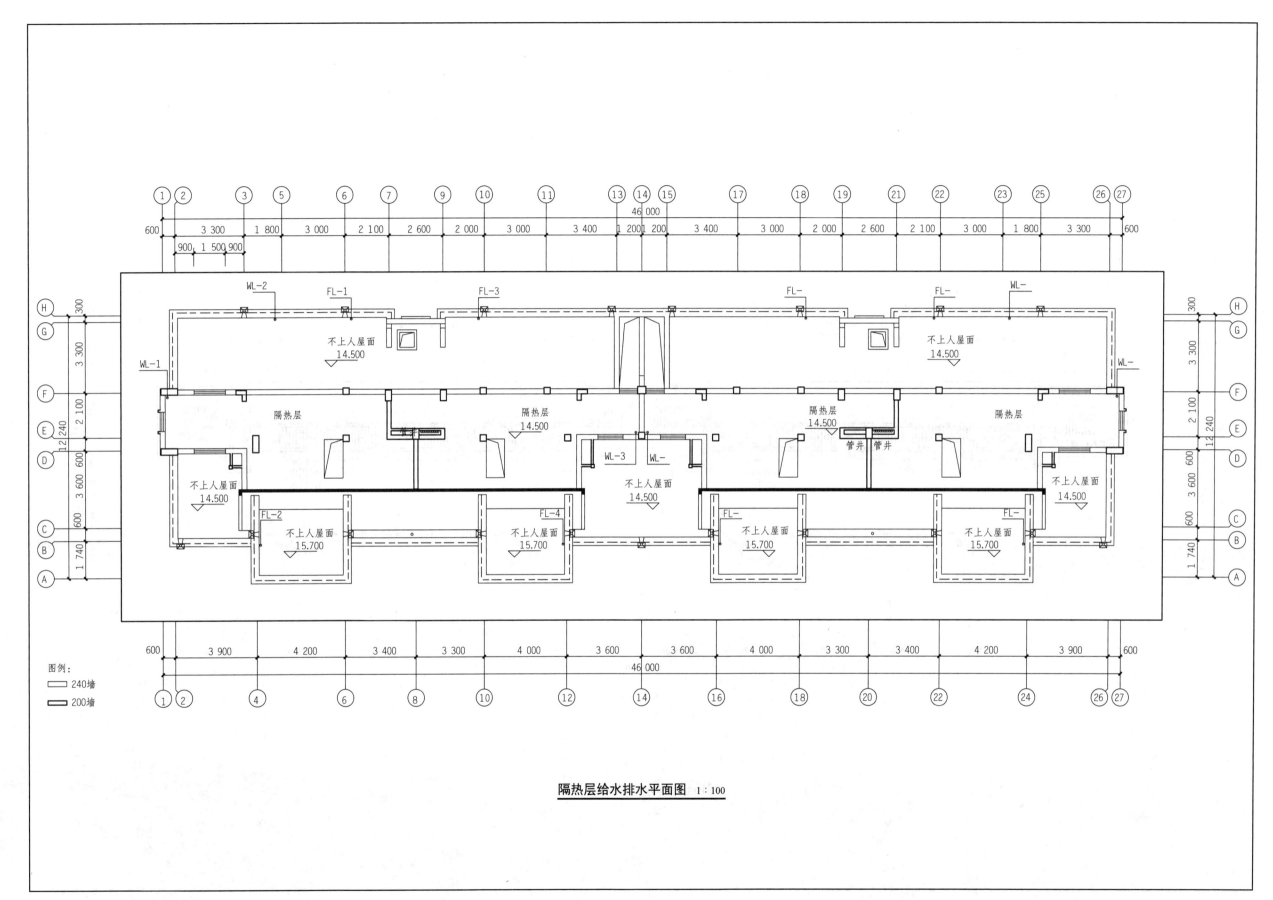

隔热层给水排水平面图 1:100

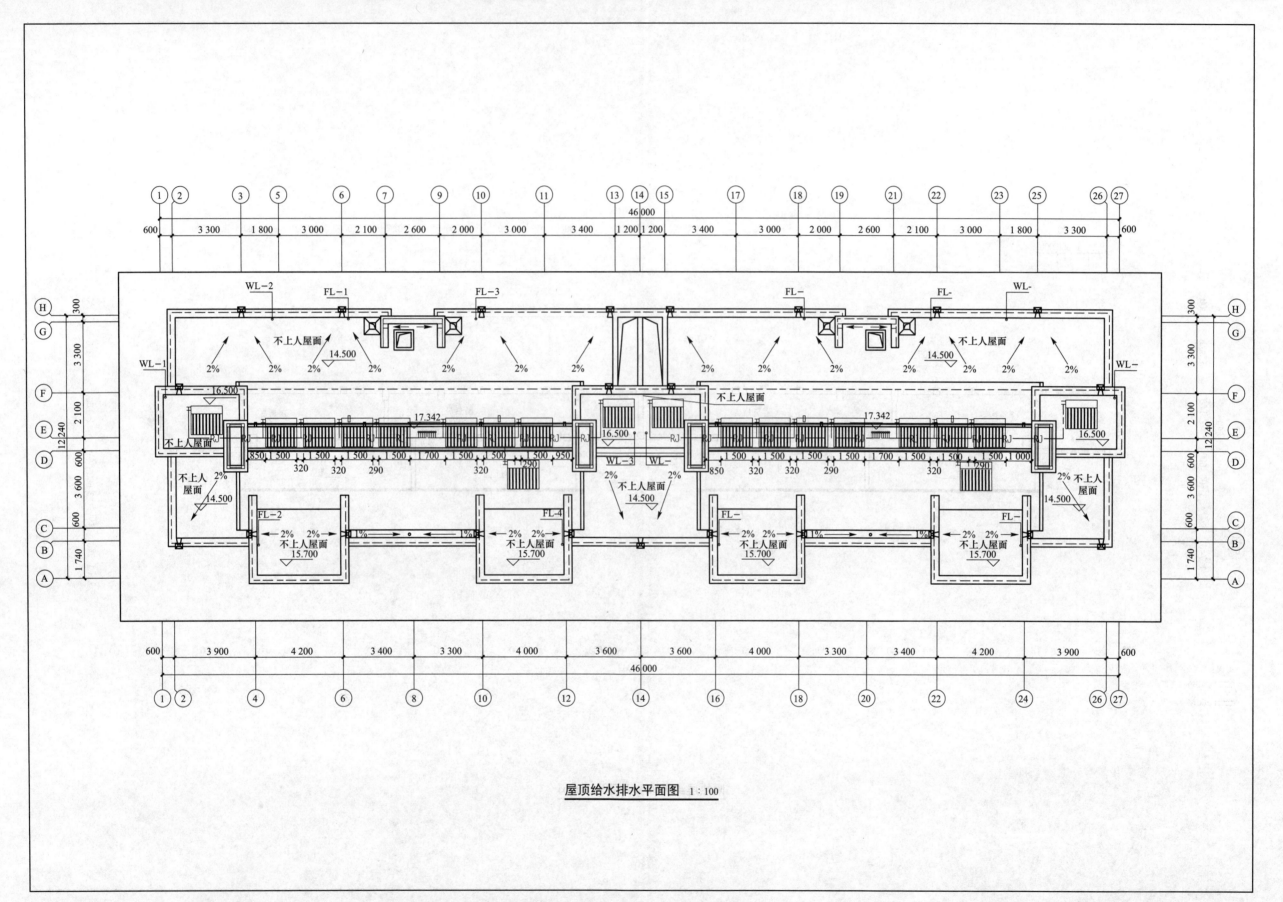

屋顶给水排水平面图 1：100

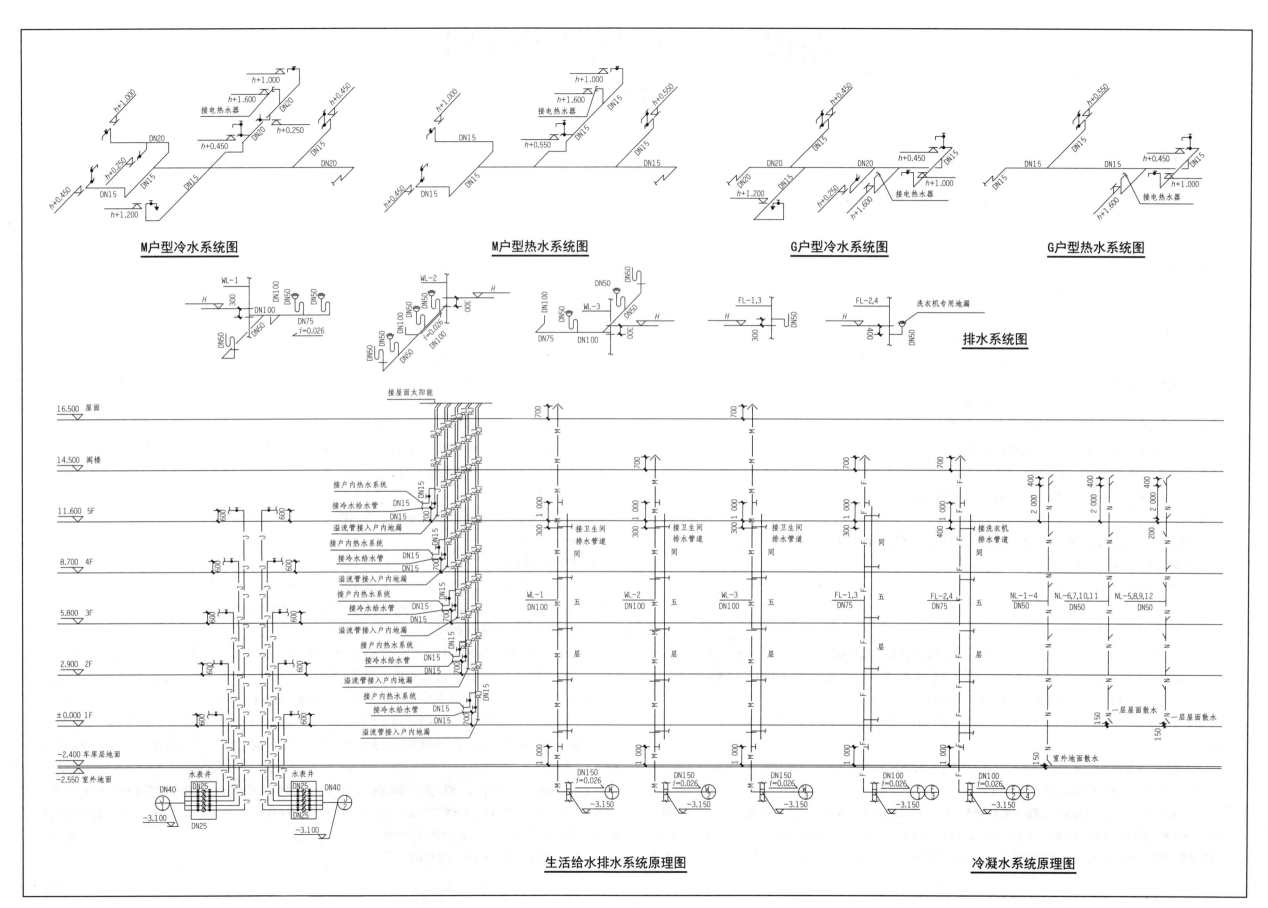

M户型冷水系统图   M户型热水系统图   G户型冷水系统图   G户型热水系统图

排水系统图

生活给水排水系统原理图   冷凝水系统原理图

附图2 某工程消防施工图

设计说明

一、工程概况

本工程为XX小区#楼，地处XX市XX区武宜中路东侧，鸣新中路南面。地下2层机动车库。地上一~三层大部分为商业、四~十二层为酒店部分。本建筑为一类综合楼，总建筑面积为24 448.78 m²，建筑高度为49.90 m。耐火等级：二级。

二、设计范围

室内消火栓、喷淋管道，生活冷热水管道，排水、雨水管道，灭火器，泳池给排水系统（由专业厂家二次深化设计）设计。

三、设计依据

1. 建设单位提供的本工程有关资料和设计任务书。

2. 建筑和有关工种提供的作业图和有关资料。

3. 国家及省现行有关给水、排水、消防和卫生等设计规范、规程、标准图集和通用图集，主要有：

（1）《建筑给水排水设计规范（2009年版）》（GB 50015—2003）。

（2）《建筑灭火器配置设计规范》（GB 50140—2005）。

（3）《自动喷水灭火系统设计规范（2005年版）》（GB 50084—2001）。

（4）《民用建筑节水标准》（GB 50555—2010）。

（5）《民用建筑水消防系统设计规范》（DGJ32/J67—2008）。

（6）《建筑设计防火规范》（GB 50016—2014）。

（7）《建筑太阳能热水系统设计、安装与验收规范》（DGJ32/J08—2008）。

四、系统简述

生活冷水系统、生活热水系统、排水系统、消防系统（消火栓系统、喷淋系统）、雨水系统。

1. 生活冷水系统：（略）。

2. 太阳能热水系统：（略）。

3. 排水系统：（略）。

4. 消防系统：

（1）室内消防系统为临时高压系统，消防用水由地下车库消防水池通过消防水泵加压供给：消防水池666T。在3#层顶设置18 t消防水箱，并设全自动稳压设施以保证最不利点消防压力需求。泵房消火栓泵与层顶稳压泵联动，由消火栓按钮或手动控制启动（包括消控中心远程启动），室外消火栓用水由鸣新中路及武宜中路各引一路市政给水进基地，成环网供给。

（2）消火栓系统分区：本地块地下室，1#楼1层~7层，2#、3#楼1~10层接低区消火栓环网。1#楼8~12层，2#、3#楼11~31层接高区消火栓环网。

（3）用水量：室内消火栓40 L/s、室外消火栓30 L/s。火灾延续时间3 h，大商业酒店喷淋系统的火灾危险等级按中危险Ⅱ级考虑，酒店喷淋系统的火灾危险等级按中危险Ⅰ级考虑，火灾延续时间1 h。

（4）商业、酒店室内消火栓采用薄型钢板箱体，铝合金框，内配SNZ65消火栓。25 m衬胶龙带，19水枪。箱应内设启动消防水泵按钮，消火栓箱内同时配自救式消防卷盘，卷盘D=19 m，L=25 m，φ6水管。消防箱尺寸为1800 mm×700 mm×1600 mm，具体参照国标04S202页24薄型单栓带消防软管卷盘组合式消防柜。地下室消防箱尺寸为1800 mm×700 mm×160 mm，具体参照国标04S202第21页

带灭火器箱组合式防柜，层顶试验消火栓安装参见图集04S202第16页。1#楼1~3层，8~10层采用减压稳压型消火栓，消火栓安装高度均为1.1 m。商业及酒店活动用房区域消防柜配5 kg磷酸铵盐干粉灭火器工具，酒店客户区域消防柜配4 kg磷酸铵盐干粉灭火器工具。

（5）灭火器：大商业、酒店活动用房区域按A类严重危险等级配置5 kg装手提式磷酸铵盐干粉灭火器；商业预留厨房区域按C类火灾严重危险配置5 kg装手提式磷酸铵盐干粉灭火器；酒店客房区域按A类中危险等级配置4 kg装手提式灭火器旁边无消火栓的单独设于铝合金灭火器箱内，落地安装，箱底距地100 mm，具体位置见平面布置。

（6）喷淋系统：设置闭式喷淋系统，大商业采用设快速响应吊顶型玻璃喷头（K=80），喷头动作温度为68 ℃，工作液标为红色厨房内采用吊顶型玻璃球喷头（K=80），喷头动作温度为93 ℃，工作液色标为绿色；其余部位均采用吊顶型玻璃球喷头（K=80），喷头下喷，动作温度为68 ℃，工作液色标为红色；接管不得采用补心，而应采用异径管；喷头与管道连接时，必须采用异径管，不得采用补心，水流指示器前阀门采用带信号闸阀，信号传至消防控制室，喷淋管的支吊架设置满足：

　1）支吊架的设置位置不得妨碍喷头喷水的效果；

　2）吊架距喷头距离应大于300 mm，距末端喷头的间距应小于50 mm；

　3）相邻两个喷头之间的管段上应至少设置一个吊架，并且吊架间距不大于3 600 mm；

　4）配水支管的末梢管段和相邻配水管的配水运管的第一管段，必须设置吊架；

　5）配水立管、配水干管和配水支管上必须附加设置防晃支架。喷淋管的配水支管应以0.004坡度坡向干管，配水干管以0.002坡度坡向放空管，报警阀设于地下车库报警阀间。喷淋末端试水装置包括试水阀、压力表和试水接头。

（7）此工程室外消火栓、喷淋水泵接合器、室内消火栓水泵接合器位置详见室外消防给水总平面。

（8）所有消防器材与设备需经消防产品质量检测中心、消防建审部门及设计单位的认可。

5. 雨水系统：（略）。

五、管材、阀门等选用

1. 室内给水干管及支管采用薄壁304不锈钢钢管（钢号0Cr18Ni9），埋墙时不锈钢外壁覆塑防腐。连接方式为卡压连接。热水给水干管及支管选用薄壁304不锈钢钢管（钢号0Cr18Ni9），埋墙时不锈钢外壁覆塑，DN50及以下采用双卡压式连接，DN65及其以上采用卡凸式法兰连接。所有热媒供、回水管或储热设备均需保温。

2. 消火栓、喷淋给水管管径≥DN100采用机械沟槽式卡箍连接；管径<DN100，采用扣连接。低区消火栓管，酒店8层及8层以上住宅，10层及10层以上高区消火栓管，喷淋管采用普通热镀锌钢管；其他区消火栓管采用无缝热镀锌钢管；DN100及以下碟阀采用对夹式碟阀，D100以上采用蜗杆式碟阀。加压泵出口止回阀采用先导式缓闭防水锤止回阀。喷淋排水管与喷淋给水管管材相同。

3. 室内生活排水立管采用PVC—U双壁中空螺旋消声排水管及其配件，柔性承插连接；立管底部转弯以下及排出管采用机制铸铁管或加厚型PVC—U排水管。卫生间横支管采用普通PVC—U塑料排水管，雨水管采用PVC—U承压塑料管，均粘接连接。室内给水排水管道穿屋面安装及留洞参见01RS409。

4. 阀门口径≤DN50采用截止阀；阀门口径>DN50采用闸阀；消火栓管道室内采用蝶阀；喷淋系统给水干管阀门全部采用闸阀。除信号阀外均有锁定装置，所有阀门应有启闭标识，阀门压力等级均为球墨铸铁。潜水泵排水管道上的阀门采用铜芯球墨铸铁外壳闸阀。DN100及以下碟采用对夹式碟阀、以上采用蜗杆式碟阀。

5. 卫生间和管道井地面排水地漏采用密闭地漏。

六、施工及安装要求

1. 给水管暗敷采用嵌墙安装（梁底下安装的管道明装），排水管尽可能贴顶靠墙。所有管道安装时，除图中注明管位和标高外，均应靠墙贴梁安装，以免影响其他工种管道的敷设及室内装修处理，所有管道穿楼板处应避开结构梁、柱，确保安全。

2. 卫生洁具的安装详见《卫生设备安装》(09S304)。标上使用螺旋升降式铸铁水嘴，应采用感应式水嘴。大便器应使用3 L/6 L两档的节水型大便器产品。蹲便器、小便斗采用感应式冲洗阀。卫生洁具如自带存水弯，则排水系统图中相应存水弯取消。卫生洁具型号确定后应复核是否符合节水标准及复核相关的安装定位尺寸。统一考虑支架。

3. 管道支架按施工验收规范执行。管道支、吊架（喷淋管除外）做法参见03S402。

4. 排水管道的横管与横管、横管与立管的连接，采用45°三通、45°四通、90°斜四通，排水立管与排出管的连接，采用两个45°弯头或弯曲半径不小于4倍管径的90°弯头并立管底部管径处应设支墩或其他固定设施。伸顶通气管高出屋面（含隔热层）不得小于300mm（且应大于最大积雪厚度）。在经常有人活动的屋面，通气管伸出屋面不得小于2 000 mm。

5. 排水横管须有水平坡度，坡向立管室外，注意防止坡度不足或倒坡，除特别注明外，均按以下标准坡度敷设：排水横干管及排水排出管i=0.01；其余排水管i=0.026。

6. 各个系统工作压力：（以下压力以地下室泵房出口压力为基准）市政生活给水系统：0.25 MPa；酒店增压给水系统：0.85 MPa；消火栓系统：低区0.80 MPa、高压：1.55 MPa；自动喷淋系统：1.20 MPa。

7. 室内给水管试验压力为给水管工作压力的1.5倍。且PP-R管不小于1.0 MPa，其他管材不小于0.6 MPa；当室内消防管工作压力≤1.0 MPa时，消防管试验压力应为系统工作压力的1.5倍，且不低于1.4 MPa；当消防管工作压力>1.0 MPa时，消防管试验压力为工作压力加0.4 MPa。

8. 管道安装应与土建施工密切配合，做好预留和预埋。管道穿水池、屋面、普通地下室外壁须预埋防水套管，管道穿楼板、梁、剪刀墙须预埋套管，详见02S404。安装施工单位务必在土建浇灌混凝土前与土建施工单位密切合作，复核预留洞的定位及大小尺寸。热水干管每隔20 m设金属波纹管或管道伸缩器。穿越沉降缝的消防管道采用金属波纹管连接并设方形补偿器。穿越楼板的套管与管道之间缝隙应用阻燃密实材料和防火油膏填实，端面光滑；穿墙套管与管道之间的缝隙应用阻燃密实材料填实，且端面应光滑。管道的接口不得设在套管内，各楼层埋地给水管应设明显标志。给水排水管道穿过防空地下的顶板、外墙、密闭隔墙及防护单元之间的防护密闭两侧的管道上设置阀门。防护阀门采用阀芯为不锈钢或铜材质的闸阀，公称压力不小于1.0 MPa，且应满足系统工作压力要求。人防围护结构内侧距离阀门的近端面不宜大于200 mm，阀门应有明显的启闭标志。

9. 防腐及油漆：

(1) 在涂刷底漆前，应清除表面的灰尘、污垢、锈斑、焊渣等物。涂刷油漆厚度应均匀，不得有脱皮、起泡、流淌和漏涂等现象。

(2) 消火栓管、喷淋管刷樟丹两道，红色调和漆两道。自喷管道增加色环（黄色），另加白色文字及箭头方向表示管道种类和水流方向。

(3) 管道支架除锈后刷樟丹两道，灰色调和漆两道。自喷管道增加色环（黄色），另加白色文字及箭头方向表示管道种类和水流方向。

10. 给水排水管道穿地下室壁板应预埋防水套管，管径与套管管径对照如下表：

给水排水管	DN40	DN50	DN70	DN80	DN100	DN150
套管	D114	D114	D121	D140	D159	D219

给水排水管道穿地下室壁板标高见系统图，定位见平面图。

11. 当排水立管管径大于等于100 mm时，在楼板、管道井壁和防火墙贯穿部位应设置阻火圈或长度不小于500 mm的防火套管。

12. 由于本工程管线交叉，请施工单位注意现场协调，有重大问题与设计协商，一般情况下压力管让重力管、冷水管让热水管、小管让大管。

13. 公共区域管井与管线安装完成后，应每层用混凝土二次浇捣封闭。

14. 图中所注尺寸、管径以mm计，标高以m计。给水管标高指管中心，排水管标高指管内底。

15. 室外明露给水管、消火栓管、喷淋管均须保温，保温材料采用聚胺脂泡沫塑料，厚50 mm，外包0.5 mm镀锌薄钢板。热水管采用难燃级橡塑棉保温，DN15～20保温厚度20 mm，DN25～50厚度30 mm，DN65～100厚度40 mm，热水支管部分采用电伴热保温，由专业厂家设计安装。热水储水罐等采用聚胺脂泡沫塑料瓦，厚度为50 mm，外做0.6 mm厚不锈钢皮保护，做法详见16S401。

16. 消火栓、消防阀门、水泵接合器设置地点均设置永久性固定标志；防火隔墙处暗装的消火栓箱均必须做防火处理（符合国家防火标准的防火板或砖墙砌体）。

17. 本工程施工应参照的有关规范：

(1)《建筑给水排水及采暖工程施工质量验收规范》(GB 50242—2002)。

(2)《给水排水管道工程施工及验收规范》(GB 50268—2008)。

(3)《自动喷水灭火系统施工及验收规范》(GB 50261—2005)。

(4)《建筑排水塑料管道工程技术规程》(CJJ/T 29—2010)。

(5)《建筑给水聚丙烯(PP-R)管道工程技术规程》(DB32/T474—2001)。

(6)《建筑给水薄壁不锈钢管管道工程技术规程》(CECS 153—2003)。

18. 本工程施工除满足以上设计要求外，还须符合现行给水排水有关施工验收规范的各项规定。

19. 本工程给水排水设备、材料均应符合国家相关给水排水设备、材料制造标准。

20. 塑料管管径(DN)代表公称直径，其与塑料管公称外径对照如下：

公称直径DN	15	20	25	32	40	50	75	100	150
PP-R给水管De	20	25	32	40	50	63	—	110	160
UPVC排水管De	—	—	—	—	—	50	75	110	160

图例

图例	名称	图例	名称
——J——	生活冷水管	⊗ ↑	透气帽
——Jz——	增压冷水管	⊤	截止阀
——Rs——	生活热水管	⋈	信号阀
——Rh——	热水回水管		排气阀
——XH1——	低区消火栓管	（平面）（系统）	消火栓（单栓）
——XH2——	高区消火栓管		水泵接合器
——ZP——	喷淋管	‖	减压孔板
——Y——	雨水管		压力表
——P——	排水管		水龙头
	污水管		清扫口
——————			
⋈	止回阀		地漏

	蝶阀 闸阀		S形存水弯
	软接头		P形存水弯
	大小头		雨淋阀组
	报警阀组		感应冲洗阀
	闭式喷头		自闭式冲洗阀
	水流指示器		洗脸盆
	挂壁式小便器		坐便器
	灭火器		污水盆
	87型雨水斗		蹲式大便器

雨水斗	09S302
防水套管做法	03S404
保温防结露做法	16S401
套管	02S404

设备安装有关图集

名称	图集号
单柄水嘴台上式洗脸盆	09S304第41页
单柄水嘴挂墙式洗脸盆	09S304第37页
污水池	09S304第20页
感应式冲洗阀挂式小便器	09S304第105页
分体式下排水坐便器	09S304第66页
自闭式冲洗阀蹲式大便器	09S304第87页
室内消火栓（组合型）	04S202
室外消火栓	01S201
消防水泵接合器	（SOS型）99S203页11
自动喷水灭火设施安装	04S206
给水排水管道固定支架	03S402
建筑排水塑料管道工程技术规程	CJJ/T29-2010
常用小型仪表及特种阀门选用安装	01SS105

主要设备材料表

序号	名称	规格及型号	单位	数量
1	单栓消火栓箱	1800×700×160	组	122
2	试验消火栓箱	800×650×240	组	1
3	冷水表	LXS-80C/65C/50C/40C/20C	组	1/4/2/2/1
4	热水型水表	LXS-65C/50C/20C	组	1/1/1
5	蝶阀	DN100/70	只	40/1
6	自动排气阀	DN20	只	7
7	水流指示器	DN150	只	12
8	信号阀	DN150	只	12
9	吊顶型玻璃球喷头	ZST-15（K80）	只	2560（30个备用）
10	坐式大便器		只	263
11	小便器		只	6
12	台式洗手盆		只	282
13	灭火器	MF/ABC4/5	具	2824/286

以上数据仅供参考（其他设备详见各给水排水机房大样图）

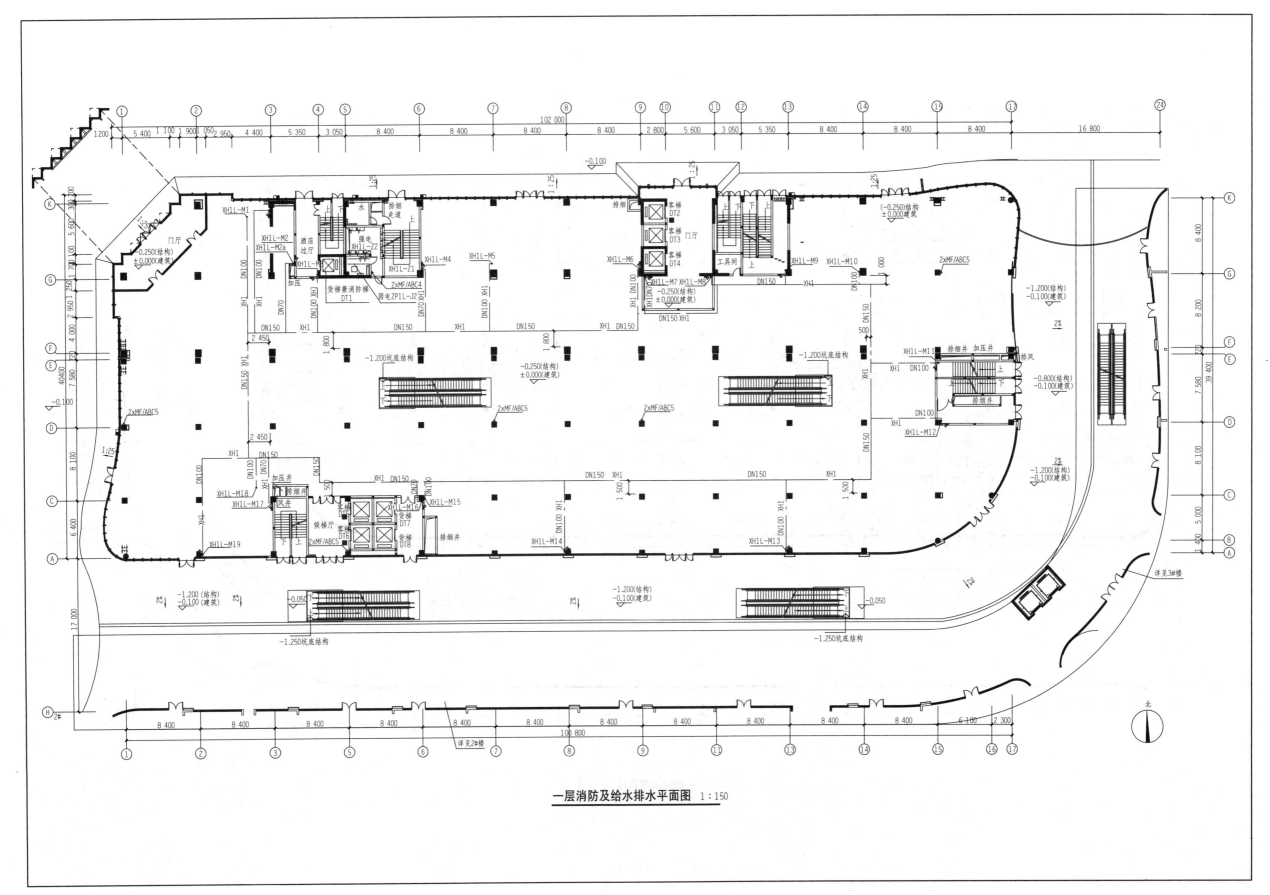

一层消防及给水排水平面图 1:150

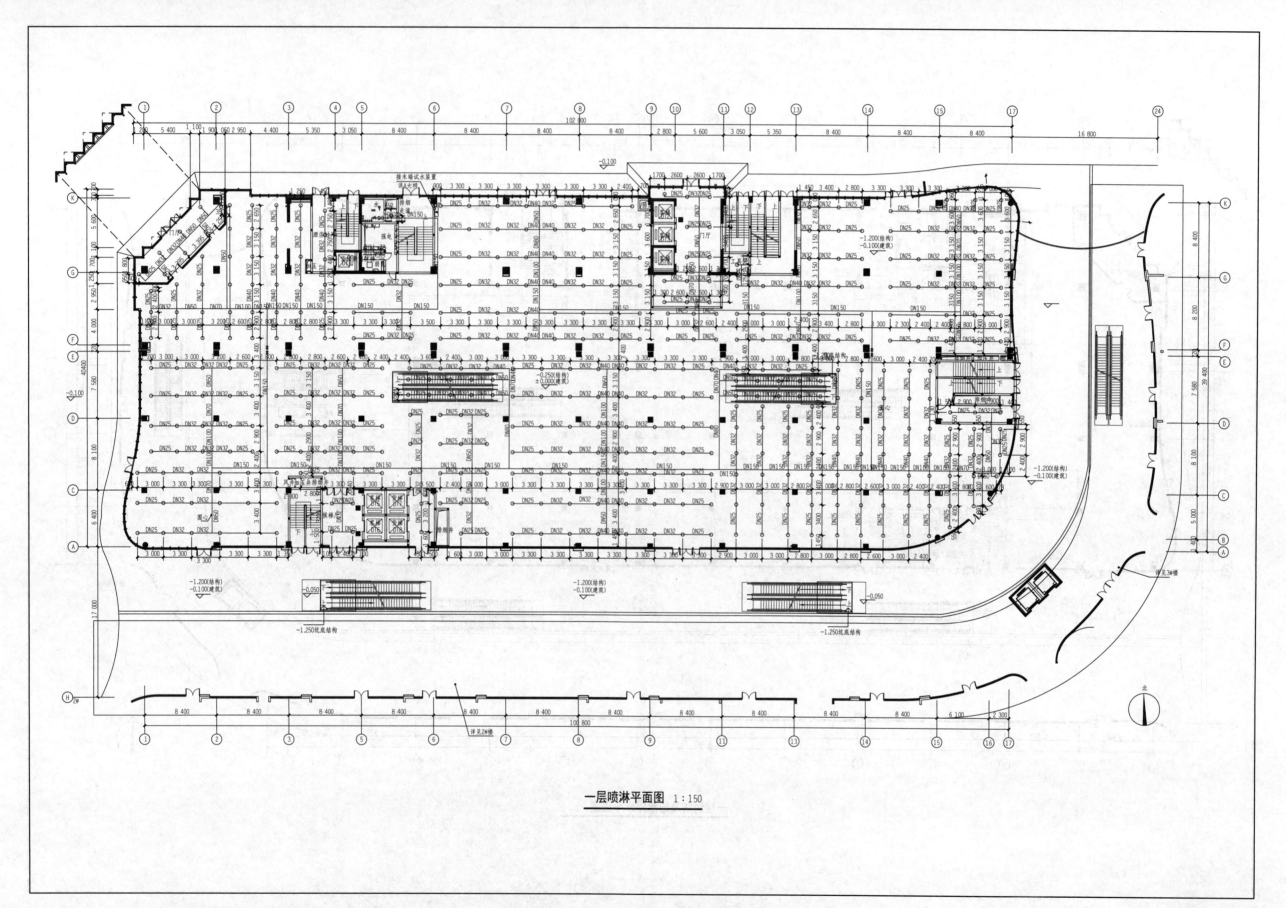

一层喷淋平面图 1:150

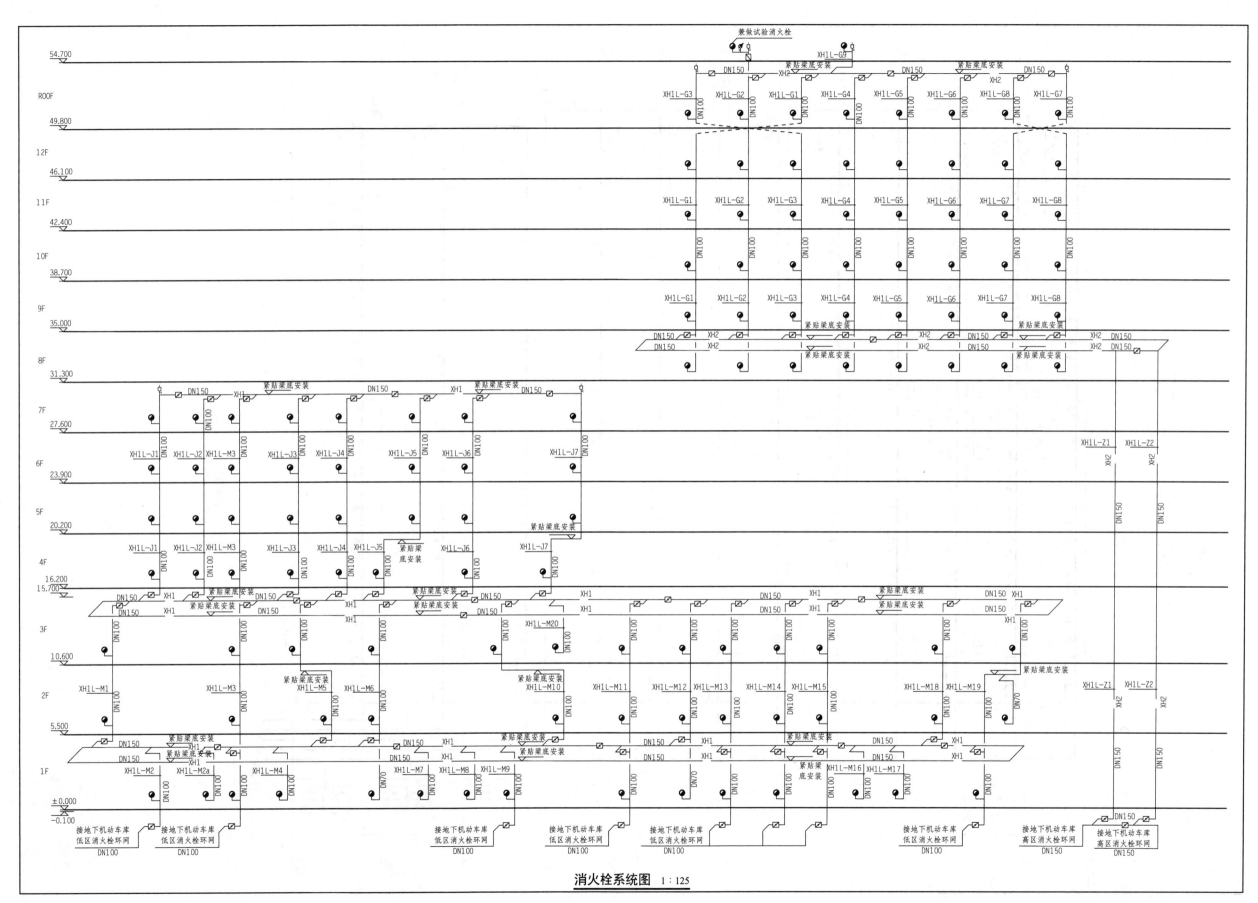

消火栓系统图 1:125

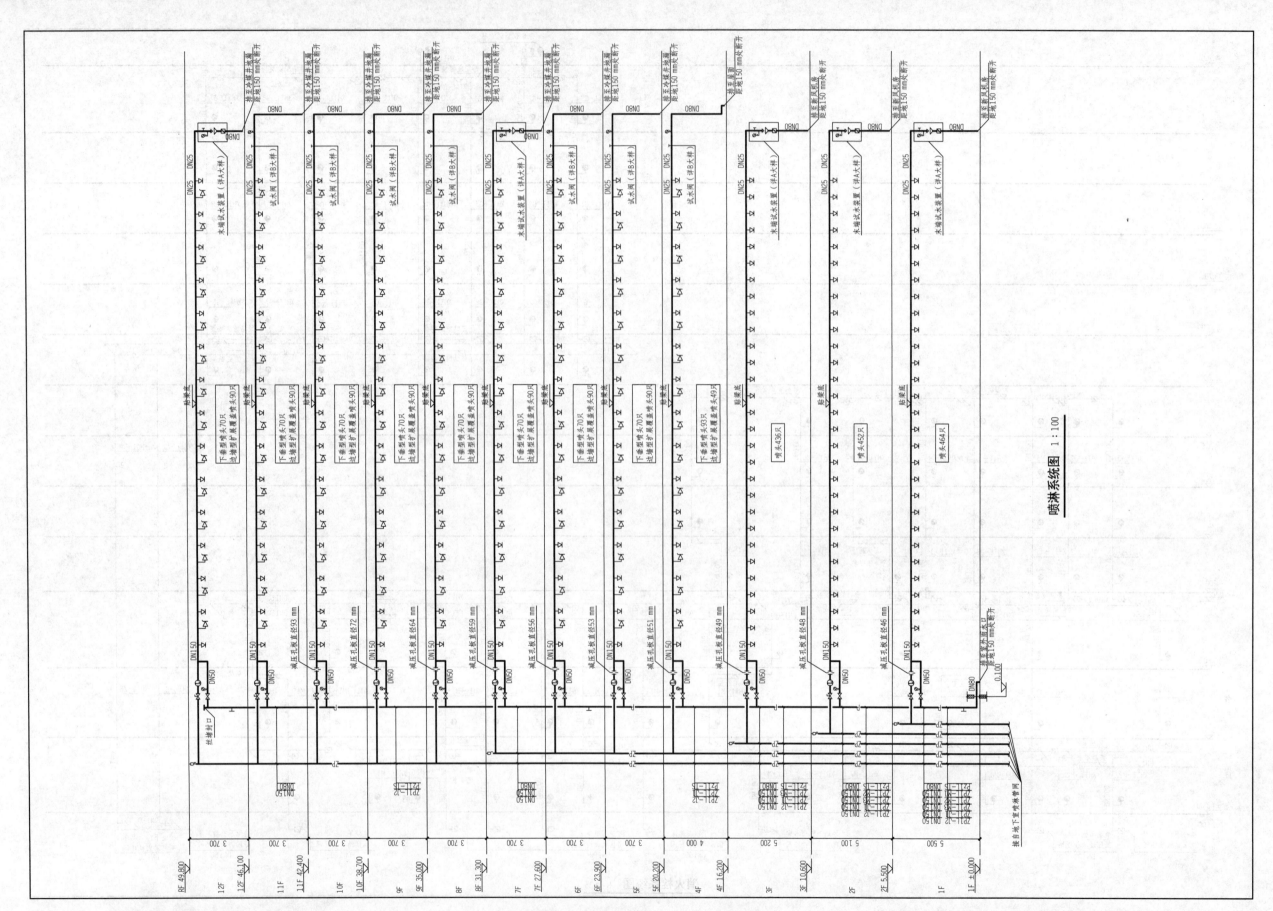

喷淋系统图 1:100

附图3 通风空调施工图

空调通风设计说明

一、设计依据

1. 《民用建筑供暖通风与空气调节设计规范》（GB 50736—2012）。
2. 《建筑设计防火规范》（GB 50016—2014）。
3. 《全国民用建筑工程设计技术措施暖通空调·动力》（2009年版）。
4. 《多联机空调系统工程技术规程》（JGJ 174—2010）。
5. 其他可适用的设计规范、规程和标准等。
6. 相关专业设计图纸。

二、建筑规模及设计范围

1. 建筑规模：本项目为现状建筑物，层数为地上三层，建筑面积为2 992.7 m²，建筑高度（自室外地坪至屋面面层）为13.2 m。其中一层建筑面积为1 011.4 m²，二层建筑面积为990.9 m²，层高为3.9 m。展览建筑规模为小型，展厅等级为丙级。建筑物防火等级为二级，民用建筑工程设计等级为三级。

2. 设计范围：本建筑一、二层的空调通风系统。

三、设计参数

夏季：室外空调计算干球温度为33.1 ℃。

室外通风设计计算干球温度为29.7 ℃。

室外空调设计计算湿球温度为26.5 ℃。

冬季：室外空调设计计算干球温度为-9.5 ℃。

室外空调设计计算相对湿度为60%。

室外通风设计计算干球温度为-2.1 ℃。

四、空调通风系统

1. 本项目空调系统采用制冷剂变流量多联式空调系统，室外机组置于建筑北侧室外地面。
2. 室内机形式结合室内空间和装饰要求，展厅及门厅采用天花板嵌入式，二层监控室采用壁挂式。
3. 室内新风由全热交换器送入。
4. 设计空调总冷负荷143.64 kW，设计按夏季空调冷负荷选用多联式空调主机共4台，单位面积冷负荷指标为71.7 W/m²。
5. 各层卫生间设机械排风，卫生间排气扇风管直接通到室外。

五、环保

1. 采用符合国家要求的环保设备及材料，所有运转设备均做减振和消声。
2. 空调室外机等室外运转设备放置位置应远离附近噪声敏感场所。

六、管材、保温与施工要求

1. 主要设备、部件材料应有技术质量鉴定文件及产品合格证，并应按设计要求检验规格及型号。
2. 施工安装应与土建、水、电、装修工程密切配合。在施工中要做好质量检查记录，满足设计及有关施工验收规范要求。
3. 管道安装：

(1) 氟管（包括保温难燃B级）的施工应严格按照业主定购的空调设备的安装要求进行；安装调试前氟管必须抽真空不小于24 h。

(2) 氟管的安装在任何情况下应避让冷凝水管，除非确认不会影响其施工，否则，氟管不得在冷凝水管安装前先行施工，以防二次凝结，第一个排水点应尽量抬高，满足吊顶安装高度。

(3) 冷凝水管采用UPVC管，外包橡塑保温套管（难燃B级），厚度为20 mm，坡度为$i=0.01$，斜三通接入直管。

4. 管材及保温。

空调送回风管、新风管材料为镀锌钢板，厚度按国标执行。穿越变形缝处的空调风管和水管均为柔性风管和不锈钢波纹管膨胀节，卫生间排风采用排风软管。

空调新风送风管及位于屋顶的空调管道应做保温，采用δ=30 mm厚的难燃B级的橡塑隔热材料，保温材料须征得当地消防队认可。管道安装前必须清除其内外污垢、锈灰和杂物。必要时应除油后用清水冲净，安装中的管道敞口应临时封闭。空调冷凝水管安装应有$i=0.01$的坡度，坡向排水方向。橡塑海棉保温板材：燃烧性能通过国家《建筑材料及制品燃烧性能分级》（GB 8624—2012）标准，湿阻因子>10000，橡塑海绵表观密度为60~80 kg/m³，导热系数λ≤0.034 W/(m℃)（20 ℃时）。

5. 支吊架。

管道支架的最大间距，按下表采用。

公称直径/DN	15	20~25	32	40~50	65~80	100	>125
支吊架最大的间距/m	1.5	2	2.5	3	4	4.5	5

6. 刷漆。

舒适性空调风管和水管的法兰，支吊架均应刷红漆两道，不保温者再刷调和漆两道，保温管道则在保温层表面刷色环和介质流向标记。

7. 空调、通风设备安装。

空调室内机等的吊架应采用减振吊架，同时应保证存水盘的排水坡度，使冷凝水能畅通地排入冷凝水管。保温空调风管和水管安装时，应在支吊架部位作防止"冷桥"处理。

水管道在支吊架部位应垫木块，木环厚度与保温层厚度相同，风管则在支吊架表面粘贴10 mm的橡胶板。送回风管均设软接头，与软接头连接的风管和水均应单独设支吊架，保证使软接头处于不受力状态，安装防火阀、蝶阀等调节配件时，应先对其外质量和动作的灵活性与可靠性进行检验，确认合格后再进行安装，同时必须注意将操作手柄设置在便于操作的部位。与防火阀连接的风管附近应设检修门，尺寸视具体情况而定。风管上安装的风量调节阀采用蝶阀（与散流器配套的调节阀除外）。

通风机与风管连接处，需加装长度为150~200 mm、采用防火材料制作的柔性短管。

七、施工与验收

1. 管道施工时应将管内杂物清除干净，施工时严防垃圾、杂物、焊渣落入。
2. 冷凝水管安装完成后，需进行灌水试验，冷媒管道施工验收按设备商技术要求执行。

八、其他

1. 设备、材料、施工、验收等技术要求应按本说明进行，如有不详之处应及时与业主及设计单位联系。
2. 暖通空调设备基础，应在设备到货后，与设计图纸进行核对，无误后方可与建筑地面同步施工。

3. 管道穿墙或楼板处：预埋钢套管或留孔，安装管道设备时需详细核对。

4. 施工中密切与土建、电气、给水排水、弱电等专业协调配合。

5. 本图中所注标高、水管道为管中标高、空调风管为管底标高，以m为单位，其余均以mm计；空调的送回风口、新风口要密切配合土建及装修。业主可根据装修情况适当调整室内机型式，但必须满足容量不变且须报设计院确认。

6. 未及之处应遵照《通风与空调工程施工质量验收规范》（GB 50243—2016）、《机械设备安装工程施工及验收通用规范》（GB 50231—2009）、《风机、压缩机、泵安装工程施工及验收规范》（GB 50275—2010）的相关规定。

图例

各称	图例
冷媒管	
凝结水管	DN32
排气扇	
四面出风嵌入式室内机	
风管式室内机	
冷媒管分歧接头	
空调室外机	
全热交换器	
风管	
带过滤网的格栅式回风口	
风管变径	
天圆地方	

主要设备性能参数表。

室外机额定性能表

序号	参考型号	制冷工质	制冷量	制热量	耗电量（制冷/制热）	综合能效系数	电源	台数
			kW	kW	kW	（kW/kW）	V-Φ-HZ	
1	RHXYQ14PAY1	R410A	40	45	12.4/11.3	3.23/3.98	380-3-50	4

室内机额定性能表

序号	参考型号	制冷工质	制冷量	制热量	耗电量（制冷/制热）	电源	台数	备注
			kW	kW	kW	V-Φ-HZ		
1	FXFP56LVC	R410A	5.6	6.3	0.074/0.069	220-1-50	2	含有液晶有线遥控器
2	FXFP45LVC	R410A	4.5	5	0.063/0.055	220-1-50	1	含有液晶有线遥控器
3	FXFP36LVC	R410A	3.6	4.0	0.053/0.045	220-1-50	28	含有液晶有线遥控器
4	FXFP28LVC	R410A	2.8	3.2	0.053/0.045	220-1-50	8	含有液晶有线遥控器
5	FXDP56MMPVC	R410A	5.6	6.3	0.18/0.152	220-1-50	4	含有液晶有线遥控器

全热交换器额定性能表

序号	型号	风量	机外静压	噪声	温度交换效率		耗电量	电源	台数
		m³/h	Pa	dB（A）	制冷	制热	kW	V-Φ-HZ	
1	VMA2000GMVE	2000	110	43.5	64%	76%	1.335	380-3-50	4

排气扇参数表

序号	型号	平面图编号	数量	风量	噪声	功率	备注
				CMH	dB（A）	W	
1	PQ-140	EF-01、02	2	140	38	25	自带止回阀

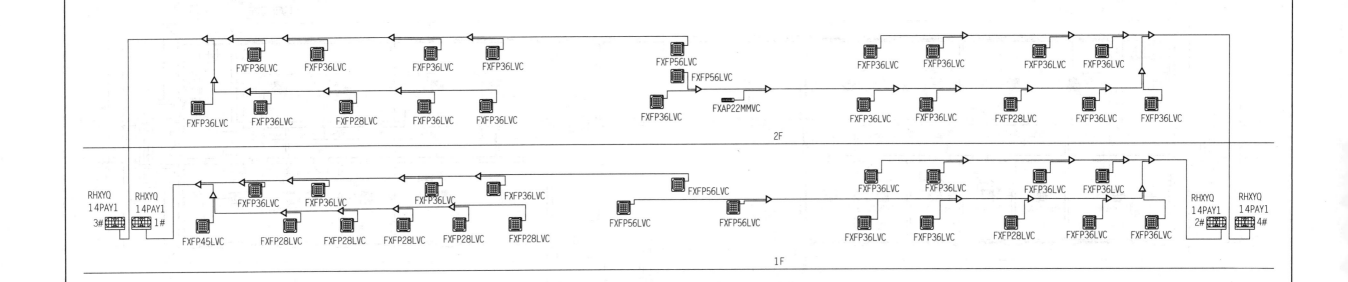

空调多联机系统图　1：100

说明：室外机设置在建筑北侧室外地面。

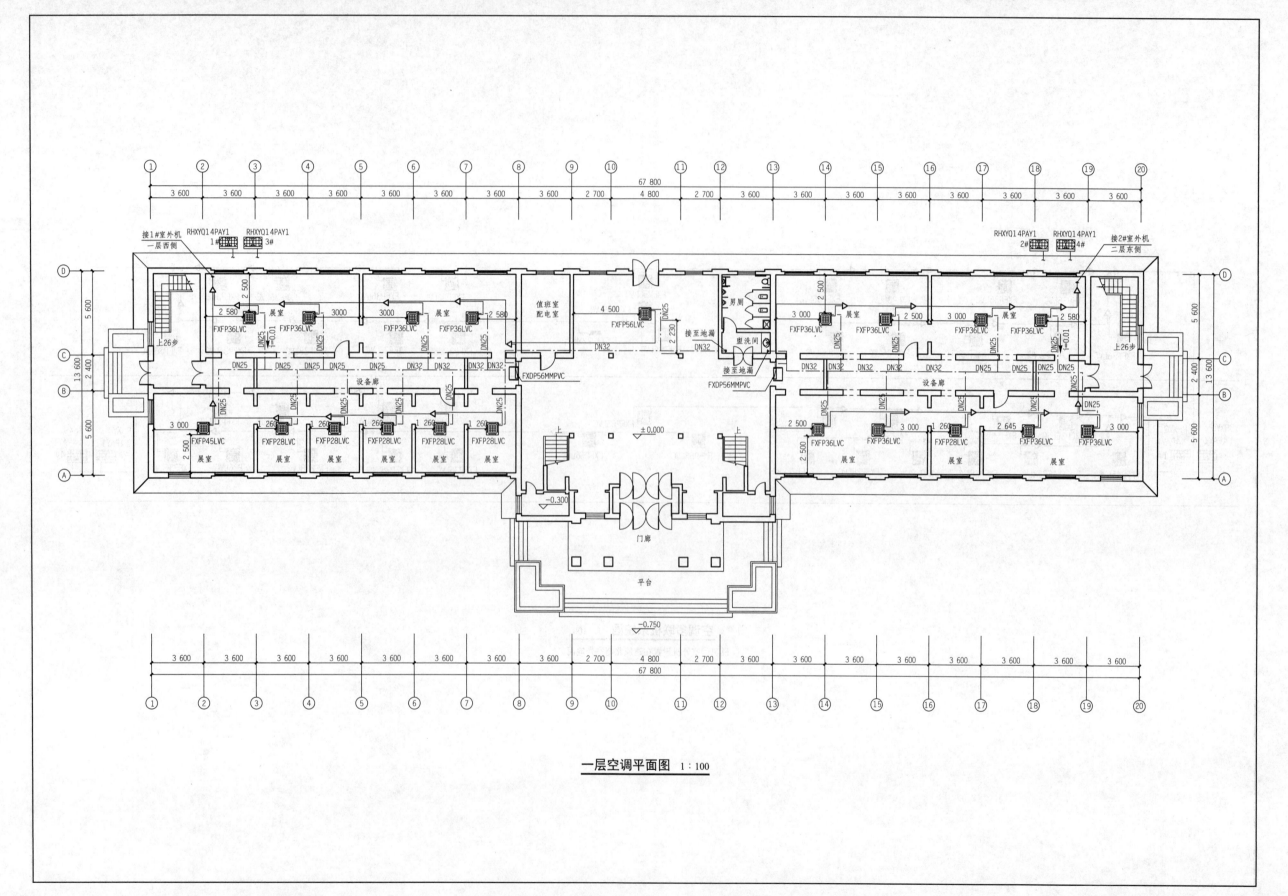

一层空调平面图 1:100

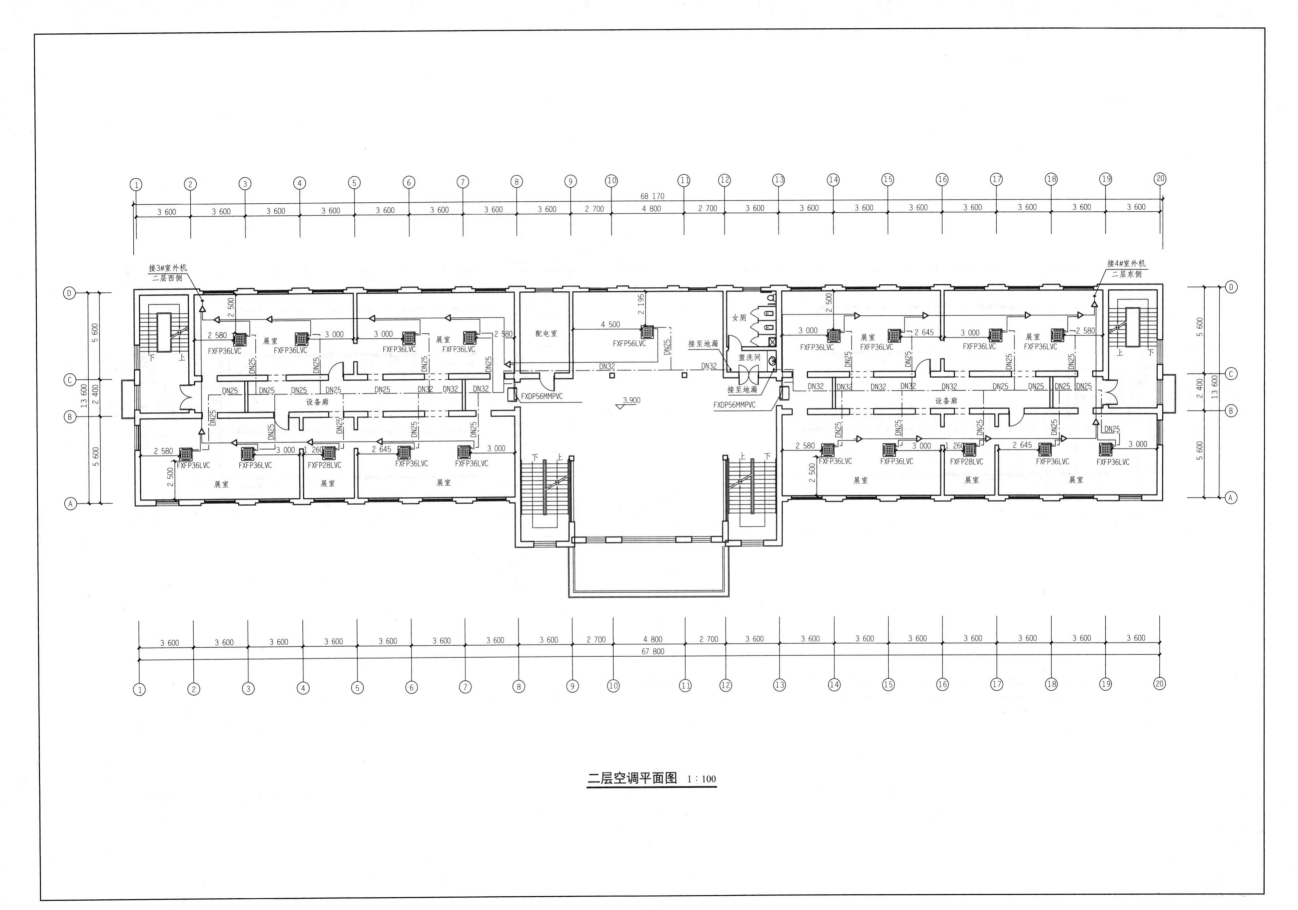

二层空调平面图 1:100

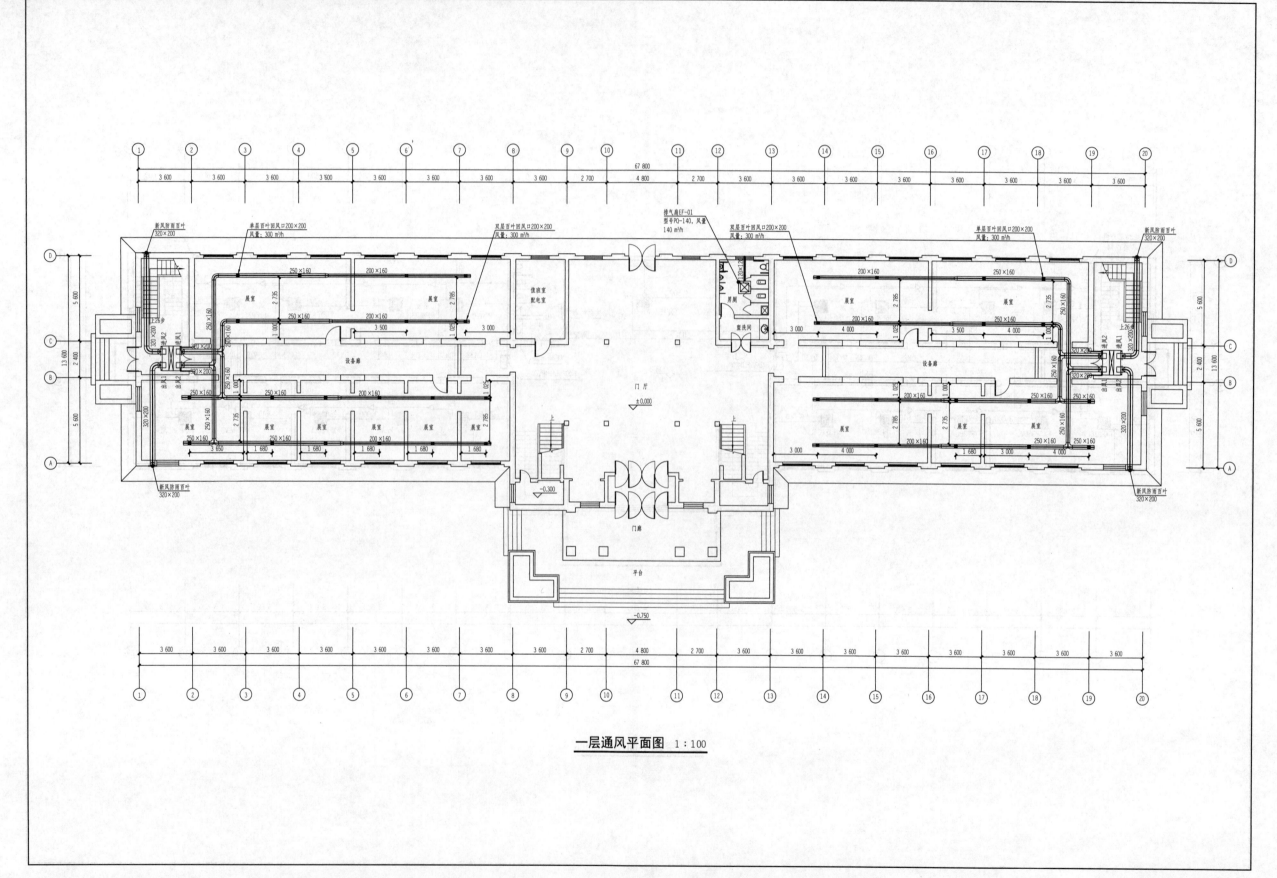

一层通风平面图 1:100

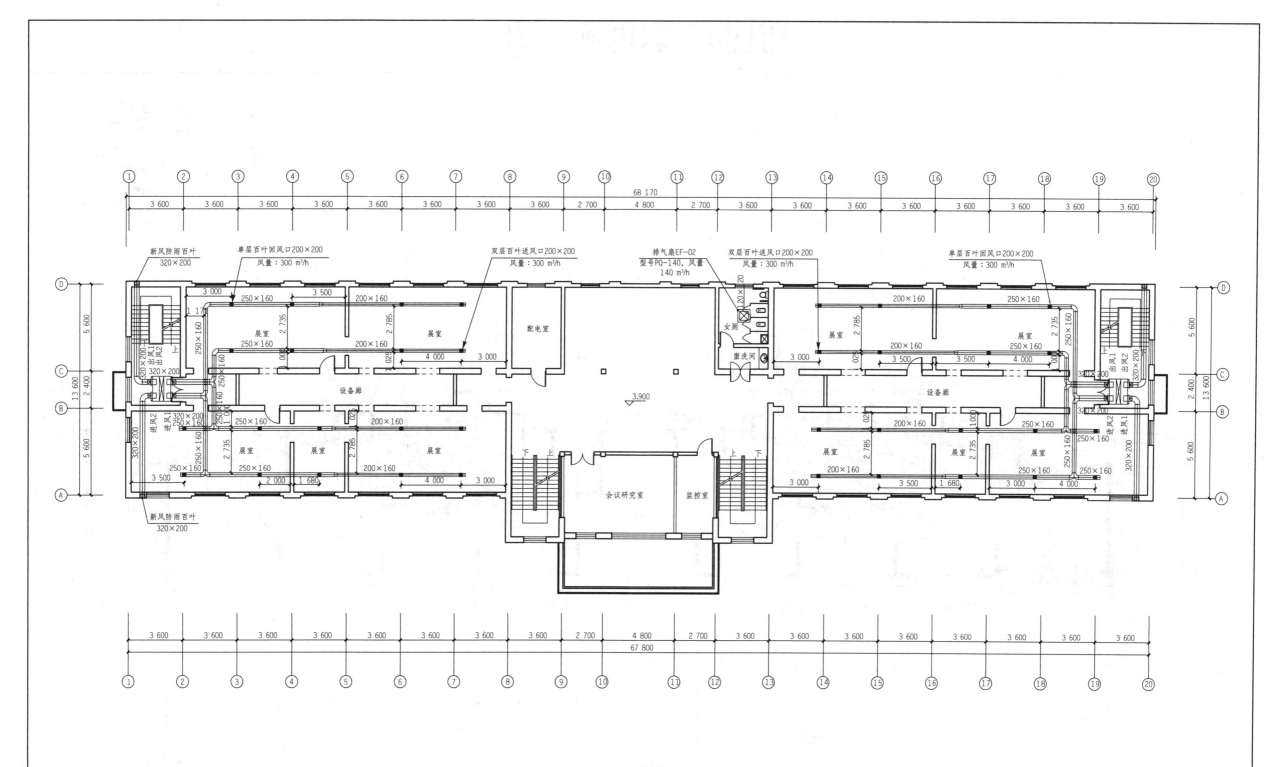

新风防雨百叶
320×200

单层百叶回风口200×200
风量：300 m³/h

双层百叶送风口200×200
风量：300 m³/h

排气扇EF-02
型号PQ-140，风量
140 m³/h

双层百叶送风口200×200
风量：300 m³/h

单层百叶回风口200×200
风量：300 m³/h

68 170

3 600　3 600　3 600　3 600　3 600　3 600　3 600　3 600　2 700　4 800　2 700　3 600　3 600　3 600　3 600　3 600　3 600　3 600　3 600

展室

展室

配电室

女厕

盥洗间

展室

展室

设备廊

3.900

设备廊

展室

展室

展室

下　上

会议研究室

监控室

上　下

展室

展室

展室

新风防雨百叶
320×200

3 600　3 600　3 600　3 600　3 600　3 600　3 600　3 600　2 700　4 800　2 700　3 600　3 600　3 600　3 600　3 600　3 600　3 600　3 600

67 800

二层通风平面图　1：100

附图4 弱电施工图

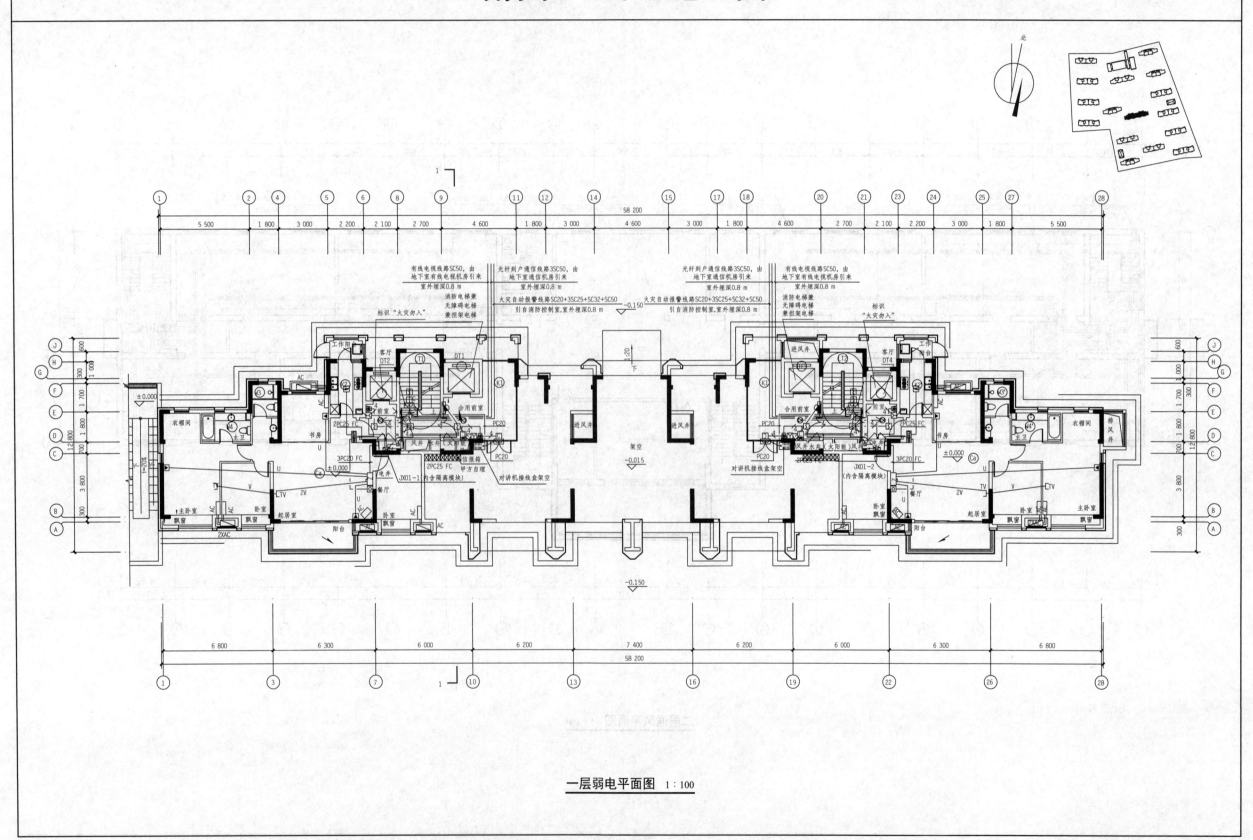

一层弱电平面图 1:100

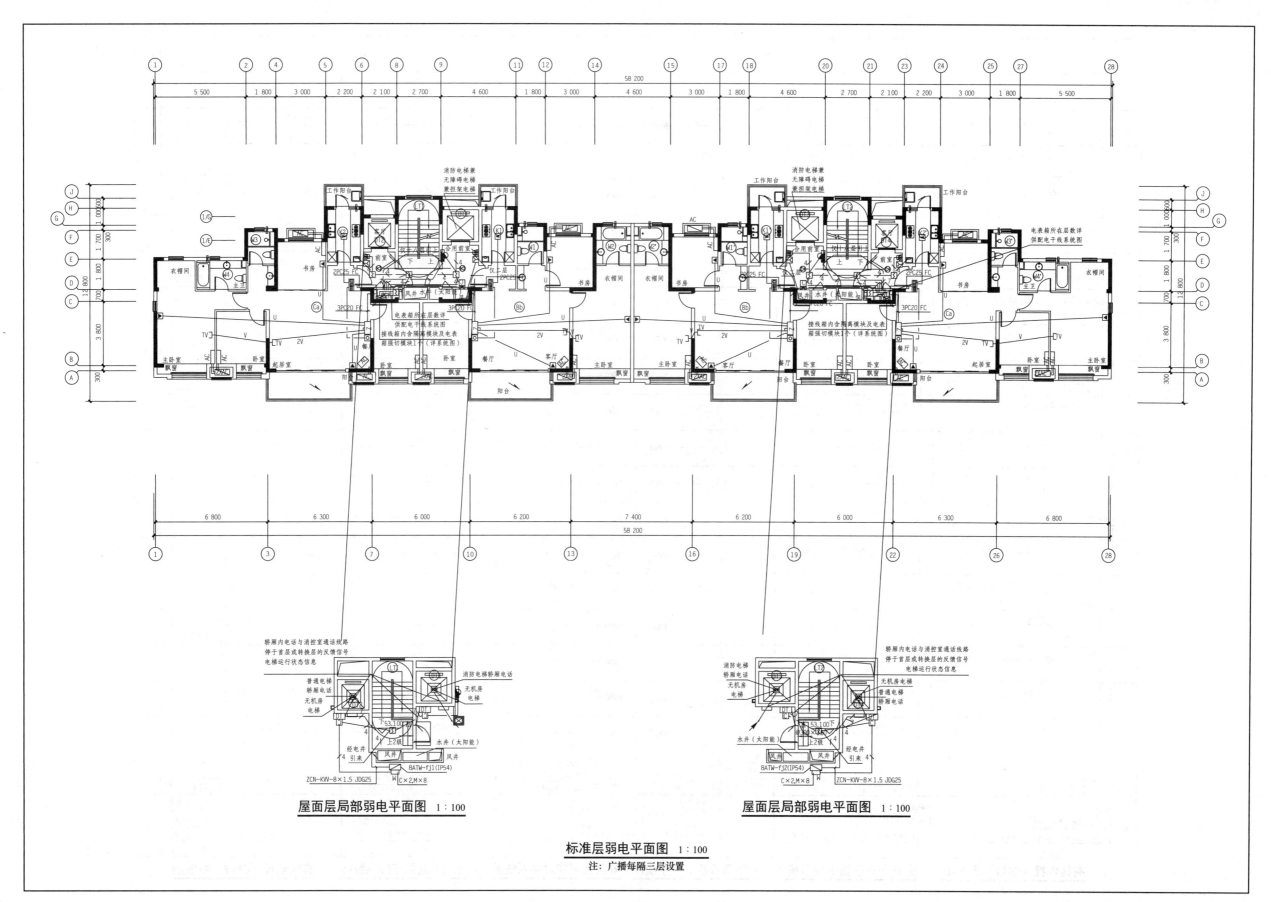

屋面层局部弱电平面图 1:100

屋面层局部弱电平面图 1:100

标准层弱电平面图 1:100
注：广播每隔三层设置

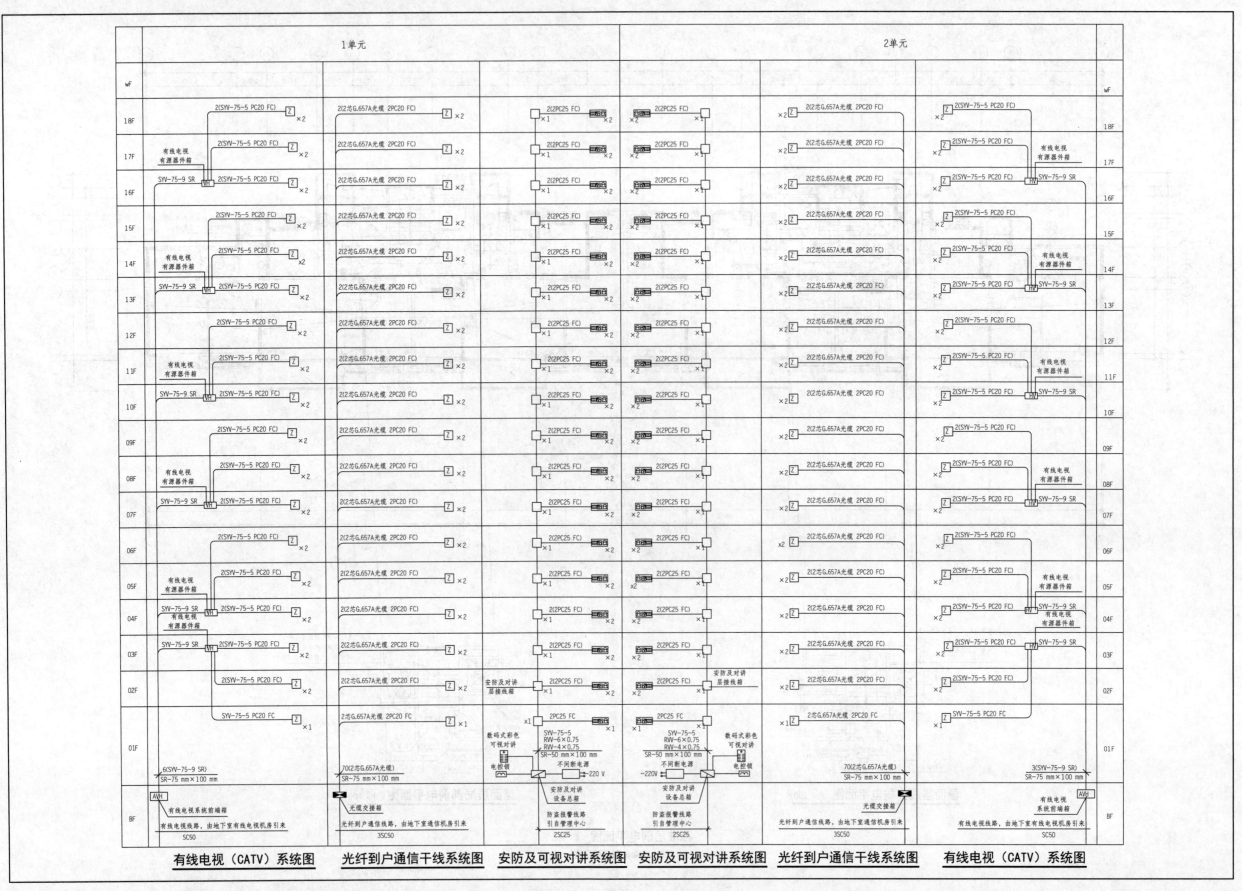

		1单元				2单元	

有线电视（CATV）系统图　　光纤到户通信干线系统图　　安防及可视对讲系统图　　安防及可视对讲系统图　　光纤到户通信干线系统图　　有线电视（CATV）系统图

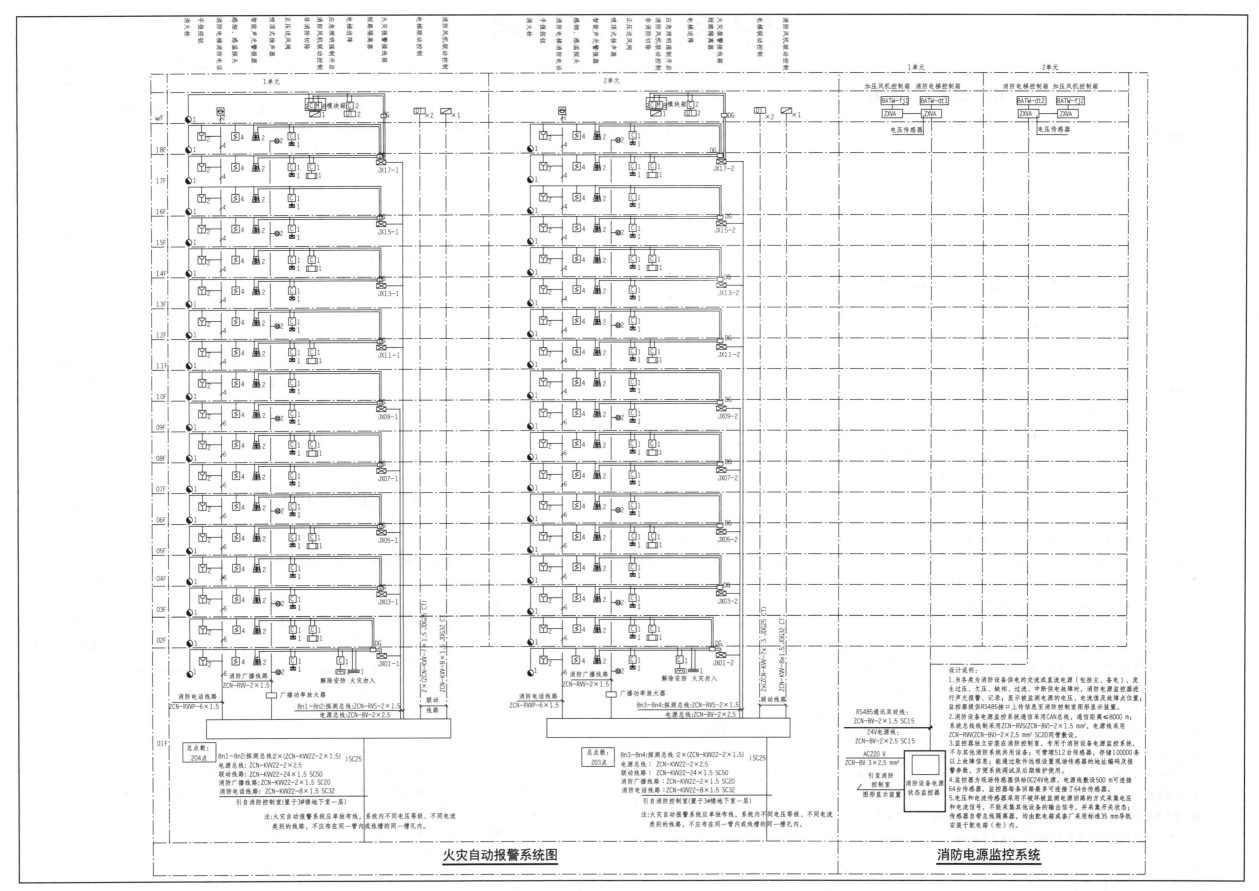

火灾自动报警系统图

消防电源监控系统

附图5 电气施工图

电气设计说明

一、建筑概况

本工程为淮安万恒高科产业园投资有限公司的中业慧谷·淮安软件创意科技园B-19~21、25~27、30~32、35~36#楼。

二、设计依据

1.《民用建筑电气设计规范》(JGJ 16—2008)。

2.《供配电系统设计规范》(GB 50052—2009)。

3.《城市住宅区和办公楼梯电话通信设施设计标准》(YD/T 2008—1993)。

4.《建筑物防雷设计规范》(GB 50057—2010)。

5.《住宅区和住宅建筑内光纤到户通信设施工程设计规范》(GB 50846—2012)。

6.建筑单位提供的设计委托书。

7.本单位相关专业互提资料。

三、设计范围

配电系统、照明系统、电话系统、防雷系统、接地系统。

四、配电系统

1.负荷等级:本建筑物室外消防用水量为25 L/s,所有电气设备皆为三级负荷。

2.供电电源:本工程由校区低压配电装置引来一路380/220 V三相四线交流电源,埋地敷设引至总配电柜AP进入建筑物时穿钢管保护。由室外引入室内的电气管线,应预埋好穿墙钢管,并做好建筑物的防水处理。穿线之后,应在钢管的两端用防水材料加以封堵,以免渗漏。应急照明采用由应急照明配电箱独立回路供电,并要求灯具自带蓄电池供电方式。

五、照明系统

1.户内配电箱用电由室外配电箱放射式引至。跷板开关下沿距地1.3 m暗装,插座下沿距地0.3 m暗装(平面标注除外)。线路采用金属线槽引入各宿舍,设备安装详见设备表及系统图。商铺仅预留装修用电,二次装修设计部分照度为300 lx,照明的功率密度值为10 W/m。

2.照明采用高效、节能荧光系列光源和灯具,其他未注明部分参照国家现行施工图集及相关电气施工规程、规范进行施工。导线截面与穿线管径选择,参见图集04DX101-1,6~27页。与消防有关的线路,均选用阻燃电线或电缆,消防用配电线路穿管并敷设在不燃烧体结构内且保护层厚度不应小于30 mm,明敷时(包括敷设在吊顶内)应穿金属管并应采取防火保护措施,应急照明灯、应急疏散指示灯及事故照明灯应设玻璃或其他不燃烧材料制作的保护罩。

3.本工程设置的消防应急照明灯、消防应急疏散指示灯及消防事故照明灯具应符合现行国家标准《消防安全标志第1部分:标志》(GB 13495.1—2015)和《消防应急照明和疏散指示系统》(GB 17945—2010)的有关规定。

六、光纤入户系统

1.光纤入户管线引自建筑物外弱电手孔井。进入建筑物弱电间处预埋2根SC50,应满足至少3家电信业务经营者通信业务接入的需要。进线光纤从室外进入建筑物时,光纤的金属护套、光纤的金属件应可靠接地;保护钢管应保持连续的电气联结,并在两端可靠接地。系统设备选型及调试由专业单位实施。

2.本系统要求施工承包方自配适配的过电压保护装置(SPD)。本系统须经电信管理部门审定后方可施工。

七、防雷系统

经计算本建筑年预计雷击次数N=0.0596,按三类民用建筑设计防雷保护,沿屋面四周明配Φ10热镀锌圆钢避雷带,凡凸出屋面的所有金属构件均应采用Φ10热镀锌圆钢与避雷带可靠焊接,采用建筑物防雷平面图所示混凝土柱的对角两根主筋(D≥16)连焊作为防雷接地引下线;采用建筑物基础主筋作为防雷接地极,接地电阻不大于1Ω(工程采用共用接地体);避雷带、引下线、接地极可靠焊接。接地极利用建筑物基础底梁及基础底板轴线上的上、下两层钢筋中的两根主筋通长焊接形成的基础接地网作为防雷装置的钢筋之间的连接均应采用焊接。四角引下线柱内主筋室外地坪以下0.8 m处焊接b40×4热镀锌扁钢伸出建筑物墙外1.5 m,补充接地极用,当总接地电阻达不到要求时,可补打人工接地极。外墙四角引下线在室外地面以上0.5 m处设测试点,详见03D501-4。在进线箱进线侧加设浪涌过电压保护器(SPD)作为电源第一级防雷保护(详见系统图)。

八、接地系统

本工程采用TN-C-S接地系统。工程单元进线各自进行总等电位联结,电源在电源总箱处做重复接地。总等电位联结端子箱MEB暗装(下沿距地400),所有MEB箱与电源总箱之间采用40×4热镀锌扁钢就近互相连通,各类金属进户及保护管、建筑金属构件等导电体采用40×4热镀锌扁钢与MEB箱可靠连接;MEB箱采用40×4热镀锌扁钢与共用接地极可靠连接。

有淋浴室的卫生间采用局部等电位联结,从适当地方引出25×4的热镀锌扁钢至局部等电位箱(LEB),将卫生间内所有金属管道、金属构件,插座PE线与LEB联结,LEB联结线采用BVR-1×4 GB16在地面内或墙内暗敷,做法详见02D501-2。弱电系统采用总等电位连接,各弱电分系统进线箱采用BV-1×25GB25引至就近MEB箱并压接,防雷接地做法详见02D501-1,2。

九、附注

当灯具距地面高度小于2.4 m或灯具为Ⅰ类灯具时,灯具的裸露导体必须接地(PE)可靠,并应有专用接地螺栓且有标识。用户配电箱暗装下口距地1.5 m,开关下沿距地1.3 m。凡平面图中未标注根数的照明、插座之间的连线皆为三根,单极开关与灯具之间线路根数皆为两根。工程户内配线均采用灯头盒、开关盒、插座盒接线,不允许设置其他接线盒、分线盒。除施工图中注明做法外,其他参照国家现行施工图集及相关电气施工规程、规范进行施工。

公共建筑施工图绿色设计专篇(电气)

一、项目名称

本工程为淮安万恒高科产业园投资有限公司的中业慧谷·淮安软件创意科技园 B-19~21、25~27、30~32、35~36#楼。

二、项目概况

所在城市	气候分区	建筑性质	总建筑面积/m²	停车库建筑面积/m²	建筑高度	建筑层数	绿色星级目标	建筑类别	节能水平	利用可再生能源种类
江苏淮安	☑夏热冬冷 □寒冷	办公	618.68		10.8	3	二星	□甲类 ☑乙类	□65% ☑50%	□太阳能光热□地源热泵□太阳能光伏

注:停车库建筑面积为地上、地下自行车库和汽车库建筑面积总和。

三、设计依据

1.《江苏省绿色建筑设计标准》(DGJ32/T 173—2014)。

2.《绿色建筑评价标准》(GB/T 50378—2014)。

3.《民用建筑绿色设计规范》(JGJ/T 229—2010)。

4.《江苏省公共建筑节能设计标准》(DGJ 32/J96—2010)。

5.《建筑照明设计标准》(GB 50034—2013)。

6.《公共建筑能耗监测系统技术规程》(DGJ32/TJ 111—2010)。

7. 《民用建筑太阳能光伏系统应用技术规范》（JGJ 203—2010）。

8. 《太阳能光伏与建筑一体化应用技术规程》（DGJ32/J 87—2009）。

9. 《民用建筑太阳能热水系统应用技术规范》（GB 50364—2005）（第5.6节）。

10. 《建筑太阳能热水系统设计、安装与验收规范》（DGJ32/J 08—2008）。

11. 《35kV及以下客户端变电所建设标准》（DGJ32/J 14—2007）（第6.2节）。

12. 《民用建筑电气设计规范》（JGJ 16—2008）。

13. 《江苏省绿色建筑施工图设计文件编制深度规定》（2014年版）。

14. 国家、省、市现行的其他建筑节能相关的法律、法规。

四、本设计与绿色设计有关的内容

照明节能设计、供配电系统节能设计。

五、照明节能设计

1. 照明节能指标及措施见下表。

主要房间或场所	照明功率密度/(W·m⁻²)		对应照度值/lx		光源类型	光源功率/W	光通量/lm	色温/K	一般显色指数Ra	镇流器型式	灯具效率	统一眩光值(UGR)	照明控制方式
	标准值	设计值	标准值	设计值									
办公室	≤9	7.6	300	315	荧光灯	36	3350	4000	≥82	电子	>80%	≤19	就近/分组控制
办公室	≤9	7.6	300	315	荧光灯	36	3350	4000	≥82	电子	>80%	≤19	就近/分组控制
	≤3	2.3	75	82	节能灯	22	1250	4000	≥82	电子	>80%	≤19	就近/分组控制
走道													

注：工程所采用的镇流器能效因数应符合该产品国家能效标准中节能评价值的规定，电子镇流器的谐波含量应符合相应产品的国家标准。

2. 本工程所采用灯具功率因数均要求大于0.9，镇流器应符合国家能效标准。

3. 大面积照明场所灯具效率不低于70%。

4. 照明系统采取分区控制、定时控制、照度调节等节能控制措施。

六、供配电系统节能设计

1. 变压器选用10型及以上节能环保型、低损耗、低噪声，接线组别为Dyn11的干式变压器。变压器自带温控器和强迫通风装置。

2. 变压器低压侧设置低压无功补偿装置，要求补偿后高压供电进线处功率因数不小于0.95。无功补偿装置具有过零自动投切功能，并有抑制谐波和抑制涌流的功能；分相补偿容量不小于总补偿量的40%。

3. 电动机采用高效节能产品，其能效应符合《中小型三相异步电动机能效限定值及能效等级》（GB 18613—2012）节能评价值的规定。

4. 电梯采用具备高效电机及先进控制技术的电梯。

七、与绿色建筑设计有关的其他设计要求

1. 变电所、电气竖井设置在负荷中心。

2. 景观照明设计应采取有效措施限制光污染。符合《城市夜景照明设计规范》（JGJ/T 163—2008）等国家及地方相关规范、标准的要求。

3. 景观照明设计应按平日、节日、重大节日分组控制。

4. 光诱导系统设置调光控制措施。

5. 本工程设计了电话通信智能系统。

主要材料

序号	图例	名称	规格	单位	数量	备注
1		配电总箱MX		台		明装，距地1.6 m
2		M1		台		暗装下沿距地1.6 m
3	⊗	节能灯	1*13W	盏		吸顶
4	⊗	防水防尘	1*13W	盏		吸顶
5		双管荧光灯	250V 2x35W	盏		吸顶
6	K	安全型带开关空调插座	FH-1KD10A	个		安装高度为2.2 m
7	G	安全型带开关空调插座	FH-1KD16A	个		安装高度为0.3 m
8		安全二三极插座	RL86Z223A10	个		安装高度为0.3 m
9	R	带开关二三极插座	E50-1KD5C 防溅型IP54	个		安装高度2.3 m
10	T	安全型带开关二三极插座	E50-1KD5C 防溅型IP54	个		安装高度1.5 m
11		三极插座	FH-3C/10A油烟机IP54	个		安装高度2.2 m
12	t	声光控延时开关		个		安装高度1.3 m
13		暗装单极开关	RL86K11-10	个		安装高度1.3 m
14		暗装双极开关	RL86K21-10	个		安装高度1.3 m
15	TO	信息插座		个		安装高度为0.3 m
16	TP	电话插座		个		安装高度为0.3 m
17	ZTP	电话前端箱		个		暗装高度0.5 m
18	E	安全出口	LED光源 自带蓄电池	个		吊装距地2.5 m
19		疏散指示	LED光源 自带蓄电池	个		明装高度0.4 m
20		应急灯	LED光源 自带蓄电池	个		明装高度2.5 m
21	LEB	局部等电位联结箱		个		安装高度0.5 m
22	MEB	总等电位联结箱		个		安装高度0.5 m
23	ADD	综合分线箱		个		安装高度0.5 m

建筑物数据	建筑物的长L/m	12
	建筑物的宽W/m	16
	建筑物的高H/m	11
	等效面积Ae/km²	0.0093
	建筑物属性	住宅、办公楼等一般性民用建筑物
气象参数	年平均雷暴日Td/(d·a⁻¹)	35.7
	年平均密度Ng/[次·(km²·a)⁻¹]	3.5700
计算结果	预计雷击次数N/(次·a⁻¹)	0.0332
	防雷类别	达不到第三类防雷

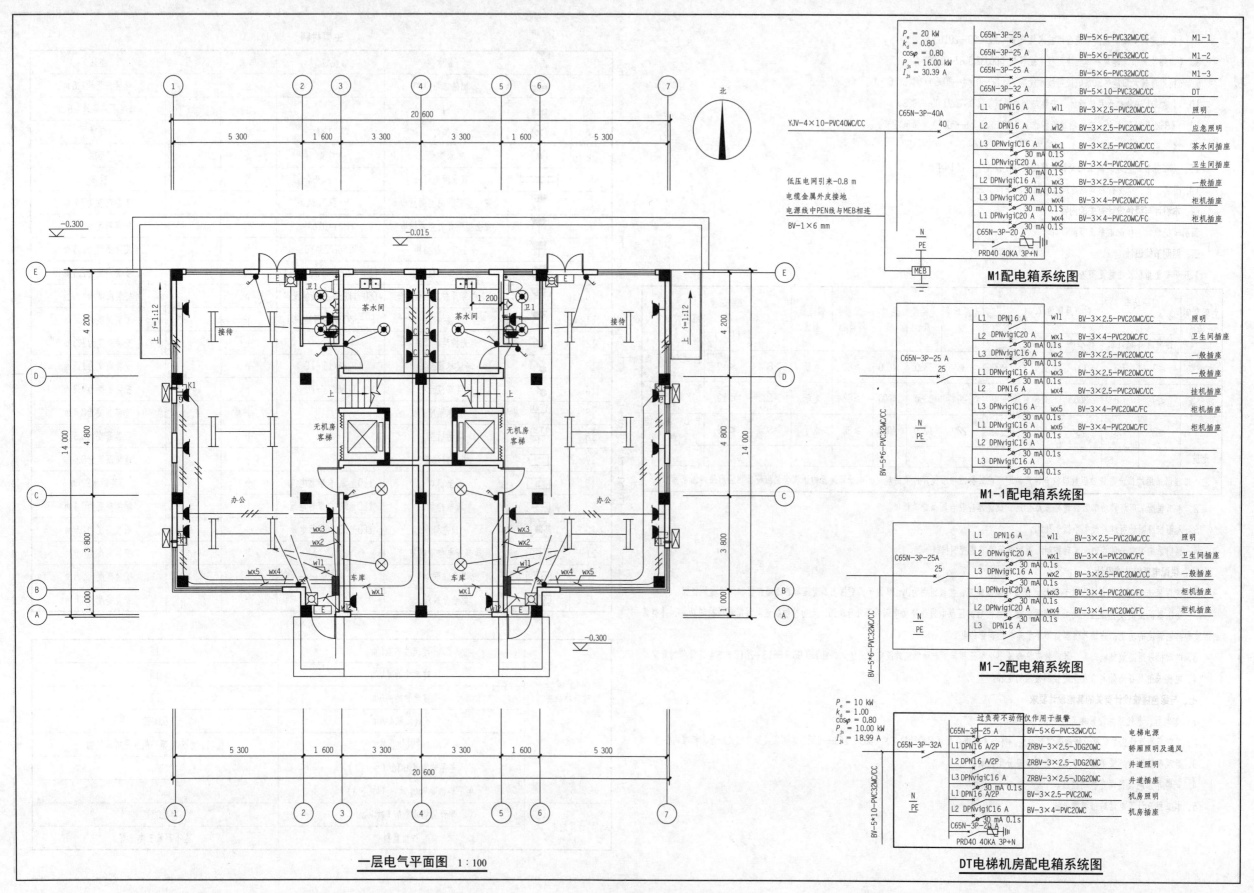

一层电气平面图 1:100

M1配电箱系统图

M1-1配电箱系统图

M1-2配电箱系统图

DT电梯机房配电箱系统图

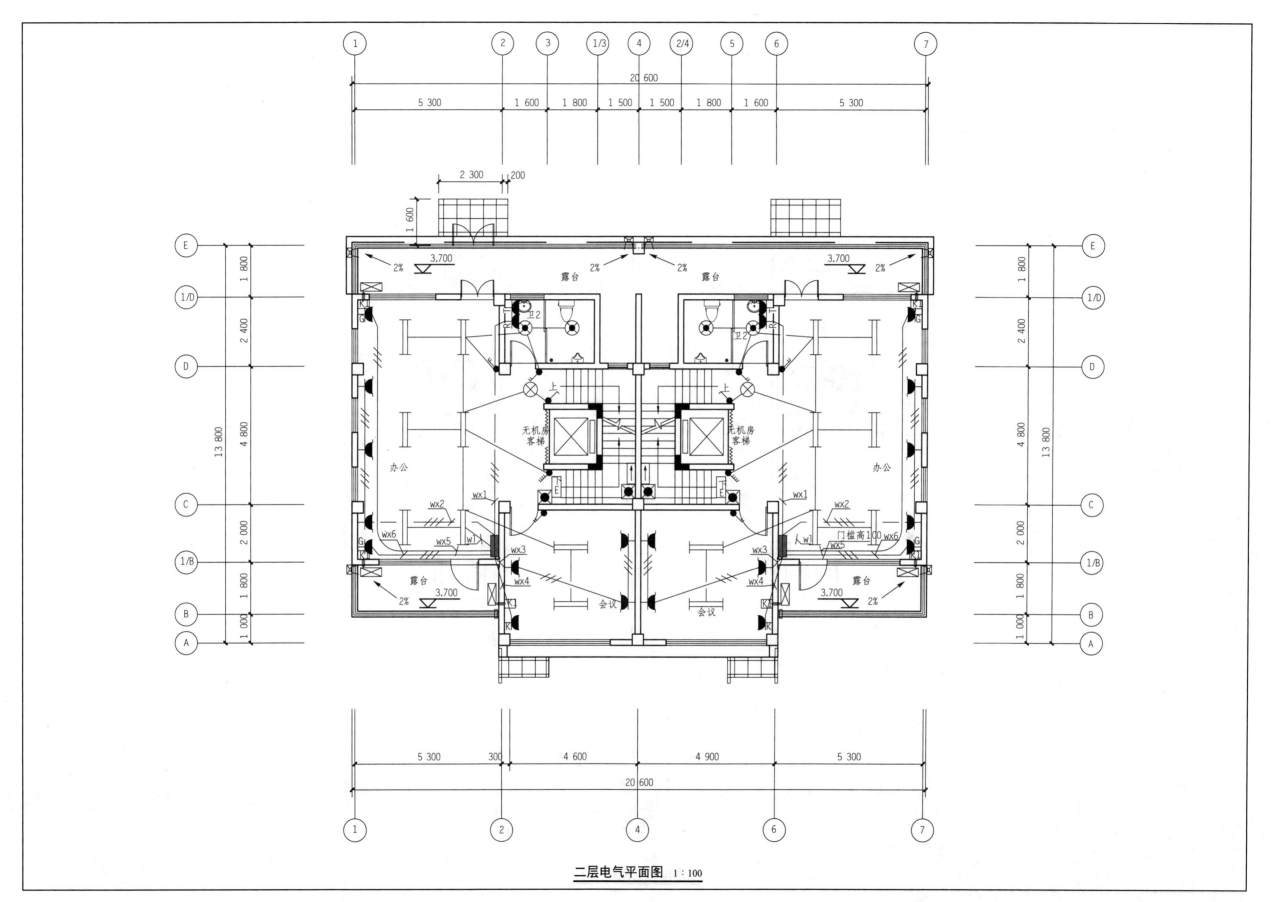

二层电气平面图　1：100

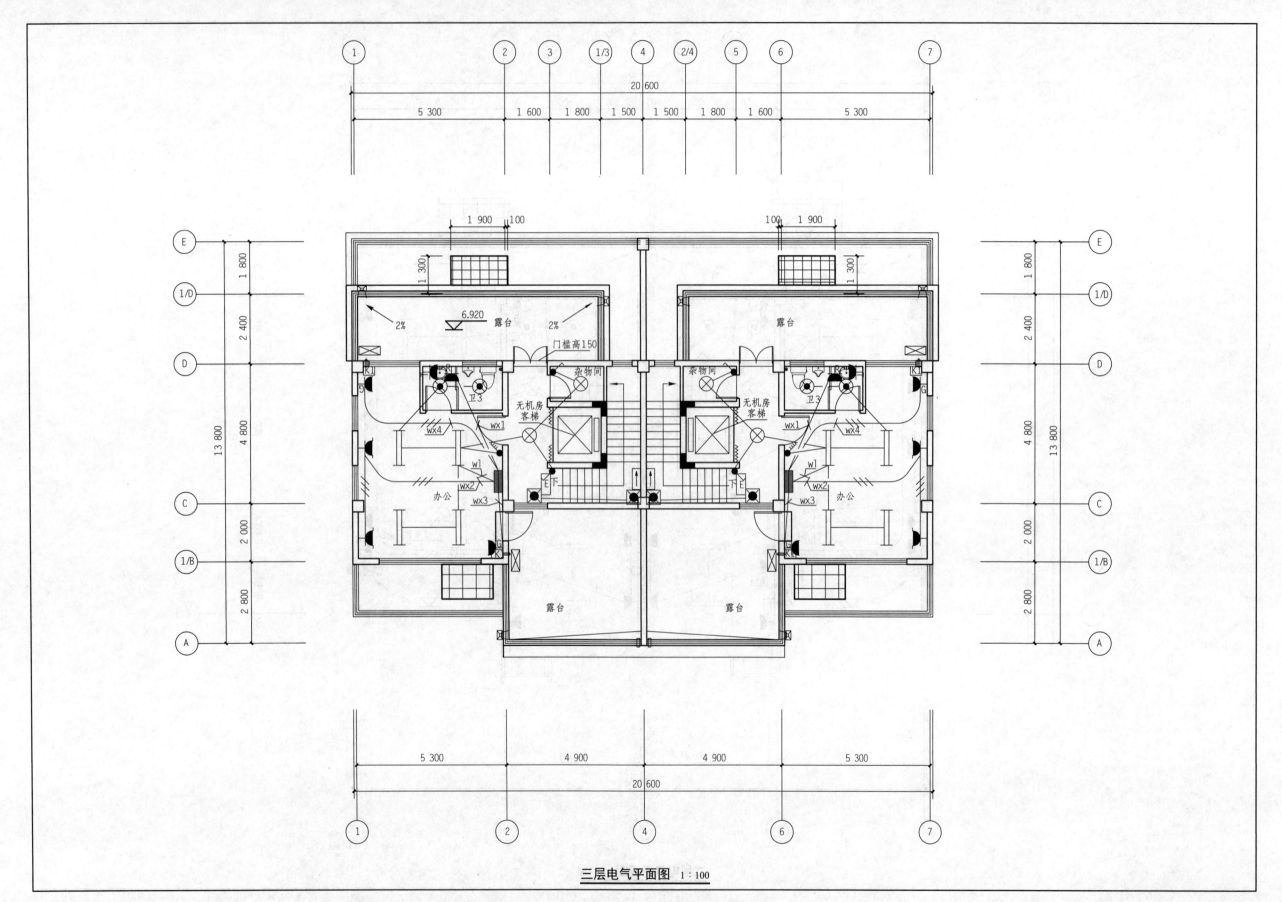

三层电气平面图 1:100

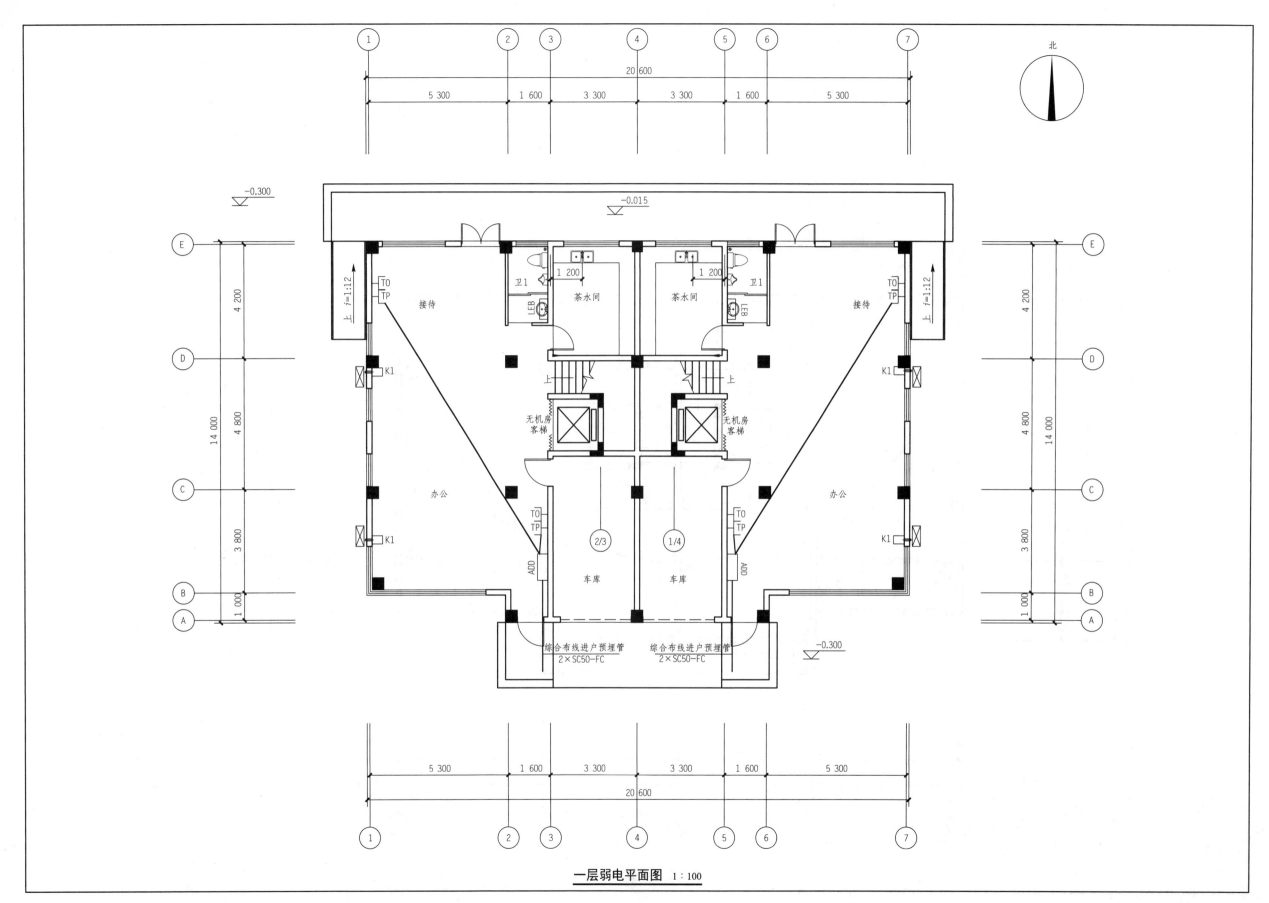

一层弱电平面图 1:100

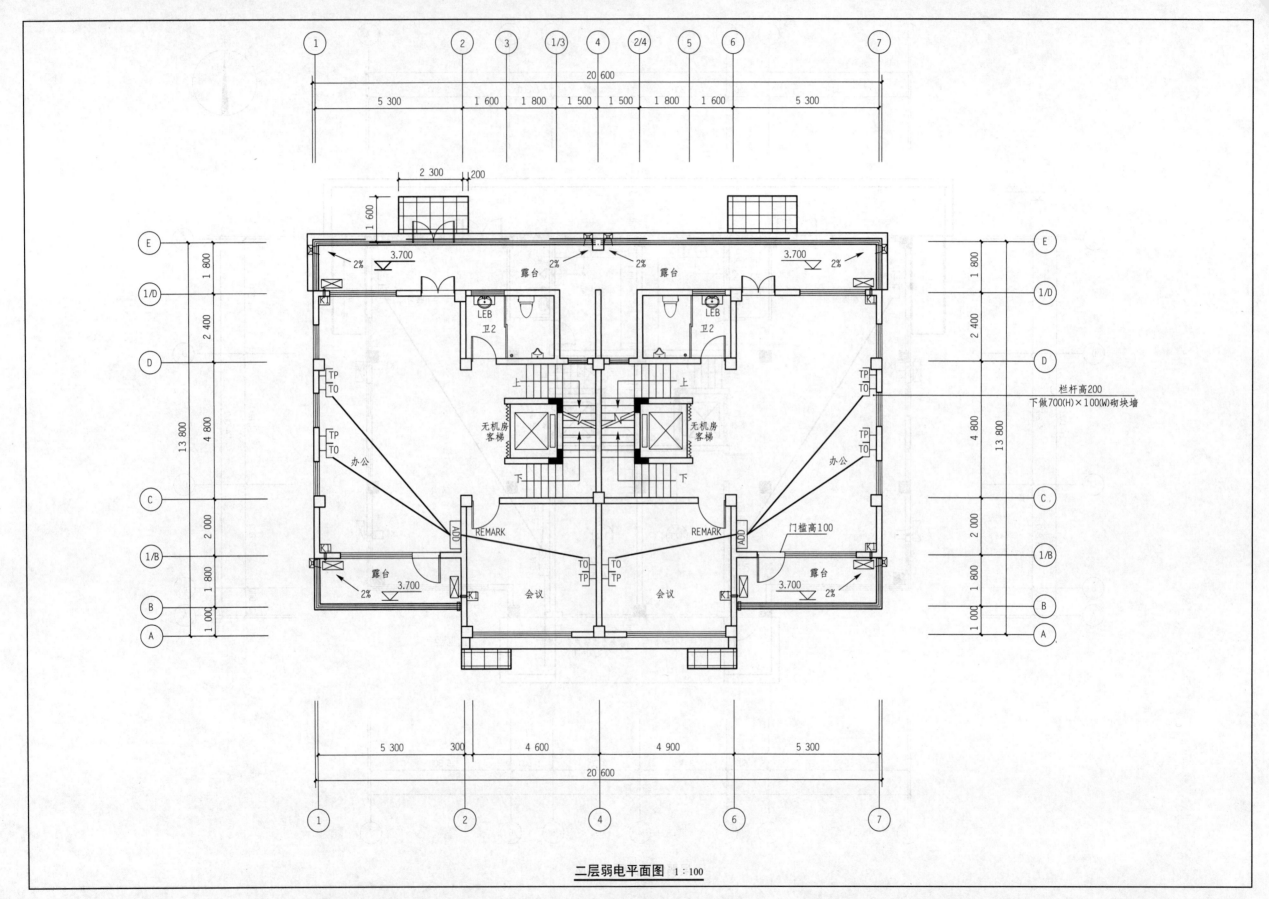

二层弱电平面图 1：100

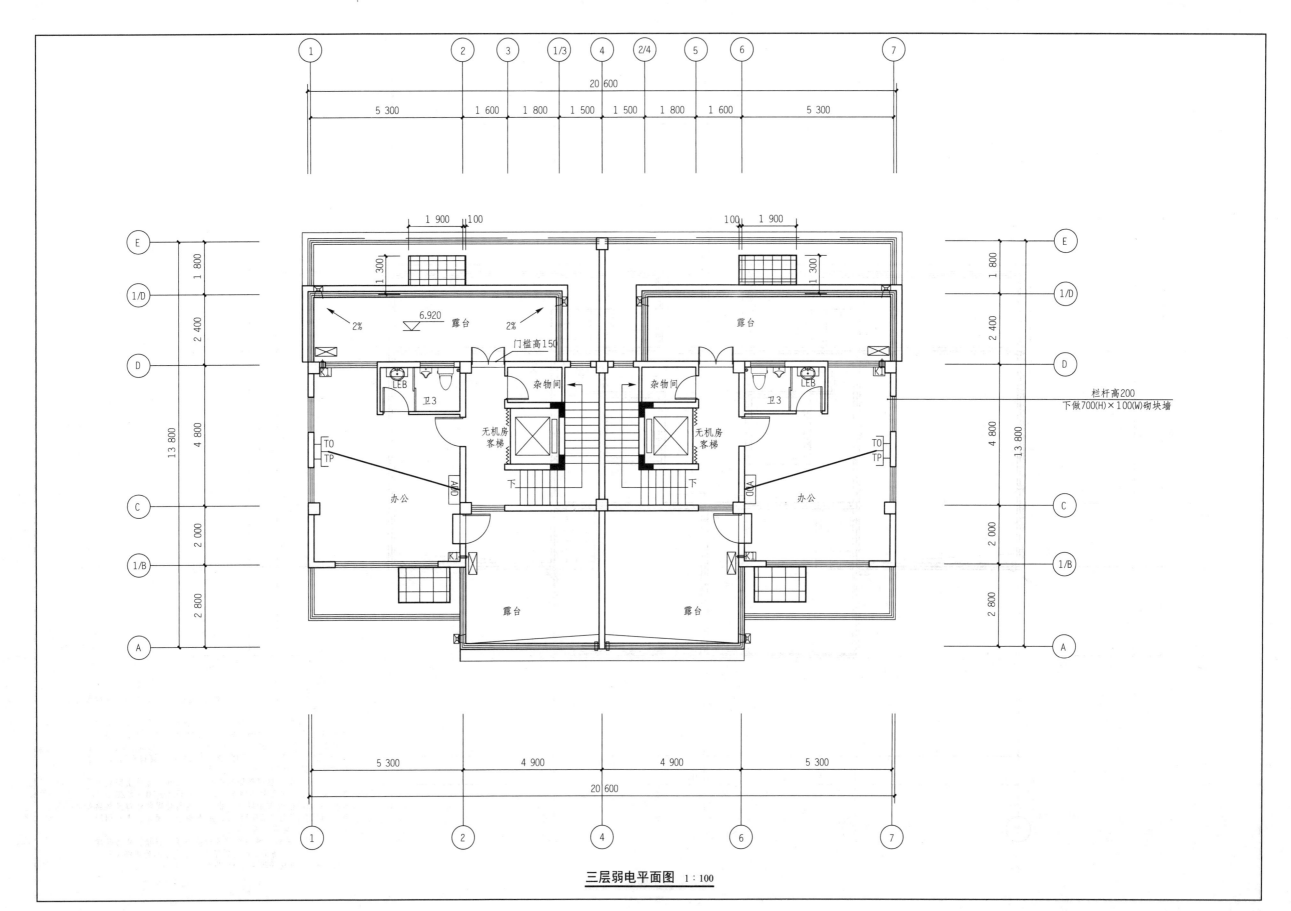

三层弱电平面图 1:100

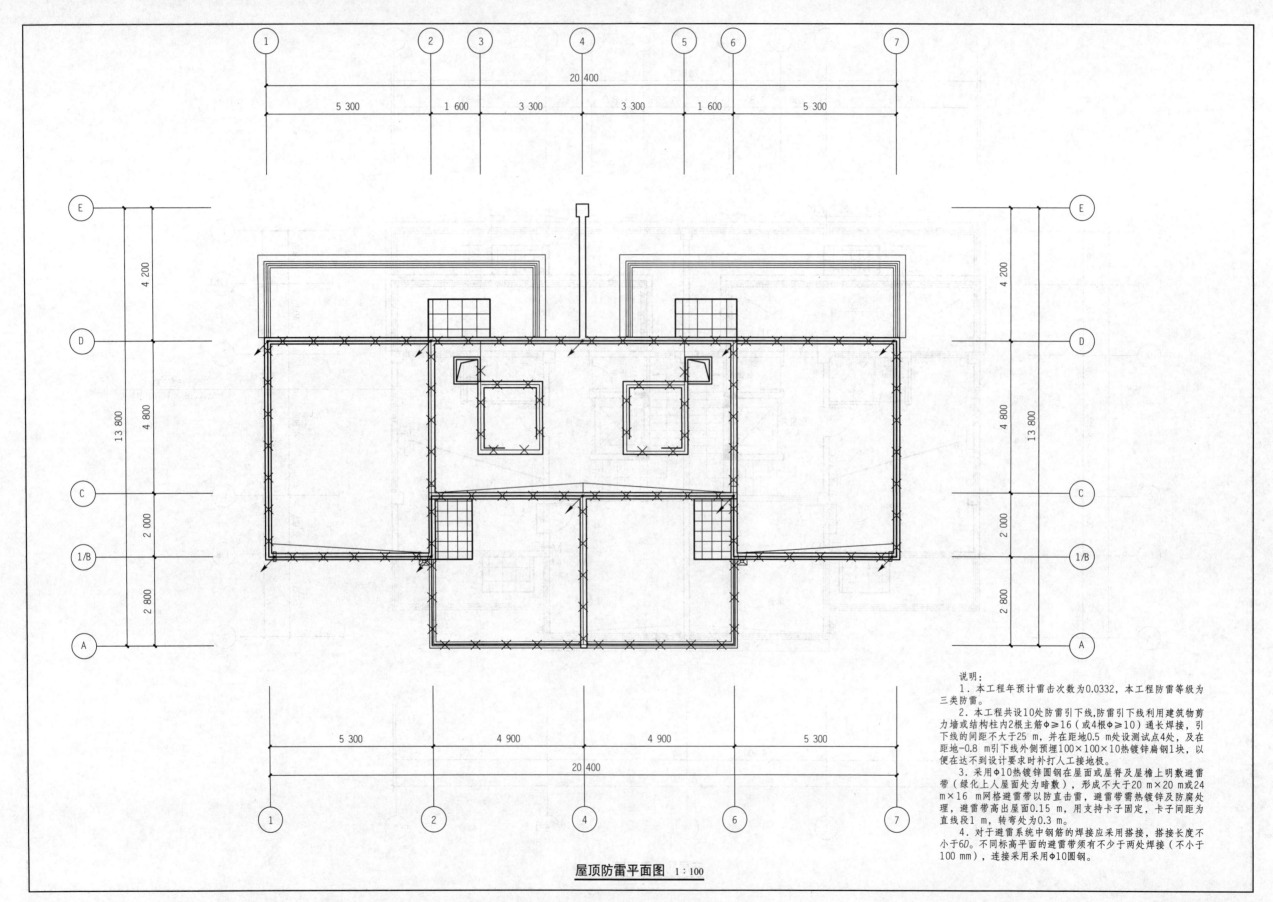

説明：
1. 本工程年预计雷击次数为0.0332，本工程防雷等级为三类防雷。
2. 本工程共设10处防雷引下线,防雷引下线利用建筑物剪力墙或结构柱内2根主筋Φ≥16（或4根Φ≥10）通长焊接，引下线的间距不大于25 m，并在距地0.5 m处设测试点4处，及在距地-0.8 m引下线外侧预埋100×100×10热镀锌扁钢1块，以便在达不到设计要求时补打人工接地极。
3. 采用Φ10热镀锌圆钢在屋面或屋脊及屋檐上明敷避雷带（绿化上人屋面处为暗敷），形成不大于20 m×20 m或24 m×16 m网格避雷带以防直击雷，避雷带需热镀锌及防腐处理，避雷带高出屋面0.15 m，用支持卡子固定，卡子间距为直线段1 m，转弯处为0.3 m。
4. 对于避雷系统中钢筋的焊接应采用搭接，搭接长度不小于6D。不同标高平面的避雷带须有不少于两处焊接（不小于100 mm），连接采用采用Φ10圆钢。

屋顶防雷平面图 1：100

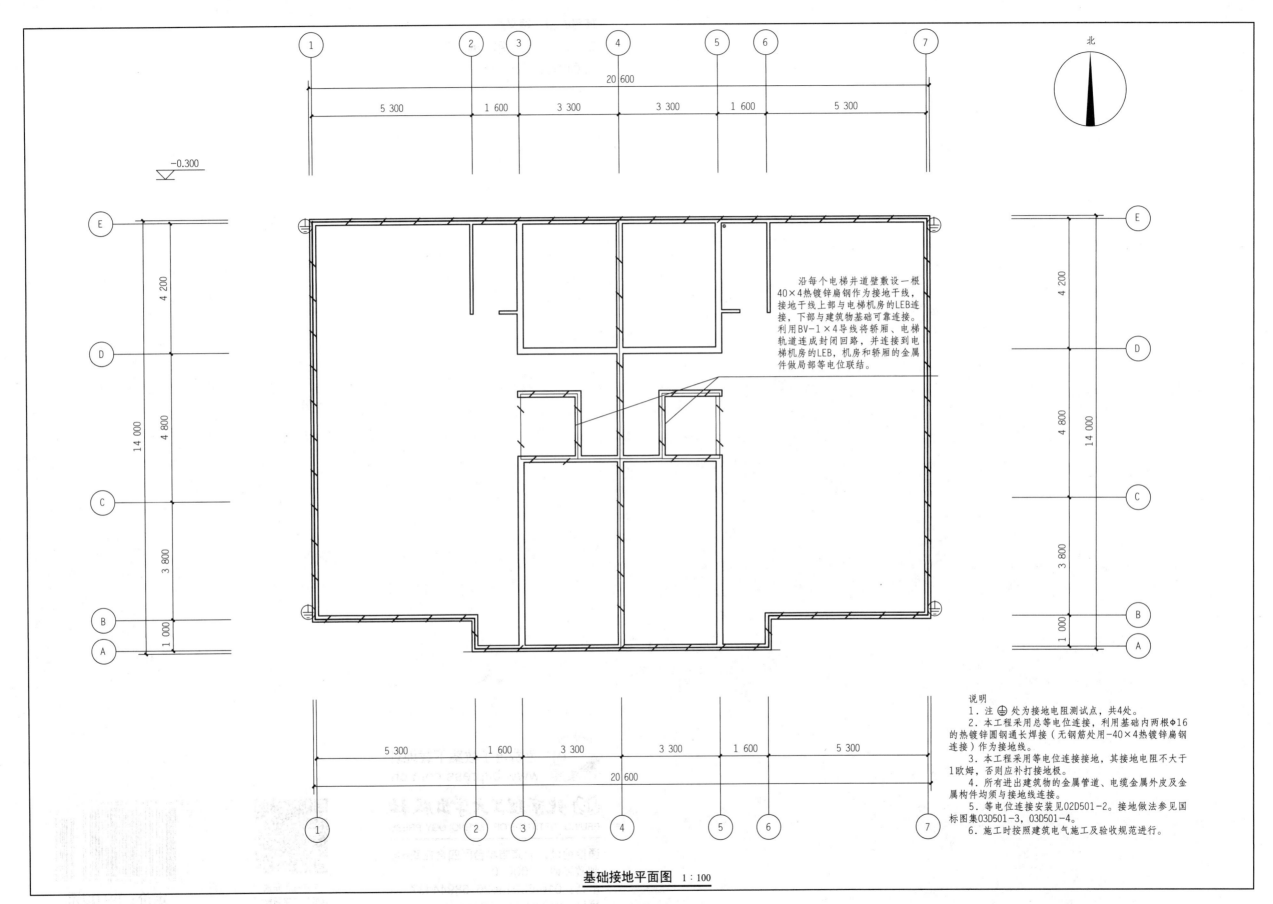

沿每个电梯井道壁敷设一根
40×4热镀锌扁钢作为接地干线，
接地干线上部与电梯机房的LEB连
接，下部与建筑物基础可靠连接。
利用BV-1×4导线将轿厢、电梯
轨道连成封闭回路，并连接到电
梯机房的LEB，机房和轿厢的金属
件做局部等电位联结。

说明
1. 注 ⏚ 处为接地电阻测试点，共4处。
2. 本工程采用总等电位连接，利用基础内两根φ16
的热镀锌圆钢通长焊接（无钢筋处用-40×4热镀锌扁钢
连接）作为接地线。
3. 本工程采用等电位连接接地，其接地电阻不大于
1欧姆，否则应补打接地极。
4. 所有进出建筑物的金属管道、电缆金属外皮及金
属构件均须与接地线连接。
5. 等电位连接安装见02D501-2。接地做法参见国
标图集03D501-3，03D501-4。
6. 施工时按照建筑电气施工及验收规范进行。

基础接地平面图 1:100

项目编辑：瞿义勇
策划编辑：李 鹏 杭 程
封面设计：广通文化

免费电子教案下载地址
www.bitpress.com.cn
电子教案

北京理工大学出版社
BEIJING INSTITUTE OF TECHNOLOGY PRESS

通信地址：北京市丰台区四合庄路6号
邮政编码：100070
电话：010-68914026 68944437
网址：www.bitpress.com.cn

关注理工职教
获取优质学习资源

ISBN 978-7-5682-5072-6

9 787568 250726

定价：59.00元